电力负荷的数学模型与建模技术

汤　涌　著

科 学 出 版 社
北　京

内 容 简 介

本书阐述了用于电力系统数字仿真的负荷模型和负荷建模技术，详细介绍了负荷模型和建模技术的最新研究成果。全书共分10章，包括：绪论、电力负荷元件模型、电力系统仿真计算中的负荷模型、统计综合法负荷建模、考虑配电网络的综合负荷模型的建模、总体测辨法负荷建模、故障拟合法负荷建模、东北电网大扰动试验、我国电网综合负荷模型建模研究、负荷模型对仿真的影响与建模原则。

本书可供从事电力系统调度运行、规划设计和科学研究的工程技术人员以及高等院校电气工程专业的师生参考。

图书在版编目(CIP)数据

电力负荷的数学模型与建模技术/汤涌著. —北京：科学出版社，2012

ISBN 978-7-03-033157-1

Ⅰ. 电… Ⅱ. 汤… Ⅲ. 电力系统-负荷模型：数学模型-建立模型 Ⅳ. TM306

中国版本图书馆CIP数据核字(2011)第275666号

责任编辑：汤 枫 / 责任校对：张怡君
责任印制：徐晓晨 / 封面设计：陈 敬

科学出版社出版
北京东黄城根北街16号
邮政编码：100717
http://www.sciencep.com
北京建宏印刷有限公司印刷
科学出版社发行 各地新华书店经销

*

2012年3月第 一 版 开本：720×1000 1/16
2025年2月第三次印刷 印张：17 1/2
字数：336 000

定价：150.00元

(如有印装质量问题，我社负责调换)

前　　言

在过去的几十年间，发电机及其控制系统和输电网络的建模技术已取得很大的发展。与之相比，负荷建模则发展较慢，显得不相匹配。显然，电力系统仿真计算精度的提高与发电机及其控制系统、输电网络及电力负荷的模型都有密切的关系。负荷模型的粗糙阻碍了电力系统仿真精度的进一步提高。因此，负荷模型的研究和建模方法的改进是迫切需要的。但是，由于电力负荷的复杂性、分散性和随机性等特点，要建立完全精确的负荷模型，几乎是不可能的。但逐步建立更加接近真实的工程实用负荷模型，使之更加合理、有效则是可能的，也是许多研究者和工程技术人员努力的目标。

负荷建模研究是一个既具有理论深度又直接面向实际应用的课题，在理论研究和工程应用方面取得了许多探索性研究成果，在电力系统规划与运行，以及事故分析等领域中发挥了一定作用。

但是，在当前的电力系统分析计算中，负荷模型的选取通常按照一定的经验选定某种常见的负荷模型(如ZIP模型、感应电动机＋恒阻抗模型等)，并定性地确定模型参数，然后通过对本网内发生的典型事故进行故障拟合，不断地对负荷模型进行修正。

然而，随着我国电网快速发展，电源构成多样化，电网规模扩大、结构复杂，安全稳定运行压力越来越大，对仿真精度的要求也越来越高。工程实践经验表明，负荷模型对仿真计算的结果有重要影响。因此，按照经验确定负荷模型的方法已变得不再适应。

国家电网公司十分重视负荷模型的研究工作，2000年以来组织开展了大量的科研工作，2003年成立了国家电网公司负荷模型研究工作组，2004～2005年，在东北电网进行了四次以验证负荷模型为目的的人工三相接地短路大扰动试验，负荷模型研究工作取得了阶段性成果。2007年，国家电网公司再次设立了重大科技项目“负荷模型参数深化研究及适应性分析”，旨在根据国家电网公司科技项目“电力系统计算分析中的负荷模型研究”和“大区电网负荷测试及模型完善研究(东北电网大扰动试验)”的研究成果，积极借鉴国内外负荷模型与建模技术的最新研究成果，在现有负荷模型基础上深化研究更加适应于我国电网的负荷模型及其参数，以提高电网仿真计算的准确度，从而提高电网规划与运行的安全性和经济性。

本书是这些科技项目研究成果的总结。中国电力科学研究院作为项目的技术负责单位，全面参与了项目的研究工作，东北电网公司、华北电网公司、华中电网公司、西北电网公司、浙江省电力公司、河海大学、华北电力大学等单位参与了项目研究，中国电力科学研究院项目组成员张东霞、张红斌、侯俊贤、朱方、蒋宜国、赵红光、蒋卫平、张文朝、赵兵、王琦、邱丽萍等参与了项目研究。在此表示衷心感谢！

限于作者水平和实践经验，书中难免有不足或有待改进之处，尚希读者不吝指正。

汤　涌

2011年11月于北京

目　　录

第1章　绪　　论

1.1　电力负荷建模的意义

电力系统数字仿真已成为电力系统规划设计、调度运行和试验研究的主要工具，电力系统各元件的数学模型以及由其构成的全系统数学模型是电力系统数字仿真的基础，模型的准确与否直接影响着仿真结果和以此为基础的规划与运行的决策方案。仿真所用模型和参数是仿真准确性的重要决定因素之一。目前发电机及其控制系统和输电网络的模型已较成熟，相对而言，工程实践中所用的负荷模型仍较简单，往往从基本物理概念出发，采用统一的典型模型和参数。

大量研究结果表明，负荷特性对电力系统分析计算结果具有重要影响。不同的负荷模型对电力系统的事故后潮流计算、短路电流计算、暂态稳定、动态稳定、电压稳定和频率稳定的仿真计算都具有不同程度的影响，在严重情况下，不同的负荷模型可能会使计算结果发生质的变化。以往，当缺乏详细负荷模型时，在仿真计算中常常试图采用某种"保守"的负荷模型，但这种做法是有风险的。由于负荷模型对现代复杂电力系统的总体影响事先难以预计，在某种情况下"保守"的负荷模型在另一种情况下可能产生"冒进"的结果，并且不同的问题对负荷模型的要求也不尽相同。因此，必须建立和推广符合实际的负荷模型。

随着我国特高压大电网的建设、新能源发电和新型电力电子设备的引入，我国电网的规模不断扩大，复杂程度不断增加，电力系统的短路电流、动态稳定性及电压稳定性问题更加突出，负荷模型对电力系统仿真计算结果的影响已变得不容忽视。在"东北-华北交流联网"等多项工程项目的研究中，负荷模型和参数对电力系统稳定性仿真计算结果的影响变得非常突出，影响了仿真计算结果的可信度，给决策方案的取舍带来了困难，也因此受到了广泛重视。为了解决这一问题，必须研究适应于我国电网实际的负荷模型和建模方法。

1.2　电力负荷建模的基本方法

目前，电力负荷建模方法可以归纳为三类：统计综合法(component-based modeling approach)、总体测辨法(measurement-based modeling approach)和故障拟合法(fault-based modeling approach)。在过去的20年中，电力负荷建模技术基本上是沿着统计综合法和总体测辨法这两条道路不断发展和完善的，并已分别取得许多可喜成果。在实际工程中则更多地采用故障拟合法。

IEEE 和 CIGRE 设有负荷建模研究的专门小组，发达国家的电力公司几乎都在负荷建模研究方面做了大量工作。北美主要使用的负荷建模软件包，是在美国电力研究院(Electric Power Research Institute，EPRI)委托美国得克萨斯州大学(The University of Texas)和美国通用电气公司(General Electric Company，GE)所作的大量统计负荷组成基础上，用统计综合法形成的软件包。它的结果并不精确，但经过电力公司在实际运行中不断修正，现在每个电网基本形成了自己的负荷静特性模型，同时仍在实际运行中不断修正，力求更加符合实际。澳大利亚采用了总体测辨法(主要靠在现场试验)来建立负荷模型[1]。总之，国际上许多电力公司都在开展这方面的研究，力求采用基本符合自己电网实际的负荷模型。

多年来，我国各大区电网在电力系统分析计算时，负荷模型的选取通常按照一定的经验选定某种常见的负荷模型(如 ZIP 模型、感应电动机＋恒定阻抗模型等)，并定性地确定模型参数，然后通过对本网内发生的典型事故的模拟计算，不断地对负荷模型进行修正。随着我国电网的发展，电网越来越复杂，电压等级越来越高，各元件之间的电气距离越来越小，负荷对仿真计算的结果会产生重大影响。因此，按照经验确定负荷模型的方法已不能满足要求。另外，由于负荷特性与地区的气候、资源、经济发展情况和生活水平等有关，造成了不同地区之间负荷模型及参数的差异性。因此，现有的负荷模型和参数很难准确描述负荷动态特性，负荷模型已经成为提高电力系统仿真准确度的瓶颈。

1) 统计综合法[2]

统计综合法首先通过试验和数学推导得到各种典型负荷元件(如荧光灯、家用电子设备、工业电动机、空调负荷等)的数学模型，然后在一些负荷点上统计某些典型时刻(如冬季峰值负荷、夏季峰值负荷等)各种负荷的组成，即每种典型负荷所占的百分比，以及配电线路和变压器的数据，最后综合这些数据得出该负荷点的负荷模型。美国 EPRI 的 LOADSYN 软件为其中的代表。

2) 总体测辨法[3~9]

20 世纪 80 年代以来，随着系统辨识理论的日趋丰富与完善，加之计算机数据采集与处理技术的发展，一种新的负荷建模方法——总体测辨法以其简单、实用、数据直接来源于实际系统等多种优点受到电力负荷建模工作者的关注。该方法的基本思想是将综合负荷作为一个整体，先从现场采集测量数据，然后根据这些数据辨识负荷模型的结构和参数，最后，用大量的实测数据验证模型的外推、内插的效果。

3) 故障拟合法

长期以来，在工程实际中应用最广泛的是基于故障拟合的负荷模型建模方法。通常的做法是：参照一定的经验(如负荷的基本构成、系统的运行特性等)首先选定某种常见的模型，并定性地选定模型中的参数，随后通过对典型故障的录波数据或专门的扰动试验得到的系统响应曲线进行仿真对比分析，在保证系统其他动态元件的模型和参数基本准确的条件下，不断调整负荷模型和参数，使仿真结果尽量接近系统的实际动态过程，从而得到适用于实际电网的负荷模型和参数。

美国西部系统协调委员会(Western Systems Coordinating Council，WSCC)在对1996年8月美国西部电力系统大面积停电事故的仿真分析的基础上，采用故障拟合法，提出了WSCC系统仿真计算中负荷模型的修改意见[10]。

应该指出的是，故障拟合法是一种系统性的建模方法，并不针对具体的负荷元件或一个变电站的负荷进行建模，主要根据系统受扰动后的动态过程，对负荷的模型和参数进行调整，以获得较好的仿真精度。因此故障拟合法更适用于电力系统仿真模型参数验证与校核。

1.3　国内外负荷建模技术的发展与现状

早在1935年就提出了确定电力系统负荷与电压扰动之间的关系要求。自此之后也发表了很多关于描述负荷与电压和频率关系的文献，如文献[11]～[19]。这些文献一致指出了负荷模型的合理描述对电力系统规划、设计、运行的重要性。

随着电力系统的发展，使用建立最"保守"的负荷特性的传统负荷建模方法已经不再适应，尤其是在考虑电力系统运行工况更接近安全稳定极限的情况下，需要建立更符合实际的负荷模型。

20世纪60～70年代，由于数字电子计算机及控制理论的发展，电力系统这门工程学科焕发了新的活力。人们大量采用计算机进行复杂电力系统的仿真计算，与其他系统元件模型一样，负荷建模工作有了一定的进展，除提出了最常用的恒定阻抗、恒定电流和恒定功率负荷模型以外，还在计算中采用了感应电动机、多项式和幂函数等负荷模型。这些负荷模型参数的确定当时主要靠定性估计，并辅以静态函数拟合，系统辨识理论尚处在发展阶段，还没有广泛引入到电力负荷建模中来。

20世纪70年代以来，美国EPRI一直致力于统计综合法负荷建模的研究。早年的研究工作在加拿大和美国同时展开，美国的得克萨斯州大学负责建模方法的研究，GE公司负责通过现场试验对建模方法进行评价。该方法是在实验室里确定每种典型负荷(如荧光灯、电冰箱、工业电动机、空调等)的平均特性方程；然后在一个负荷点上统计一些特殊时刻(如夏季峰值负荷、冬季峰值负荷)负荷的组成，即每种典型负荷所占的百分比，以及配电线路和变压器的数据，最后综合这些数据得出该负荷点的负荷模型。经过多年的努力，发表了许多研究报告[2,20,21]，并且开发了到目前为止统计综合法负荷建模中最具影响的软件包EPRI LOADSYN。该软件使用时需提供三种数据：负荷组成，即各类负荷(民用、商业、工业等)在总负荷中所占的百分比；各类负荷中各用电设备(荧光灯、电动机、空调等)所占比例；各用电设备的平均特性。但由使用者必须提供的只有第一种数据，后两种数据可以采用软件包提供的典型值。这给软件包的使用者提供了一定的方便。

IEEE 负荷建模工作组自 1982 年成立以来，对归纳总结负荷建模的研究成果和指导负荷建模的研究发挥了重要作用。IEEE 1993 年的报告[11]统一了负荷建模中的许多术语和定义，总结了不同类型负荷、不同分析目的的负荷模型的构造技巧和需要考虑的重要方面。1995 年 2 月的报告[22]列出了许多有价值的负荷模型以及重要的文献和著作，以期望推动负荷建模的进一步研究和实际应用，同时也作为负荷建模标准化的补充。1995 年 8 月的报告[23]推荐了用于电力系统潮流计算和动态仿真的标准化负荷模型。

20 世纪 80 年代前后，随着系统辨识理论的发展以及计算机数据采集与处理技术的发展，产生了一种新的负荷建模方法——总体测辨法。该方法的基本思想是将负荷群作为一个整体，首先采集现场进行的人工扰动试验或系统随机扰动的测量数据，然后用现场采集的数据辨识负荷站点的总体负荷模型的结构和参数，最后用大量的实测数据对所辨识的负荷模型进行验证。这种方法就是根据现场测量的数据和辨识确定负荷有功功率和无功功率与电压和频率之间的关系表达式。中国、美国、加拿大等国相继研制了电力负荷特性记录仪用来记录负荷扰动数据，并以这些测量数据作为依据和最终检验标准开展负荷建模的研究，不断吸收系统辨识理论的最新成果，推动负荷建模工作不断向前发展，发表的论文如文献[3]～[5]、[12]、[24]～[30]。虽然这种方法具有固有的实用特性，但是需要在现场安装大量精确的测量装置，加之实际系统中很少发生可用于负荷建模的较大扰动事件，因而该方法的广泛应用受到了限制。

长期以来，在工程实际中应用最广泛的则是基于事故仿真的负荷模型建模方法。美国 WSCC 在对 1996 年 8 月美国西部电力系统大面积停电事故的仿真分析的基础上，采用故障拟合法，提出了 WSCC 系统计算分析中负荷模型的修改意见。1996 年 8 月 10 日和 2000 年 8 月 4 日发生在美国 WSCC 的两次停电事故，促使由 WSCC 更名的美国西部电力协调委员会(Western Electricity Coordinating Council，WECC)，于 2002 年用包含 20%～30%电动机负荷的临时负荷模型(interim load model)替代纯静态负荷模型。自此 WECC 成立了负荷建模工作组，对负荷模型和建模技术开展持续深入的研究。自 1990 年以来，美国加利福尼亚(California)南部地区发生多次故障后电压缓慢恢复的事件，相似的事件同样发生于佛罗里达(Florida)电力和照明公司，而采用过渡负荷模型依然无法模拟出这些故障后母线电压缓慢恢复的特性，于是 2006 年 WECC 负荷模型工作组提出了更为复杂的模型结构[31,32]。

国内从 80 年代中期就开始了负荷建模的研究工作，主要的研究单位有中国电力科学研究院、华北电力大学、河海大学、清华大学、湖南大学、郑州大学、上海交通大学和西安交通大学等高校和科研单位。

华北电力大学和河海大学在基于现场测量数据对负荷特性进行建模方面展开了大量的研究工作，并取得了很多的研究成果。华北电力大学贺仁睦教授领导的研究团队长期从事负荷模型的实测辨识和模型的有效性研究。1999年6月华北电力大学与广东省电力调度中心合作，在广州地区安装了负荷特性辨测系统，经过现场运行得到了大量的数据，并通过对负荷特性的分类和综合得到了具有统计规律的负荷特性模型。2002年1月又与华北电力调度局合作，分别在张家口地区的侯家庙、东山坡等变电站安装负荷特性记录仪进行负荷模型的实测辨识。

20世纪80年代以来，河海大学鞠平教授领导的研究团队一直开展着负荷建模的研究工作，与河南省电力调度中心、福建省电力调度中心等单位合作进行了负荷特性参数辨识的研究，建立了河南电网和福建电网的负荷特性数据库。针对海南电网实测数据进行了稳定性分析，发现不同季节、不同时段的负荷动态参数对电网稳定极限的影响不同。

国家电网公司十分重视负荷模型的研究工作，2000年以来组织了大量的科研工作。2003年成立了国家电网公司负荷模型研究工作组。国家电网公司重点科研项目"大区电网负荷测试技术及模型完善研究"和"电力系统计算分析中的负荷模型研究"也于2003年立项，中国电力科学研究院在国家电网公司支持和各区域电网公司的配合下，完成了上述项目的研究工作，取得了负荷建模研究领域的重要成果，提出了考虑配电网络的综合负荷模型(synthesis load model，SLM)[33,34]。2004年和2005年在东北电网进行了四次人工三相接地短路大扰动试验，为负荷建模工作提供了宝贵的大扰动实测数据。中国电力科学研究院根据对东北大扰动事故的仿真分析和模型校验结果，提出了基于考虑配电网络的综合负荷模型的拟合参数，最终应用该模型基本重现了扰动过程中系统的动态行为。考虑配电网络的综合负荷模型从模型结构上更符合实际，因为它考虑了配电网络、无功补偿、小机组的影响，而且模型结构的物理意义也非常清晰。

2007年，国家电网公司将"负荷模型参数深化研究及适应性分析"项目列为2007～2008年度国家电网公司的7个重大科技项目之一，并对中国电力科学研究院、华北电网有限公司、华中电网有限公司、东北电网有限公司分别下达了"负荷模型参数深化研究及适应性分析"、"华北电网负荷模型参数深化研究及适应性分析"、"华中电网负荷模型参数深化研究及适应性分析"、"东北电网负荷模型参数深化研究及适应性分析"专项任务。该专项任务旨在根据国家电网公司科技项目"电力系统计算分析中的负荷模型研究"和"大区电网负荷测试技术及模型完善研究(东北电网大扰动试验)"项目的研究成果，积极借鉴国内外负荷模型参数最新研究成果，在现有的负荷模型基础上深化研究更加适应于华北电网、华中电网、东北电网的负荷模型及其参数，以提高电网仿真计算的准确度，从而提高电网运行的安全性和经济性。

参考文献

[1] David J H. Nonlinear dynamic load models with recovery for voltage stability studies[J]. IEEE Transactions on Power Systems, 1993, 8(1):166～176.

[2] General Electric Company. Load modeling for power flow and transient stability computer studies[R]. New York:EPRI, 1987.

[3] 鞠平,马大强. 电力负荷的新模型及动静态参数的同时辨识[J]. 控制与决策,1989,2:20～23.

[4] 鞠平,李德丰,陆小涛. 电力系统非机理负荷模型的可辨识性[J]. 河海大学学报,1999,27(1):16～19.

[5] El-Ferik S, Malhame R P. Correlation identification of alternating renewal electric load models [C]. Proceedings of the 31st Conference on Decision and Control, Tucson,1992:566～567.

[6] O'Sullivan J W, O'Malley M J. Identification and validation of dynamic global load model parameters for use in power system frequency simulation[J]. IEEE Transactions on Power Systems, 1996, 11(2):853～857.

[7] 章健,贺仁睦,韩民晓. 电力负荷的 $dq0$ 坐标变量模型及模型回响辨识[J]. 中国电机工程学报,1997,17(6):377～381.

[8] 贺仁睦,魏孝铭,韩民晓. 电力负荷动态特性实测建模的外推和内插[J]. 中国电机工程学报,1996,16(3):153～154.

[9] El-Ferik S, Hussain S A, Al-Sunni F M. Identification and weather sensitivity of physically based model of residential air-conditioners for direct load control: A case study[J]. Energy and Buildings, 2006, 38(8):997～1005.

[10] Pereira L, Mackin P, Davies D, et al. An interim dynamic induction motor model for stability studies in the WSCC[J]. IEEE Transactions on Power Systems, 2002, 17(4): 1108～1115.

[11] IEEE Task Force on Load Representation for Dynamic Performance. Load representation for dynamic performance analysis[J]. IEEE Transactions on Power Systems, 1993, 8(2): 472～482.

[12] IEEE Computer Analysis of Power Systems Working Group of the Computer and Analytical Methods Subcommittee—Power System Engineering Committee. System load dynamics—Simulation effects and determination of load constants[J]. IEEE Transactions on Power Apparatus and Systems, 1973,92:600～609.

[13] Mauricio W, Semlyen A. Effect of load characteristics on the dynamic stability of power systems[J]. IEEE Transactions on Power Apparatus and Systems, 1972,92:2295～2304.

[14] Ueda R, Takata S. Effects of induction machine load on power system[J]. IEEE Transactions on Power Apparatus and Systems, 1981,100:2555～2562.

[15] Omata T, Uemura K. Aspects of voltage responses of induction motor loads[J]. IEEE Transactions on Power Systems, 1998, 13(4):1337～1344.

[16] 张东霞,汤涌,朱方,等. 基于仿真计算和事故校验的电力负荷模型校验及调整方法研究[J]. 电网技术,2007,31(4):24~31.

[17] Kosterev D N, Taylor C W, Mittelstadt W A. Model validation for the August 10, 1996 WSCC system outage[J]. IEEE Transactions on Power Systems, 1999, 14(3):967~979.

[18] Pereira L, Kosterev D, Mackin P, et al. An interim dynamic induction motor model for stability studies in the WSCC[J]. IEEE Transactions on Power Systems, 2002, 17(4): 1108~1115.

[19] 汤涌,侯俊贤,刘文焯. 电力系统数字仿真负荷模型中配电网络及无功补偿与感应电动机的模拟[J]. 中国电机工程学报,2005,25(3):8~12.

[20] General Electric Company. Determining load characteristics for transient performances[R]. New York:EPRI,1981.

[21] General Electric Company. Determining load characteristics for transient performances[R]. New York:EPRI,1979.

[22] IEEE Task Force on Load Representation for Dynamic Performance. Bibliography on load models for power flow and dynamic performance simulation[J]. IEEE Transactions on Power Systems, 1995, 10(1):523~538.

[23] IEEE Task Force on Load Representation for Dynamic Performance. Standard load models for power flow and dynamic performance simulation[J]. IEEE Transactions on Power Systems, 1995, 10(3):1302~1313.

[24] 马进, 贺仁睦. 负荷模型的泛化能力研究[J]. 中国电机工程学报, 2006, 26(21):29~35.

[25] 张红斌, 汤涌, 李柏青. 差分方程负荷模型参数分散性的研究[J]. 中国电机工程学报, 2006, 26(18):3~5.

[26] Sabir S A Y, Lee D C. Dynamic load models derived from data acquired during system transients [J]. IEEE Transactions on Power Apparatus and Systems, 1982,101:3365~3372.

[27] Dovan T, Dillon T S,Berger C S,et al. A microcomputer based on-line identification approach to power system dynamic load modeling[J]. IEEE Transactions on Power Systems, 1987, 2(3):529~536.

[28] Chiou C Y, Huang C H,Liu A S,et al. Development of a micro-processor-based transient data recording system for load behavior analysis[J]. IEEE Transactions on Power Systems, 1993, 8(1):16~22.

[29] Karlsson D, Hill D J. Modeling and identification of nonlinear dynamic loads in power systems[J]. IEEE Transactions on Power Systems, 1994, 9(1):157~166.

[30] Ju P, Handschin E. Identifiability of load models[J]. IEEE Proceedings on Generation, Transmission and Distribution, 1997, 44(1):45~49.

[31] Kosterev D, Meklin A. Load modeling in WECC[C]. IEEE/PES Power Systems Conference & Exposition,Atlanta,2006:576~581.

[32] Kosterev D, Meklin A, Undrill J, et al. Load modeling in power system studies: WECC progress update[C]. IEEE/PES General Meeting, Pittsburgh, 2008: 1～8.

[33] 汤涌,张红斌,侯俊贤,等. 考虑配电网络的综合负荷模型[J]. 电网技术,2007,31(5):34～38.

[34] Tang Y, Zhang H B, Zhang D X, et al. A synthesis load model with distribution network for power transmission system simulation and its validation[C]. IEEE/PES General Meeting, Calgary, 2009: 1～7.

第 2 章　电力负荷元件模型

2.1　电力负荷构成

电力负荷元件是指各种将电能转化成其他形式能量的用电设备,如电动机、电弧炉、加热器、空调、家用电器、照明等。在建立负荷元件模型时一般采用一系列能够表征负荷特性的模型和参数,如负荷功率因数、负荷有功功率和无功功率随电压和频率变化的特性。这种模型和参数可以表征某个具体负荷设备、负荷元件的特性,也可以是某类负荷的典型负荷特性,还可以是母线上所有负荷的综合特性。

图 2-1 描述了电力系统综合负荷建模的等值过程。其中图 2-1(a)所示的典型电力系统包含各种用电负荷及配电网络。一般情况下,在进行潮流计算或稳定性分析时,电力系统不会被描述得如此详细,而是将配电系统负荷等值在较高电压等级的变电站母线上,如图 2-1(b)所示。因此,母线上的等值负荷的模型和参数是仿真计算分析中最需要的数据,也是负荷建模的主要任务。

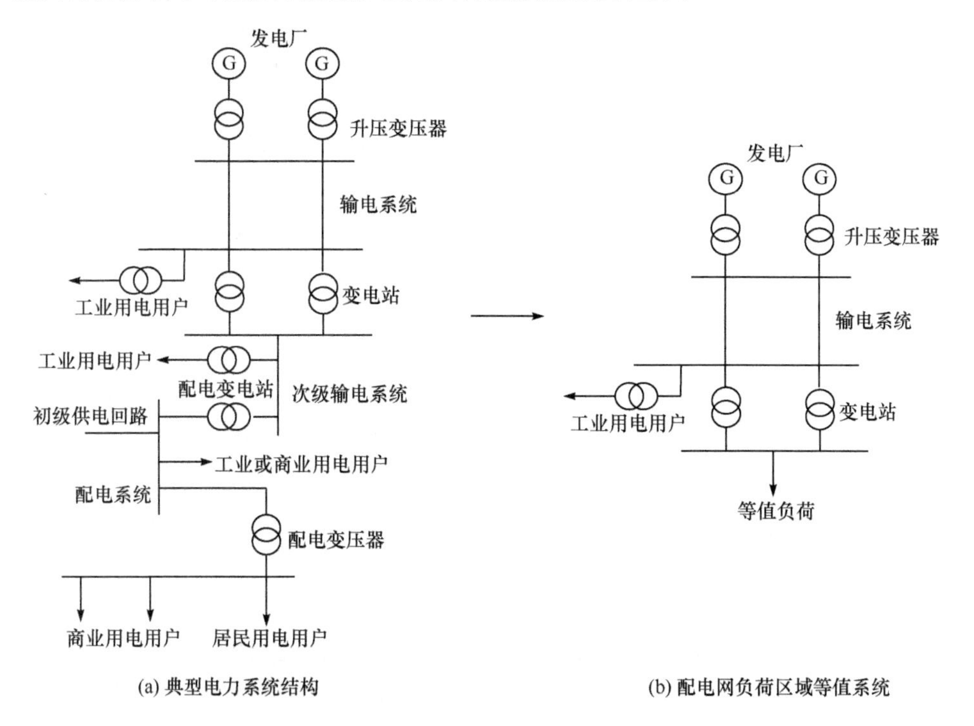

图 2-1　典型电力系统结构及其负荷区域等值

用于电力系统仿真计算的负荷模型一般应包含两类元件。一类是配电系统元件,包括配电线路、配电变压器、无功补偿装置等配电系统功率损耗元件;另一类是终端用户用电设备负荷,包括电动机、电暖器、照明灯、热水器、空调等设备。确定各种负荷元件的模型是建立等值负荷模型的基础。负荷元件的模型和参数一般需要经过试验测试才能获得。

2.2 常用电力负荷元件的模型

2.2.1 商业、居民用电阻加热器

电热负荷的容量可高达几十千瓦或更大,也可低至十几千瓦或更小(如电热水器的额定功率为 1～4kW[1])。常用的电热负荷有电热水器、电暖设备和电炉灶等[2]。

电热水器是最常见和重要的电阻热负荷,它的运行状态不仅受用户对热水需求量的大小和时间的影响,还受热水储藏状态(如在热水储藏室内温度的分布情况)的影响。这使得热水需求在一定程度上滞后于最终的能量需求。热水储藏室在电能输入与热水输出之间起缓冲的作用,通常很难用简单的数学表达式描述这种输出与输入之间的关系。

电阻电暖设备的负荷特性与采用的材料有关。电阻电暖设备具有非线性特性,但在正常运行范围内具有线性特性。电阻电暖设备负荷不受供电频率的影响,也不消耗无功功率。

电炉灶的额定功率为 7～13.6kW,平均功率约为 10kW,其日负载率大约在 15%左右。

一般情况下,为简化分析,通常将电阻型电热负荷视为恒定电阻负荷。文献[2]～[7]将电阻电热负荷作为恒定电阻负荷,其功率因数 PF 为 1,即不消耗无功功率,数学模型为

$$P=P_0\left(\frac{U}{U_0}\right)^2 \tag{2-1}$$

式中,P 为负荷功率;P_0 为负荷初始功率;U 为负荷节点电压;U_0 为负荷节点初始电压。

2.2.2 热泵式加热器

1. 居民用热泵式加热器

文献[2]中指出居民用热泵式加热器为:10%的电阻热负荷(用功率因数 $PF=1.0$的恒电阻模型描述)、90%的感应电动机负荷,其静态模型如式(2-2)所示:

$$P=0.9P_0\left(\frac{U}{U_0}\right)^{0.21}(1+0.9\Delta f)+0.1P_0\left(\frac{U}{U_0}\right)^2$$
$$Q=0.9P_0\tan(\arccos 0.84)\left(\frac{U}{U_0}\right)^{2.5}(1-1.3\Delta f) \tag{2-2}$$

式中，P、Q为负荷有功、无功功率；P_0为负荷初始功率；U为负荷节点电压；U_0负荷节点初始电压；Δf为频率偏差。

居民用热泵式加热器的动态模型用感应电动机来模拟，其参数为

$$R_s=0.033,\quad X_s=0.076,\quad X_m=2.4,\quad R_r=0.048,\quad X_r=0.062$$
$$U_I=0.5,\quad T_I=5.0s,\quad A=0.2,\quad B=0.0,\quad H=0.28,\quad LF=0.6$$

感应电动机的等值电路如图2-2所示，其电压方程、运动方程和机械特性如下：

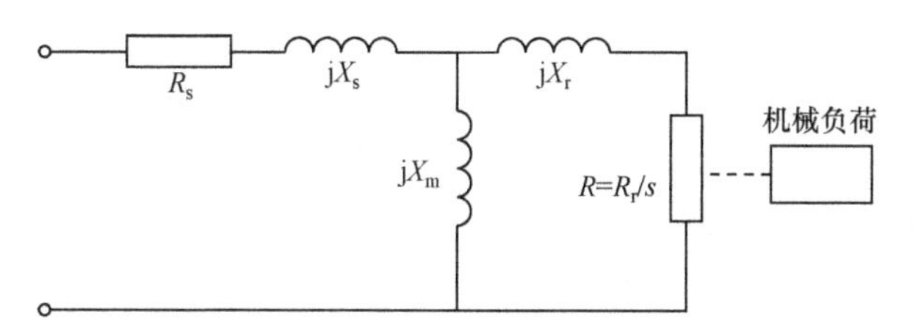

图2-2 感应电动机等值电路

$$X=X_2+X_m \quad \text{（转子开路电抗）}$$
$$X'=X_2+\frac{X_mX_r}{X_m+X_r} \quad \text{（转子不动时短路电抗）}$$
$$T_0'=\frac{X_m+X_r}{\omega_0R_r} \quad \text{（定子开路，转子回路时间常数）}$$
$$\omega_b=2\pi f_{base},\quad f_{base}=50$$
$$\omega_t=1-s$$
$$\frac{dE_d}{dt}=-\frac{1}{T_0'}[E_d+(X-X')I_q]-\omega_b(\omega_t-1)E_q$$
$$\frac{dE_q}{dt}=-\frac{1}{T_0'}[E_q-(X-X')I_d]+\omega_b(\omega_t-1)E_d$$
$$I_d=\frac{1}{R_s^2+X^2}[R_s(U_d-E_d)+X(U_q-E_q)]$$
$$I_q=\frac{1}{R_s^2+X^2}[R_s(U_q-E_q)-X(U_d-E_d)]$$
$$T_e=E_dI_d+E_qI_q$$
$$T_m=(A\omega_t^2+B\omega_t+C)T_0$$

$$\frac{d\omega_t}{dt}=\frac{1}{2H}(T_e-T_m)$$

式中，A、B、C 为机械转矩系数(p. u.)，C 由下式求得：

$$A\omega_0^2+B\omega_0+C=1.0$$

$$\omega_0=1-s_0$$

R_s 为定子电阻(p. u.)；X_s 为定子电抗(p. u.)；X_m 为激磁电抗(p. u.)；R_r 为转子电阻(p. u.)；X_r 为转子电抗(p. u.)；U_I 为感应电动机低电压释放的电压值(当电动机机端低压降到 U_I 以下，经 T_I 延时后切除电动机)(p. u.)；T_I 为感应电动机低电压释放的时延(s)；H 为包括负载惯性的惯性常数[转矩(p. u.)/转速(p. u.)]；LF 为负载率(正常有功功率与基准功率之比)；T_e 为电动机电磁转矩；T_m 为电动机机械转矩。

2. 商业用热泵式加热器

文献[2]中指出商业用热泵式加热器为：10%的电阻热负荷(用功率因数 PF 为 1 的恒电阻模型描述)、90%的感应电动机负荷，其静态模型如式(2-3)所示：

$$\begin{aligned}P&=0.9P_0\left(\frac{U}{U_0}\right)^{0.1}(1+1.0\Delta f)+0.1P_0\left(\frac{U}{U_0}\right)^2\\Q&=0.9P_0\tan(\arccos 0.84)\left(\frac{U}{U_0}\right)^{2.5}(1-1.3\Delta f)\end{aligned}\tag{2-3}$$

商业用热泵式加热器的动态模型参数为

$R_s=0.053$，　$X_s=0.083$，　$X_m=1.94$，　$R_r=0.068$，　$X_r=0.068$

$U_I=0.5$，　$T_I=5.0\text{s}$，　$A=0.2$，　$B=0.0$，　$H=0.28$，　$LF=0.6$

2.2.3　空调负荷

空调的工作机理与热泵工作在制冷模式下的机理相同。空调可以分为中央空调和户式空调，户式空调的功率要比中央空调小得多。另外，空调还可分为三相空调和单相空调。大部分的商业用空调都是三相中央空调，而民用空调一般是单相中央空调或户式空调。三相中央空调、单相中央空调和户式空调的特性存在着一定的差异，须加以区分。不同厂家生产的不同类型空调的保护方案也有所不同。空调一般由一个或几个风机和一个压缩感应电动机组成。

空调负荷的日益增长使系统负荷峰值不断提高，空调负荷的动态特性对系统稳定性的影响也越来越大。文献[8]通过现场试验证明：如果空调感应电动机的电压低于正常值的 60%，则空调压缩机将会发生堵转。空调压缩机的保护方案对空调感应电动机的电气特性有着重要的影响[8]。文献[9]指出，在日本关西电力株式会社(Kansai Electric Power Company，KEPCO)系统中，空调负荷是最具变化性的负荷元件之一，对母线电压的影响也最大。所以，认识空调负荷的特性及其与电网之间的相互影响对系统运行和分析是非常重要的。

1. 居民用热泵式中央空调(制冷)

文献[2]指出居民用热泵式中央空调负荷是单相运行在制冷模式下的热泵。因此，其压缩机和两个风扇具有相同的特性。其静态模型如式(2-4)所示：

$$\begin{aligned} P&=P_0\left(\frac{U}{U_0}\right)^{0.2}(1+0.9\Delta f) \\ Q&=P_0\tan(\arccos 0.81)\left(\frac{U}{U_0}\right)^{2.2}(1-2.7\Delta f) \end{aligned} \tag{2-4}$$

居民用热泵式中央空调的动态模型参数为

$$R_s=0.033,\quad X_s=0.076,\quad X_m=2.4,\quad R_r=0.048,\quad X_r=0.062$$
$$U_I=0.5,\quad T_I=5.0\text{s},\quad A=0.2,\quad B=0.0,\quad H=0.28,\quad LF=0.6$$

2. 商业用热泵式中央空调(制冷)

文献[2]指出商业用热泵中央空调是三相运行在制冷模式下的热泵。因此，其压缩机和两个风扇具有相同的特性。其静态模型如式(2-5)所示：

$$\begin{aligned} P&=P_0\left(\frac{U}{U_0}\right)^{0.1}(1+1.0\Delta f) \\ Q&=P_0\tan(\arccos 0.81)\left(\frac{U}{U_0}\right)^{2.5}(1-1.3\Delta f) \end{aligned} \tag{2-5}$$

商业用热泵式中央空调的动态模型参数为

$$R_s=0.033,\quad X_s=0.076,\quad X_m=2.4,\quad R_r=0.048,\quad X_r=0.062$$
$$U_I=0.5,\quad T_I=5.0\text{s},\quad A=0.2,\quad B=0.0,\quad H=0.28,\quad LF=0.6$$

3. 居民用中央空调(制冷)

文献[2]采用单相感应电动机特性描述居民用中央空调，其静态模型如式(2-6)所示：

$$\begin{aligned} P&=P_0\left(\frac{U}{U_0}\right)^{0.2}(1+0.9\Delta f) \\ Q&=P_0\tan(\arccos 0.81)\left(\frac{U}{U_0}\right)^{2.2}(1-2.7\Delta f) \end{aligned} \tag{2-6}$$

居民用中央空调的动态模型参数为

$$R_s=0.033,\quad X_s=0.076,\quad X_m=2.4,\quad R_r=0.048,\quad X_r=0.062$$
$$U_I=0.5,\quad T_I=5.0\text{s},\quad A=0.2,\quad B=0.0,\quad H=0.28,\quad LF=0.6$$

4. 商业用中央空调(制冷)

文献[2]采用三相感应电动机特性描述商业用中央空调,其静态负荷模型如式(2-7)所示:

$$\begin{aligned} P &= P_0\left(\frac{U}{U_0}\right)^{0.1}(1+\Delta f) \\ Q &= P_0\tan(\arccos 0.81)\left(\frac{U}{U_0}\right)^{2.5}(1-1.3\Delta f) \end{aligned} \tag{2-7}$$

商业用中央空调的动态模型参数为

$R_s=0.053$, $X_s=0.083$, $X_m=1.9$, $R_r=0.036$, $X_r=0.068$

$U_I=0.5$, $T_I=5.0\text{s}$, $A=0.2$, $B=0.0$, $H=0.28$, $LF=0.6$

5. 商业、居民用户式空调(制冷)

文献[2]中采用单相感应电动机特性描述商业(居民)用户式空调,其静态模型如式(2-8)所示:

$$\begin{aligned} P &= P_0\left(\frac{U}{U_0}\right)^{0.5}(1+0.6\Delta f) \\ Q &= P_0\tan(\arccos 0.75)\left(\frac{U}{U_0}\right)^{2.5}(1-2.8\Delta f) \end{aligned} \tag{2-8}$$

商业、居民用户式空调的动态模型参数为

$R_s=0.1$, $X_s=0.1$, $X_m=1.8$, $R_r=0.09$, $X_r=0.06$

$U_I=0.5$, $T_I=5.0\text{s}$, $A=0.2$, $B=0.0$, $H=0.28$, $LF=0.6$

2.2.4 家用电器

1. 电冰箱

电冰箱的主要工作元件是感应电动机(风机和压缩机),一般情况下感应电动机的月耗电量约为80～130kW·h。除了感应电动机负荷外,还有在除湿情况下切换到电加热状态的电加热负荷。电加热负荷平均月耗电量约为15～35kW·h。电冰箱的日负载率约为65%。

文献[2]给出了电冰箱的三种负荷模型。

1) 不考虑频率影响的电压指数模型

模型1:

$$P=P_0\left(\frac{U}{U_0}\right)^{1.258}$$
$$Q=P_0\tan(\arccos 0.701)\left(\frac{U}{U_0}\right)^{2.851} \tag{2-9}$$

模型 2：

$$P=P_0\left(\frac{U}{U_0}\right)^{0.732}$$
$$Q=P_0\tan(\arccos 0.69)\left(\frac{U}{U_0}\right)^{1.73} \tag{2-10}$$

2）考虑频率和电压变化影响的多项式负荷模型

80%感应电动机负荷+20%恒电阻负荷。感应电动机静态模型如式(2-11)所示：

$$P=0.8P_0\left(\frac{U}{U_0}\right)^{0.8}(1+0.5\Delta f)+0.2P_0\left(\frac{U}{U_0}\right)^{2}$$
$$Q=0.8P_0\tan(\arccos 0.84)\left(\frac{U}{U_0}\right)^{2.5}(1-1.4\Delta f) \tag{2-11}$$

3）电冰箱的动态模型参数为

$R_s=0.056$，　$X_s=0.087$，　$X_m=2.4$，　$R_r=0.053$，　$X_r=0.082$

$U_I=0.5$，　$T_I=5.0\text{s}$，　$A=0.2$，　$B=0.0$，　$H=0.28$，　$LF=0.5$

文献[3]给出的电冰箱的指数电压频率模型如式(2-12)所示：

$$P=P_0\left(\frac{U}{U_0}\right)^{0.77}(1+0.53\Delta f)$$
$$Q=Q_0\left(\frac{U}{U_0}\right)^{2.5}(1-1.46\Delta f) \tag{2-12}$$

文献[7]给出的电冰箱的指数电压频率模型如式(2-13)所示：

$$P=P_0\left(\frac{U}{U_0}\right)^{0.8}(1+0.5\Delta f)$$
$$Q=P_0\tan(\arccos 0.79)\left(\frac{U}{U_0}\right)^{2.5}(1-1.4\Delta f) \tag{2-13}$$

文献[10]给出的电冰箱有功负荷部分的多项式模型如式(2-14)所示：

$$P=1.0+1.3958\Delta U+9.881\Delta U^2+84.72\Delta U^3+293.0\Delta U^4 \tag{2-14}$$

文献[6]推荐的电冰箱多项式模型如式(2-15)所示：

$$P=1.0+0.7594\Delta U+1.4361\Delta U^2+0.5238\Delta f-3.3710\Delta U\Delta f$$
$$Q=0.782+1.9298\Delta U+4.2231\Delta U^2-1.1266\Delta f-9.2356\Delta U\Delta f \tag{2-15}$$

2. 洗碗机

洗碗机的主要负荷集中在热水加热器上。常用的洗碗机的额定功率一般为1kW,其中大约250W用于洗碗机的感应电动机负荷,其余的750W用于电阻加热器[2]。文献[2]以电压-频率指数关系式描述洗碗机的负荷模型为:25%感应电动机+75%恒电阻模型,恒电阻负荷的功率因数为1。感应电动机负荷的静态模型如式(2-16)所示:

$$\begin{aligned} P&=0.25P_0\left(\frac{U}{U_0}\right)^{1.8}+0.75P_0\left(\frac{U}{U_0}\right)^2 \\ Q&=0.25P_0\tan(\arccos 0.99)\left(\frac{U}{U_0}\right)^{3.5}(1-2.5\Delta f) \end{aligned} \tag{2-16}$$

洗碗机的动态模型参数为

$$R_s=0.11,\quad X_s=0.14,\quad X_m=2.8,\quad R_r=0.11,\quad X_r=0.065$$
$$U_I=0.5,\quad T_I=5.0\text{s},\quad A=1.0,\quad B=0.0,\quad H=0.28,\quad LF=0.5$$

3. 洗衣机

洗衣机的运行特性与洗碗机比较相似,只是额定容量比较小。常见的洗衣机的额定功率大约为340W,主要的工作元件为感应电动机,可为分相式感应电动机、鼠笼式感应电动机或双向感应电动机[2]。文献[2]给出的静态负荷模型如式(2-17)所示:

$$\begin{aligned} P&=P_0\left(\frac{U}{U_0}\right)^{0.08}(1+2.9\Delta f) \\ Q&=P_0\tan(\arccos 0.65)\left(\frac{U}{U_0}\right)^{1.6}(1+1.8\Delta f) \end{aligned} \tag{2-17}$$

文献[10]给出的洗衣机有功负荷部分的多项式模型如式(2-18)所示:

$$P=1.0+1.2786\Delta U+3.099\Delta U^2+5.939\Delta U^3 \tag{2-18}$$

文献[2]给出的洗衣机的动态模型参数为

$$R_s=0.11,\quad X_s=0.12,\quad X_m=2.0,\quad R_r=0.11,\quad X_r=0.13$$
$$U_I=0.5,\quad T_I=5.0\text{s},\quad A=1.0,\quad B=0.0,\quad H=0.69,\quad LF=0.4$$

文献[11]分别用多项式模型和幂指数模型描述了一台功率因数 $PF=0.61$、额定容量为654VA的洗衣机负荷,没有考虑频率的影响。其多项式模型如式(2-19)所示,其幂指数模型如式(2-20)所示:

$$\begin{aligned} P&=P_0\left[0.05\left(\frac{U}{U_0}\right)^2+0.31\left(\frac{U}{U_0}\right)+0.63\right] \\ Q&=Q_0\left[-0.56\left(\frac{U}{U_0}\right)^2+2.2\left(\frac{U}{U_0}\right)-0.65\right] \end{aligned} \tag{2-19}$$

$$P=P_0\left(\frac{U}{U_0}\right)^{0.42}$$
$$Q=Q_0\left(\frac{U}{U_0}\right)^{1.09} \tag{2-20}$$

4. 烘干机(干衣机)

居民用衣物烘干机内的温度大约为 65.6～82.2℃,主要由衣物的材质决定。烘干机主要由电阻加热元件、吹风机和感应电动机组成,其典型的额定功率为 5.5kW[2]。文献[2]给出的衣物烘干机的静态负荷模型如式(2-21)所示:

$$P=P_0\left(\frac{U}{U_0}\right)^{2.0}$$
$$Q=0.2P_0\tan(\arccos 0.99)\left(\frac{U}{U_0}\right)^{3.3}(1-2.6\Delta f) \tag{2-21}$$

文献[7]给出的衣物烘干机的静态模型如式(2-22)所示:

$$P=P_0\left(\frac{U}{U_0}\right)^{2.0}$$
$$Q=P_0\tan(\arccos 0.99)\left(\frac{U}{U_0}\right)^{3.3}(1-2.6\Delta f) \tag{2-22}$$

文献[6]推荐的衣物烘干机的静态模型如式(2-23)所示:

$$\begin{aligned} P&=1.0+2.04\Delta U+0.995\Delta U^2-0.593\Delta U^3 \\ Q&=0.1307+0.4271\Delta U+0.6274\Delta U^2+0.469\Delta U^3 \\ &\quad -0.3437\Delta f-0.6734\Delta U\Delta f \end{aligned} \tag{2-23}$$

文献[2]给出的衣物烘干机的动态模型参数为

$$R_s=0.12,\quad X_s=0.15,\quad X_m=1.9,\quad R_r=0.13,\quad X_r=0.14$$
$$U_1=0.5,\quad T_1=5.0\text{s},\quad A=1.0,\quad B=0.0,\quad H=0.11,\quad LF=0.4$$

5. 电视机

电视机(彩色或黑白)的耗电量一般比较小,其额定功率大约为 80～110W。文献[2]给出的电视机的静态负荷模型如式(2-24)所示:

$$P=P_0\left(\frac{U}{U_0}\right)^{2.0}$$
$$Q=P_0\tan(\arccos 0.77)\left(\frac{U}{U_0}\right)^{5.2}(1-4.6\Delta f) \tag{2-24}$$

文献[3]给出的电视机的静态负荷模型如式(2-25)所示:

$$P=P_0\left(\frac{U}{U_0}\right)^{2.0}$$
$$Q=Q_0\left(\frac{U}{U_0}\right)^{5.2}(1-4.6\Delta f) \tag{2-25}$$

2.2.5　照明负荷

对于一般的商业建筑，照明用电负荷较重，占其总用电负荷的20%～50%[1]；在工业负荷中，照明负荷约占总负荷用电量的9%[12]。由此可见照明负荷在商业负荷中的重要性，其负荷模型的选择对系统响应特性有着重要的影响。参见文献[1]，现实生活中最常用的照明负荷有两种：白炽灯和放电灯（主要是荧光灯）。这里将对这两种照明负荷的特性及模型加以描述。

1. 白炽灯

白炽灯由钨灯丝及具有地热传导特性的惰性气体构成，它的效力一般在17～24lm/W（lm/W是光源辉度效力单位，流明/瓦）范围内。白炽灯是一种低效力的光源元件，但由于其简单的光学控制特性，可用于小面积的照明，如商店、房间或剧院等。对于大面积的区域或长时间的照明一般不采用白炽灯。

文献[13]对白炽灯负荷进行了电压扰动试验，并记录了扰动过程中的电压波形和电流波形。图2-3是电压在0ms突然由100%跌落到50%和70%的波形，图2-4是在扰动过程中与电压波形相对应的电流波形。比较电流与电压的波形可以看出，负荷电流完全随着电压的变化而变化。因此，白炽灯的模型可以描述为恒电阻负荷模型，等值电路图如图2-5所示，R为白炽灯的等值电阻，其大小可由其额定功率及额定电压计算出。

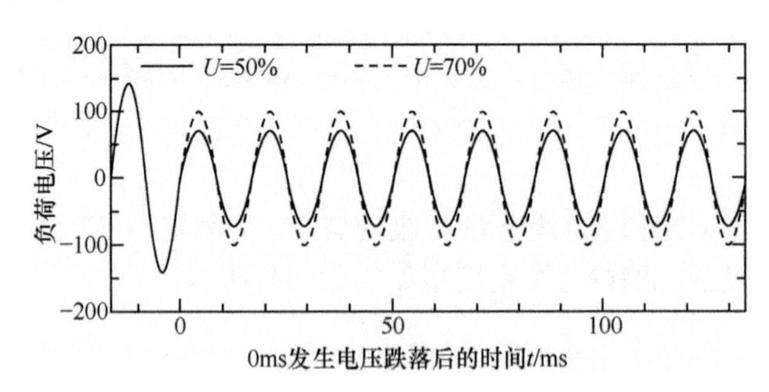

图2-3　白炽灯负荷电压波形图

文献[2]认为白炽灯的灯丝电阻会随着电压的变化而略有变化，即在电压变化过程中不是恒定的。文中给出了白炽灯的负荷模型，由于白炽灯不消耗无功功率，因此白炽灯的负荷模型为

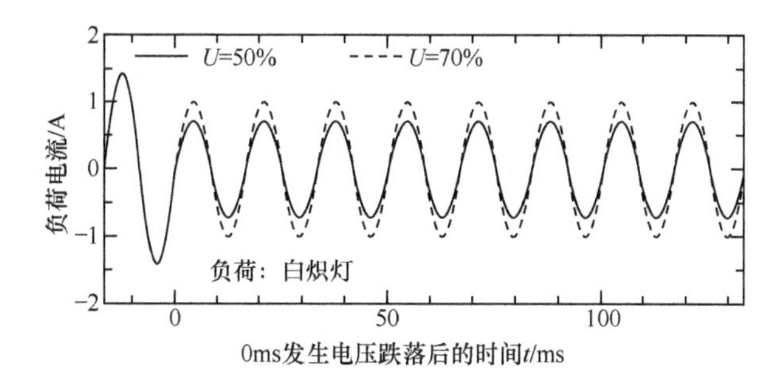

图 2-4 白炽灯负荷在电压扰动后的电流波形图

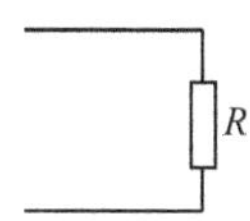

图 2-5 白炽灯的恒电阻负荷模型等值电路图

$$P=P_0\left(\frac{U}{U_0}\right)^{1.54} \tag{2-26}$$

文献[6]推荐的白炽灯多项式模型为

$$P=1.0+1.552\Delta U+0.4590\Delta U^2 \tag{2-27}$$

2. 荧光灯

荧光灯具有比白炽灯更高的能效，普遍应用于居民、商业、工业照明中，其耗能约占照明总耗能的20％[14]。在商业用电负荷中，荧光灯照明负荷的比例可能高达75％[2]。荧光灯通过电弧放电来发光，它的工作原理是：灯丝导电加热，阳极发射出电子与灯管内充装的惰性气体碰撞而电离，汞汽化为汞蒸气，在电子撞击和两端电场作用下，汞离子大量电离，正负离子运动形成气体放电，即弧光放电，同时释放出能量并产生紫外线，灯管壁上的荧光粉吸收紫外线后，被激发而发出可见光。

荧光灯负荷的建模比较困难，这是因为它具有多种物理结构及灯管的弧光放电特性。荧光灯负荷既吸收有功功率，又吸收无功功率。图2-6为一带有无功补偿的荧光灯等值电路图[12]，镇流器是感性的。

荧光灯具有负电阻特性，如果将荧光灯灯管直接与交流电源相接，它将汲取过量的电流，以致烧毁灯管[15]。所以为了限制电流及提供合适的启动和运行电压以保持两个电极之间的电弧，需要在灯管前串联一电磁镇流器。灯管电流 I_a 及电压 U_a 具有非线性特性。镇流器主要有两种：电磁镇流器和电子镇流器。虽然电子镇流器需求很大，但是由于电磁镇流器具有成本低、设计简单的特性，它的应用最为广泛。电磁镇流器有 RL（阻抗-电感）型、LC（电感-电容）型和纯 L（纯电感）型三

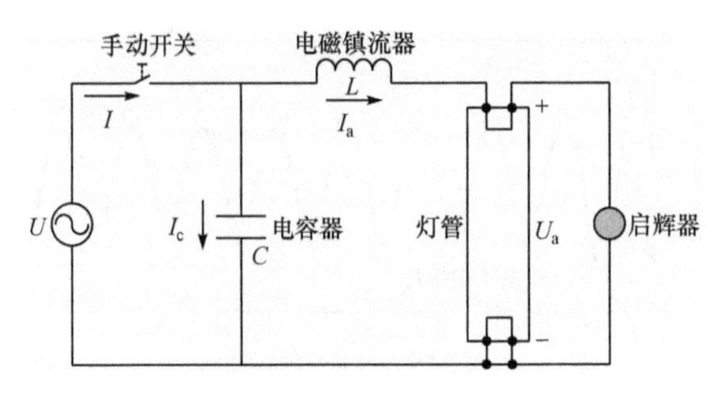

图 2-6　具有电磁镇流器(电感镇流器)的荧光灯等值电路图

种,其中应用最广的是纯 L 型即纯感性镇流器。为了提供合适的启动电压,镇流器需要消耗一定的无功功率,这就降低了荧光灯的功率因数,因此需要电容器来补偿无功功率以保证其功率因数为 0.9~0.98(滞后)。

文献[2]假定灯管电压 U_a 恒定,电源电压 $U=U_m\sin(\omega t)$,可得

$$
\begin{aligned}
&I=U(\mathrm{j}\omega C)+\frac{U-U_a}{\mathrm{j}\omega t}\\
&R_a=\frac{M}{I_a},\quad M=U_a(\text{const.})
\end{aligned}
\tag{2-28}
$$

式中,R_a 为灯管的电阻;ω 为频率。灯管吸收的有功功率、镇流器及无功补偿吸收的无功功率(不计损耗)为

$$
\begin{aligned}
&P=\frac{M}{\omega L}\sqrt{U^2-M^2}\\
&Q=U^2\left(\frac{1}{\omega L}-\omega C\right)-\frac{M^2}{\omega L}
\end{aligned}
\tag{2-29}
$$

荧光灯的一种典型运行工况是稳态灯管电压 U_a 为输入电压 U 的一半。定义额定工作电压为 U_0,则实际的输入电压为 $U_a=U_0+\Delta U$。因此,功率方程改写为

$$
\begin{aligned}
&P=\frac{U_0}{2\omega L}\sqrt{\frac{3U_0^2}{4}+2U_0^2\Delta U+(\Delta U)^2}\\
&Q=\frac{1}{\omega L}\left[\frac{3U_0^2}{4}+2U_0^2\Delta U+(\Delta U)^2\right]-(U_0+\Delta U)^2\omega C
\end{aligned}
\tag{2-30}
$$

这种静态模型仅适应于短期暂态和动态稳定性的研究,对于长过程的稳定性研究则需要更详细的动态模型,参见文献[16]。文献[2]推荐的荧光灯静态模型如式(2-31)所示:

$$
\begin{aligned}
&P=P_0\left(\frac{U}{U_0}\right)(1+0.9\Delta f)\\
&Q=P_0\tan(\arccos 0.9)\left(\frac{U}{U_0}\right)^{3.0}(1-2.8f_0\Delta f)
\end{aligned}
\tag{2-31}
$$

式中，f_0 为额定频率标幺值，其标幺值为 1。

文献[4]给出了两种荧光灯的静态负荷模型，一种是无电容器补偿的静态模型，另一种是有电容器补偿的模型。无电容器补偿的静态模型功率因数 $PF=0.5$（滞后），如式(2-32)所示：

$$\begin{aligned} P&=P_0\left(\frac{U}{U_0}\right)^{1.8329}\left(\frac{f}{f_0}\right)^{-0.9804} \\ Q&=P_0\tan(\arccos 0.54)\left(\frac{U}{U_0}\right)^{2.7843}\left(\frac{f}{f_0}\right)^{-0.9722} \end{aligned} \tag{2-32}$$

有电容器补偿的静态模型功率因数 $PF=0.9$（滞后），其表达式如式(2-33)所示：

$$\begin{aligned} P&=P_0\left(\frac{U}{U_0}\right)^{1.8329}\left(\frac{f}{f_0}\right)^{-0.9804} \\ Q&=P_0\tan(\arccos 0.54)\left(\frac{U}{U_0}\right)^{4.5}\left(\frac{f}{f_0}\right)^{-5.1} \end{aligned} \tag{2-33}$$

文献[3]推荐的荧光灯模型如式(2-34)所示：

$$\begin{aligned} P&=P_0\left(\frac{U}{U_0}\right)^{0.96}(1+1.0\Delta f) \\ Q&=Q_0\left(\frac{U}{U_0}\right)^{7.38}(1-26.6\Delta f) \end{aligned} \tag{2-34}$$

文献[6]给出的荧光灯多项式模型如式(2-35)所示：

$$\begin{aligned} P&=1.0+0.6534\Delta U-1.65\Delta U^2 \\ Q&=-0.1535-0.0403\Delta U+2.734\Delta U^2 \end{aligned} \tag{2-35}$$

2.2.6　工业电动机

电力系统负荷的动态过程主要是由感应电动机负荷引起的，并且电力负荷中的 60%以上都是感应电动机负荷[17]。常见的感应电动机主要包括鼠笼式感应电动机、双笼式感应电动机和深槽式感应电动机。这三种感应电动机的适应范围和动态特性都有所不同。

鼠笼式感应电动机的动态模型一般可用五阶磁链和感应电动机转速的微分方程来描述。以同步转速 ω 旋转的轴作为参考轴系，方程中的磁链是指直轴 d 和交轴 q 的磁链。方程中的电压 U 和电流 I 都是标幺值，时间单位为 s。

动态磁链方程为

$$\begin{aligned} p\psi_{sd} &= -\frac{R_s L_{rr}}{L_{sr}}\psi_{sd} + \omega\psi_{sq} + \frac{R_s L_m}{L_{sr}}\psi_{rd} + U_{sd} \\ p\psi_{sq} &= -\omega\psi_{sd} + \frac{R_s L_{rr}}{L_{sr}}\psi_{sq} + \frac{R_s L_m}{L_{sr}}\psi_{rq} + U_{sq} \\ p\psi_{rd} &= \frac{R_r L_m}{L_{sr}}\psi_{sd} - \frac{R_s L_{ss}}{L_{sr}}\psi_{rd} + (\omega - \omega_r)\psi_{rq} \\ p\psi_{rq} &= \frac{R_r L_m}{L_{sr}}\psi_{sq} - (\omega - \omega_r)\psi_{rd} + \frac{R_s L_{ss}}{L_{sr}}\psi_{rd} \end{aligned} \tag{2-36}$$

机械动态方程为

$$p\omega_r = \frac{\omega^2}{2H}\left[\frac{L_m}{L_{sr}}(\psi_{sq}\psi_{rd} - \psi_{sd}\psi_{rq}) - T_m\right] \tag{2-37}$$

式中，ψ 表示用下标注明的各绕组的磁链，下标 sd 表示定子 d 轴磁链，下标 sq 表示定子 q 轴磁链，下标 rd 表示转子 d 轴磁链，下标 rq 表示转子 q 轴磁链；R_s 为定子相电阻；R_r 为转子绕组电阻；L_{ss} 为定子绕组自感；L_{rr} 为转子绕组自感；$L_{sr} = L_{ss}L_{rr} - L_m^2$ 为转子绕组与定子绕组之间的互感；ω_r 为感应电动机转子转速；ω 为同步转速；H 为感应电动机的惯性常数；T_m 为感应电动机的机械负载转矩；p 表示 d/dt，为微分算子；d 轴和 q 轴的定子电压 U_{sd} 和 U_{sq} 由定子三相电压 U_a、U_b 和 U_c 计算得到，如下所示：

$$\begin{aligned} U_{sd} &= \sqrt{\frac{2}{3}}\left[U_a\cos\theta + U_b\cos\left(\theta - \frac{2\pi}{3}\right) + U_c\cos\left(\theta + \frac{2\pi}{3}\right)\right] \\ U_{sq} &= -\sqrt{\frac{2}{3}}\left[U_a\sin\theta + U_b\sin\left(\theta - \frac{2\pi}{3}\right) + U_c\sin\left(\theta + \frac{2\pi}{3}\right)\right] \\ \theta &= \omega t + \alpha \end{aligned} \tag{2-38}$$

d 轴和 q 轴的定子电流 i_{sd} 和 i_{sq} 为

$$i_{sd} = \frac{L_{rr}\psi_{sd} - L_m\psi_{rd}}{L_{sr}}$$

$$i_{sq} = \frac{L_{rr}\psi_{sq} - L_m\psi_{rq}}{L_{sr}}$$

当忽略定子绕组的暂态过程，即定子绕组磁链为零，$p\psi_{sd} = 0$，$p\psi_{sq} = 0$，定子绕组的两个磁链方程就成为代数方程。这样，感应电动机模型就由五阶降为只包含转子磁链动态和转子机械动态的三阶模型：

$$
\begin{aligned}
0&=-\frac{R_sL_{rr}}{L_{sr}}\psi_{sd}+\omega\psi_{sq}+\frac{R_sL_m}{L_{sr}}\psi_{rd}+U_{sd}\\
0&=-\omega\psi_{sd}+\frac{R_sL_{rr}}{L_{sr}}\psi_{sq}+\frac{R_sL_m}{L_{sr}}\psi_{rq}+U_{sq}\\
p\psi_{rd}&=\frac{R_rL_m}{L_{sr}}\psi_{sd}-\frac{R_sL_{ss}}{L_{sr}}\psi_{rd}+(\omega-\omega_r)\psi_{rq}\\
p\psi_{rq}&=\frac{R_rL_m}{L_{sr}}\psi_{sq}-(\omega-\omega_r)\psi_{rd}+\frac{R_sL_{ss}}{L_{sr}}\psi_{rd}\\
p\omega_r&=\frac{\omega^2}{2H}\left[\frac{L_m}{L_{sr}}(\psi_{sq}\psi_{rd}-\psi_{sd}\psi_{rq})-T_m\right]
\end{aligned}
\tag{2-39}
$$

在感应电动机三阶模型的基础上继续忽略转子磁链的动态变化过程，只考虑感应电动机转子转速的变化，那么感应电动机模型就降为一阶模型：

$$
\begin{aligned}
0&=-\frac{R_sL_{rr}}{L_{sr}}\psi_{sd}+\omega\psi_{sq}+\frac{R_sL_m}{L_{sr}}\psi_{rd}+U_{sd}\\
0&=-\omega\psi_{sd}+\frac{R_sL_{rr}}{L_{sr}}\psi_{sq}+\frac{R_sL_m}{L_{sr}}\psi_{rq}+U_{sq}\\
p\psi_{rd}&=\frac{R_rL_m}{L_{sr}}\psi_{sd}-\frac{R_sL_{ss}}{L_{sr}}\psi_{rd}+(\omega-\omega_r)\psi_{rq}\\
p\psi_{rq}&=\frac{R_rL_m}{L_{sr}}\psi_{sq}-(\omega-\omega_r)\psi_{rd}+\frac{R_sL_{ss}}{L_{sr}}\psi_{rd}\\
p\omega_r&=\frac{\omega^2}{2H}\left[\frac{L_m}{L_{sr}}(\psi_{sq}\psi_{rd}-\psi_{sd}\psi_{rq})-T_m\right]
\end{aligned}
\tag{2-40}
$$

感应电动机的极坐标动态磁链方程为

$$
\begin{aligned}
p\psi_{sm}&=-\frac{R_sL_{rr}}{L_{sr}}\psi_{sm}+\omega_{rm}\frac{R_sL_m}{L_{sr}}\cos(\theta_s-\theta_r)+U_{sm}\cos(\theta_s-\theta_v)\\
p\theta_s&=-\omega-\frac{R_sL_m}{L_{sr}}\frac{\psi_{rm}}{\psi_{sm}}-\frac{U_{sm}}{\psi_{sm}}\sin(\theta_s-\theta_v)\\
p\psi_{rm}&=\frac{R_rL_m}{L_{sr}}\psi_{sm}\cos(\theta_r-\theta_s)-\frac{R_rL_{ss}}{L_{sr}}\psi_{rm}\\
p\theta_r&=-(\omega-\omega_r)+\frac{R_rL_m}{L_{sr}}\frac{\psi_{sm}}{\psi_{rm}}\sin(\theta_r-\theta_s)\\
p\omega_r&=\frac{\omega^2}{2H}\left[\frac{L_m}{L_{sr}}(\psi_{sq}\psi_{rd}-\psi_{sd}\psi_{rq})-T_m\right]
\end{aligned}
\tag{2-41}
$$

式中

$$
\psi_{sm}=\sqrt{\psi_{sd}^2+\psi_{sq}^2},\quad \psi_{rm}=\sqrt{\psi_{rd}^2+\psi_{rq}^2},\quad U_{sm}=\sqrt{U_{sd}^2+U_{sq}^2}
$$

$$\theta_{\rm s}=\arctan\left(\frac{\psi_{sq}}{\psi_{sd}}\right),\quad \theta_{\rm r}=\arctan\left(\frac{\psi_{rq}}{\psi_{rd}}\right),\quad \theta_{\rm v}=\arctan\left(\frac{U_{sq}}{U_{sd}}\right)$$

文献[18]给出了感应电动机的静态非线性模型。设 $I(s)$、$P(s)$和 $T(s)$分别为如图 2-7 所示的鼠笼式感应电动机的定子电流、输入功率和电磁转矩，它们可通过式(2-42)计算得出：

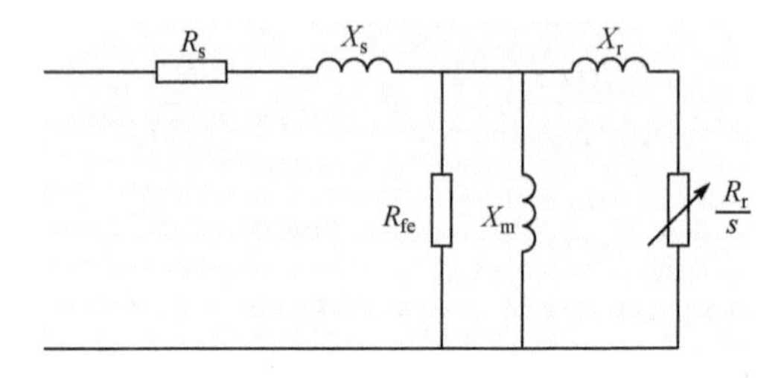

图 2-7　考虑铁芯损耗的单笼式感应电动机等值电路

$$\begin{aligned} I(s)&=U\sqrt{\frac{C^2+D^2}{A^2+B^2}} \\ P(s)&=3U^2\,\frac{AC-BD}{A^2+B^2} \\ T(s)&=3U^2\,\frac{p}{\omega}\frac{\dfrac{R_{\rm fe}^2R_{\rm r}}{s}}{A^2+B^2} \end{aligned} \tag{2-42}$$

式中，U 为线电压；ω 为定子角频率；p 为感应电动机转子极数；s 为转子滑差；$R_{\rm fe}$为铁芯损耗等值电阻；A、B、C 和 D 的表达式为

$$A=X_{\rm s}\left(\frac{R_{\rm fe}R_{\rm r}}{sX_{\rm m}}-X_{\rm r}\right)+R_{\rm s}\left[\frac{R_{\rm r}}{s}+R_{\rm fe}\left(1+\frac{X_{\rm r}}{X_{\rm m}}\right)\right]+\frac{R_{\rm fe}^2R_{\rm r}}{s}$$

$$B=X_{\rm s}\left[\frac{R_{\rm r}}{s}+R_{\rm fe}\left(1+\frac{X_{\rm r}}{X_{\rm m}}\right)\right]-R_{\rm s}\left(\frac{R_{\rm fe}R_{\rm r}}{sX_{\rm m}}-X_{\rm r}\right)+R_{\rm fe}X_{\rm r}$$

$$C=\frac{R_{\rm r}}{s}+R_{\rm fe}\left(1+\frac{X_{\rm r}}{X_{\rm m}}\right)$$

$$D=\frac{R_{\rm fe}R_{\rm r}}{sX_{\rm m}}-X_{\rm r}$$

通过改变感应电动机的滑差 s，使其从 1(表示感应电动机堵转)到 0(表示感应电动机空载运行)变化，通过 $I(s)$、$P(s)$和 $T(s)$与滑差 s 的关系式可以绘出感应电动机的静态滑差特性曲线。

如图 2-8 所示为双笼式感应电动机的等值电路。忽略其铁芯损耗，仍然用 $I(s)$、$P(s)$和 $T(s)$表示感应电动机的定子电流、输入功率和电磁转矩，则得到双笼式感应电动机的静态模型：

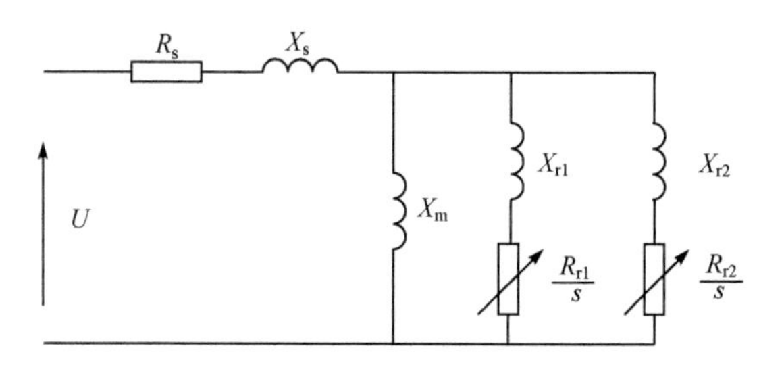

图 2-8　双笼式感应电动机等值电路

$$
\begin{aligned}
I(s)&=U\sqrt{\frac{C^2+D^2}{A^2+B^2}}\\
P(s)&=3U^2\ \frac{AC-BD}{A^2+B^2}\\
T(s)&=3U^2\ \frac{p}{\omega}\frac{\frac{R_r}{s}}{A^2+B^2}
\end{aligned}
\tag{2-43}
$$

式中

$$A=R_s\left(1+\frac{X_r}{X_m}\right)+\left(1+\frac{X_s}{X_m}\right)\frac{R_r}{s}$$

$$B=X_r+X_s\left(1+\frac{X_r}{X_m}\right)-R_s\left(\frac{\frac{R_r}{s}}{X_m}\right)$$

$$C=1+\frac{X_r}{X_m}$$

$$D=\frac{\frac{R_r}{s}}{X_m}$$

$$R_r=\frac{R_{r1}R_{r2}(R_{r1}+R_{r2})+(R_{r1}X_{r2}^2+R_{r2}X_{r1}^2)s^2}{(R_{r1}+R_{r2})^2+(X_{r1}+X_{r2})^2s^2}$$

$$X_r=\frac{X_{r1}X_{r2}(X_{r1}+X_{r2})s^2+R_{r1}^2X_{r2}+R_{r2}{}^2X_{r1}}{(R_{r1}+R_{r2})^2+(X_{r1}+X_{r2})^2s^2}$$

文献[17]给出了感应电动机的三阶模型，忽略定子绕组的电磁暂态过程，转子回路的电暂态用 d、q 轴分量表示。图 2-9 为用暂态电抗后电势表示的感应电动机暂态等值电路。感应电动机模型的方程如式(2-44)所示：

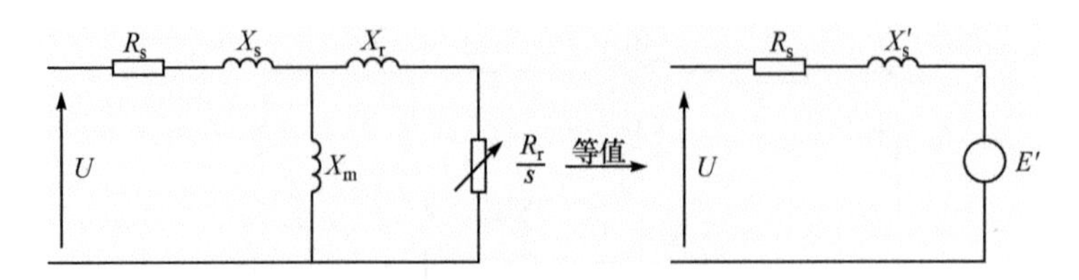

图 2-9　感应电动机暂态等值电路

$$\begin{aligned}
\frac{dE_q'}{dt}&=-\omega_0 sE_d'-\frac{1}{T_0'}E_q'+\frac{X-X'}{T_0'}i_d\\
\frac{dE_d'}{dt}&=-\frac{1}{T_0'}E_d'+\omega_0 sE_q'-\frac{X-X'}{T_0'}i_q\\
\frac{ds}{dt}&=-\frac{1}{2H}(T_e-T_m)
\end{aligned}\tag{2-44}$$

式中

$$i_d=\frac{1}{R_s^2+X'^2}[R_s(U_d-E_d')+X'(U_q-E_q')]$$

$$i_q=\frac{1}{R_s^2+X'^2}[R_s(U_q-E_q')-X'(U_d-E_d')]$$

$$X=X_s+X_m \quad (转子开路电抗)$$

$$X'=X_s+\frac{X_m X_r}{X_m+X_r} \quad (转子堵转短路电抗)$$

$$T_0'=\frac{X_r+X_m}{\omega_0 R_r} \quad (暂态开路时间常数)$$

$$T_e=\frac{E_d' i_d+E_q' i_q}{1-s}$$

$$T_m=T_{m0}(1-s)^n$$

其中，感应电动机机端电压 $U=U_d+jU_q$，暂态后电抗电势 $E'=E_d'+jE_q'$。则感应电动机消耗的有功功率和无功功率为

$$P+jQ=(U_d+jU_q)(i_d+ji_q)^*$$

1. 小型工业电动机

小型工业电动机主要指额定功率为 5～200hp(1hp 约为 0.746kW)的感应电动机。文献[2]中，小型工业感应电动机的静态模型如式(2-45)所示：

$$\begin{aligned}
P&=P_0\left(\frac{U}{U_0}\right)^{0.11}(1+2.9\Delta f)\\
Q&=P_0\tan(\arccos 0.83)\left(\frac{U}{U_0}\right)^{0.62}(1+1.81\Delta f)
\end{aligned}\tag{2-45}$$

小型工业感应电动机的动态模型参数为

$R_s=0.031$，　$X_s=0.100$，　$X_m=3.2$，　$R_r=0.018$，　$X_r=0.180$

$U_I=0.7$，　$T_I=3.0s$，　$A=1.0$，　$B=0.0$，　$H=0.7$，　$LF=0.6$

文献[19]给出了几种小型感应电动机的动态模型参数，如表 2-1 所示。

表 2-1　几种低压(380V)三相感应电动机的动态模型参数

P_n/kW	参数设定值					
	P_n/kW	R_s/p.u.	X/p.u.	X'/p.u.	T_0'/s	H/s
0.75～3	0.75～3	1.5	1.7	0.16	0.12	0.015
4～7.5	5.5	0.004	2.0	0.14	0.6	0.03
11～30	22	0.023	2.5	0.135	1.65	0.06
37～75	55	0.017	2.8	0.14	2.8	0.13
90～200	132	0.013	4.0	0.14	6.0	0.16

表 2-1 中，P_n 为感应电动机额定功率；R_s 为定子电阻；X 为转子开路电抗；X'为转子堵转短路电抗；T_0'为暂态开路时间常数；H 为感应电动机惯性常数。

文献[20]推荐了用于描述小型工业感应电动机的动态负荷模型参数，如表 2-2所示。

表 2-2　典型工业感应电动机的动态模型参数

感应电动机类型	R_1/p.u.	L_1/p.u.	L_m/p.u.	R_2/p.u.	L_2/p.u.	H/(MW·s/MVA)	T_0'/s	L'/p.u.	D
默认感应电动机	0.0068	0.1	3.4	0.0018	0.07	0.5	0.53	0.17	2
小型工业感应电动机	0.031	0.1	3.2	0.0018	0.18	0.7	0.5	0.27	2
大型工业感应电动机	0.013	0.067	3.8	0.009	0.17	1.5	1.17	0.23	2

表 2-2 中，R_1 为定子电阻；L_1 为定子电感；L_m 为激磁电感；R_2 为转子电阻；L_2 为转子电感；H 为惯性时间常数；T_0'为转子暂态时间常数；L'为电动机暂态电感；D 为电动机机械功率指数。

文献[20]推荐的电动机方程如下：

$$T_0'\frac{de_q'}{dt}=-T_0'(\omega-\omega_0)e_d'-e_q'-(L_s-L')i_d$$

$$T_0'\frac{de_d'}{dt}=-T_0'(\omega-\omega_0)e_q'-e_d'-(L_s-L')i_q$$

$$\omega\left(\frac{2H}{\omega_0}\right)\frac{\mathrm{d}\omega}{\mathrm{d}t}=(e_q'i_q-e_d'i_d)-T_{\mathrm{nom}}\left(\frac{\omega}{\omega_0}\right)^D$$

$$L_s=L_m+L_1$$

$$L'=L_1+\cfrac{1}{\cfrac{1}{L_m}+\cfrac{1}{L_2}}$$

$$T_0'=\frac{L_2+L_m}{\omega_0R_2}$$

2. 大型工业电动机

大型工业电动机主要指额定功率为200hp以上的感应电动机。文献[2]中大型工业感应电动机的静态模型如式(2-46)所示：

$$\begin{aligned}P&=P_0\left(\frac{U}{U_0}\right)^{0.05}(1+1.9\Delta f)\\Q&=P_0\tan(\arccos0.89)\left(\frac{U}{U_0}\right)^{0.55}(1+1.21\Delta f)\end{aligned}\tag{2-46}$$

大型工业感应电动机的动态模型参数为

$R_s=0.013$， $X_s=0.067$， $X_m=3.8$， $R_r=0.009$， $X_r=0.170$

$U_I=0.7$， $T_I=3.0\text{s}$， $A=1.0$， $B=0.0$， $H=1.5$， $LF=0.8$

文献[20]推荐了用于描述大型工业感应电动机的动态负荷模型参数，如表2-2所示。

2.2.7 灌溉用电动机

农业灌溉用电对电网也有着重要的影响，尤其是在每年的农田灌溉期间(由农作物的生长周期及地区的气候特征决定)。农业灌溉所用的水泵大多为由感应电动机驱动的离心泵，由于这种离心泵要求的启动转矩比较低，从而在启动过程中产生的电磁涌流相对较小。因此，可用标准的笼式感应电动机模型来描述农业灌溉水泵的负荷特性，即便是马力很大的水泵。

文献[2]给出了农业灌溉用水泵的典型感应电动机特性参数。其中感应电动机负荷静态模型如式(2-47)所示：

$$\begin{aligned}P&=P_0\left(\frac{U}{U_0}\right)^{1.43}(1+5.56\Delta f)\\Q&=P_0\tan(\arccos0.85)\left(\frac{U}{U_0}\right)^{1.35}(1+4.17\Delta f)\end{aligned}\tag{2-47}$$

灌溉感应电动机负荷动态模型参数为

$R_s=0.025$，　$X_s=0.088$，　$X_m=3.2$，　$R_r=0.016$，　$X_r=0.170$

$U_I=0.7$，　$T_I=3.0\text{s}$，　$A=1.0$，　$B=0.0$，　$H=0.8$，　$LF=0.7$

在功率因数较低的配电系统中，对于离心泵来说，同步电动机是一种理想的驱动装置，其工作在进相运行状态时能够改善整个配电系统的功率因数。同步电动机模型可用具有负输出功率的同步发电机模型。

2.2.8　电厂辅助设备

火电厂的汽轮发电机需要很多的泵、风机(风扇)、传输带和其他辅助设备的协调运转来支持其正常运行。火电厂中几乎所有的大型辅助设备都是由感应电动机拖动的，这些大型的辅助设备主要是锅炉给水泵和风机。核电站中最大的辅助设备是再循环泵以及其他用途的泵。

在循环泵和冷凝泵中采用单速或两速鼠笼式感应电动机已经非常普遍。锅炉给水泵感应电动机一般为滑环式或鼠笼式，鼓风机一般都是由感应电动机驱动的。磨煤机或传送机通常是鼠笼式的。供煤机用的感应电动机一般为可变速的直流感应电动机，或者近年来应用更广泛的、具有机械变速器的鼠笼式交流感应电动机。加煤器的感应电动机一般是变速的交流感应电动机、恒速的鼠笼式感应电动机，或是具有液压调速器或机械调速器的两速笼式感应电动机。除了大型的压缩机通常采用同步感应电动机外，其他风机、泵和各种感应电动机一般都是鼠笼式的。

发电厂辅助设备一般是通过降压变压器由发电机供电，另外还通过一台变压器连接到系统中，可自动切换供电电源。这种供电结构，除了具有备用功能外，还可为辅助设备提供启动电源。

火力发电厂辅助设备需要的电功率约占发电机额定容量的5%～10%。对于小型机组，其辅助设备可由容量为1200～1500kVA的变压器供电。

文献[2]给出了发电厂辅助设备感应电动机负荷的静态模型，如式(2-48)所示：

$$\begin{aligned} P&=P_0\left(\frac{U}{U_0}\right)^{0.08}(1+2.9\Delta f)\\ Q&=P_0\tan(\arccos 0.8)\left(\frac{U}{U_0}\right)^{1.6}(1+1.8\Delta f)\end{aligned} \tag{2-48}$$

发电厂辅助设备感应电动机动态模型参数为

$R_s=0.013$，　$X_s=0.140$，　$X_m=2.4$，　$R_r=0.009$，　$X_r=0.120$

$U_I=0.7$，　$T_I=3.0\text{s}$，　$A=1.0$，　$B=0.0$，　$H=1.5$，　$LF=0.7$

2.2.9　钢厂(电弧炉)

文献[1]指出钢厂的负荷包括25%的电弧炉负荷和75%的感应电动机负荷

(如果电动机的额定功率大于200hp,则为大型工业电动机,如果电动机的额定功率小于200hp,则为小型工业电动机)。

电弧炉作为用电大户,电弧炉变压器的容量比较高,一般均在600kVA/t以上。电弧炉在工作的各个阶段,如固体炉料熔化期、氧化期和还原期(金属液的精炼期),所消耗的功率急剧地大幅变化,因此要求电网容量是电弧炉变压器容量的80～100倍[21]。电弧炉在不同工作阶段所显示的电气特性具有高度非线性和时变性的特征。

电弧炉在工作过程中会对电网造成波形畸变、电压闪变和波动、功率因数降低及三相不平衡等多种不利影响。电弧和电弧炉操作的随机性及冶炼过程的不稳定性决定了建立精确的电弧炉模型是相当困难的[22]。

图2-10所示为一典型的电弧炉结构。变电站母线S一般为220kV,变电站变压器Ts的高压侧与之相连;电弧炉变压器Tf的高压侧电压等级为典型的30kV,其低压侧即电弧炉用电压等级最大为1kV。为了有效地调节电弧炉的功率,电弧炉变压器一般采用有载调压变压器。

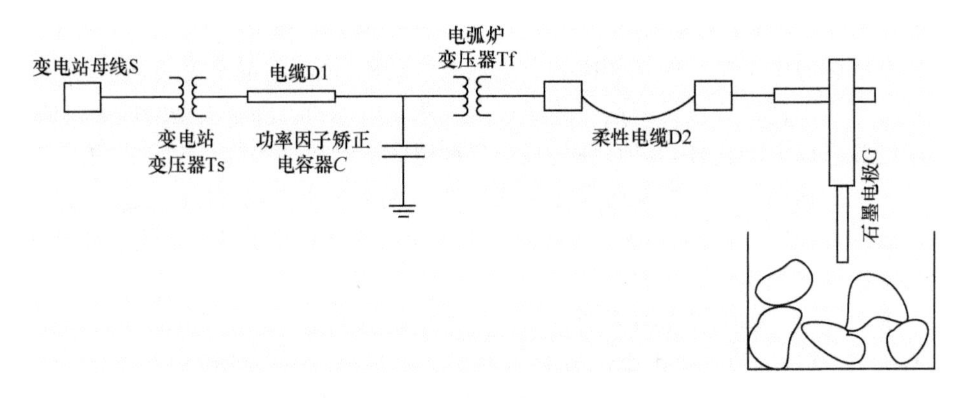

图2-10　典型的电弧炉结构图

为了分析电弧炉与电力系统之间的相互作用关系,又由于其机械过程要比电气动态过程慢很多,因此可将图2-10所示的系统简化为图2-11所示的电路模型。

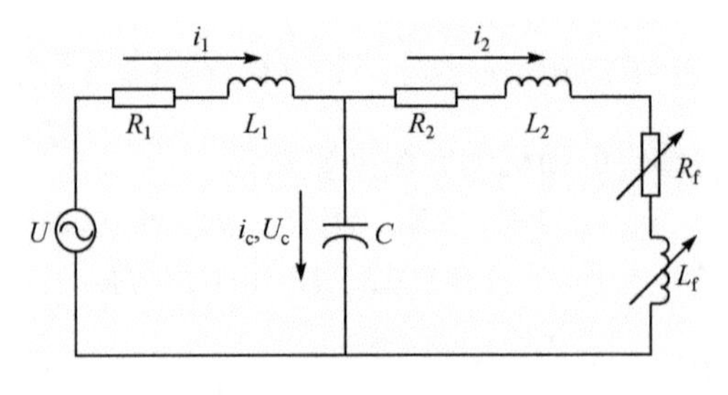

图2-11　电弧炉等值电路图

图 2-11 中，R_1 和 L_1 为变压器绕组和电缆线路的电阻和电感，R_2 和 L_2 为电弧变压器绕组柔性电缆线路及母线导体和电极的电阻和电感。动态变化的电弧电阻和电弧电感用 R_f 和 L_f 表示，它们是随时间在一定范围内变化的[23]。除了 R_f 和 L_f 外的所有参数都可以根据给定运行工况获得。R_f 和 L_f 尤其是电弧电阻 R_f 是随电弧长度变化的，而电弧长度又是随时间变化的。

文献[24]～[26]等对电弧炉电弧的 U-I 特性的详细建模进行了研究，并且提出了两种不同的电弧 U-I 特性曲线。为了模拟电弧长度的变化，这些曲线由一个随时间变化的信号调制，这个调制信号或者是正弦变化的或者是限定带宽的白噪声。

可以将大电流电弧炉描述为变化的电弧电导模型[27]，如式(2-49)所示：

$$\frac{1}{G}\frac{\mathrm{d}G}{\mathrm{d}t}=\frac{1}{T}\left(\frac{U_{\mathrm{a}}^2}{U_{\mathrm{a0}}^2}-1\right) \tag{2-49}$$

式中，G 为电弧的动态电导；T 为电弧时间常数；U_a 为任意时刻的电弧电压；U_{a0} 为假定电弧的恒定电压。

交流电弧的 U-I 特性曲线如图 2-12(a)所示。有多种简化该特性的方法，图 2-12(b)所示的模式就是其中一种。使用这种简化模拟单相电弧炉即得到如图2-13所示的电弧炉电弧电压和电流的波形图。可见，电弧电压波形接近于方波，而电流波形则接近于正弦曲线，只是含有谐波。该模型能够很好地近似描述单相交流电弧炉电弧的特征。文献[27]给出了图 2-14 所示 U-I 电弧模型的线性化等值模型。该线性化模型的 U-I 特性分别由斜率 R_1、R_2、R_3 和 R_4 四部分表征，这四个斜率分别代表不同的物理意义。

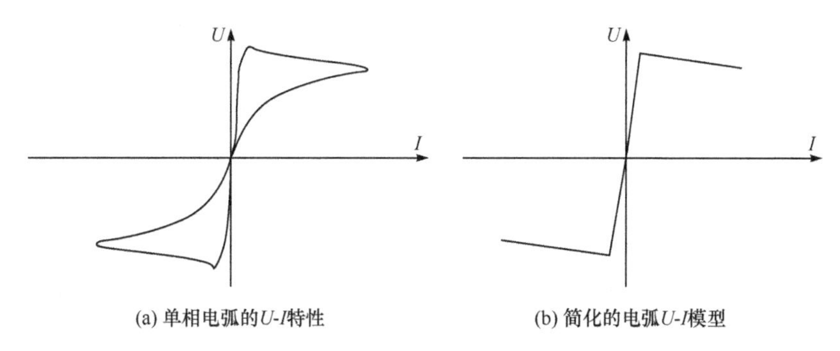

(a) 单相电弧的U-I特性　(b) 简化的电弧U-I模型

图 2-12　电弧炉等值电路图

在电弧炉电弧从熄灭到点燃过程中，电弧的特性用恒电阻 R_1 表示。R_1 的值非常大，由依赖于电弧长度的建立电弧的电压决定。

当电弧形成之后，用 R_2 描述当电弧电流增加时电弧电压的变化情况，R_2 接近于 0，因为这时的电弧电压基本上是恒定不变的。R_3 表示当电弧逐步熄灭时的电

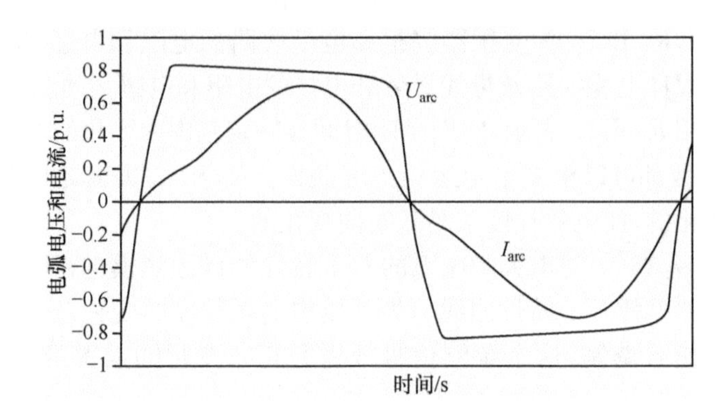

图 2-13　电弧炉电弧电压和电流的波形

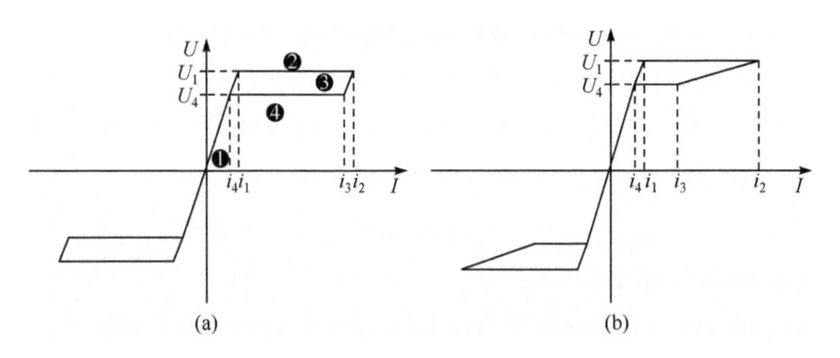

图 2-14　电弧炉电弧 U-I 特性的线性化模型

弧电压的跌落情况。R_4 的大小和 R_2 基本相同，它表示的是电弧熄灭之前电弧电压的变化情况。电弧变化的最后一个阶段的特性仍用 R_1 表征，以描述电弧的熄灭。这种线性化的 U-I 特性可以描述为如式(2-50)所示的分段函数形式：

$$U=\begin{cases} R_1 i, & i<i_1, i<i_4 \\ R_2(i-i_1)+U_1, & i_1<i<i_2 \\ R_3(i-i_2)+U_2, & i_3<i<i_2 \\ R_4(i-i_3)+U_3, & i_4<i<i_3 \end{cases} \tag{2-50}$$

式中，$i_1=\dfrac{U_1}{R_1}$；$i_2=f(U_1,R_2)$；$i_3=f(U_2,R_3)$；$i_4=\dfrac{U_3}{R_4}$。其中，U_1 和 U_4 的大小决定于电弧的长度，是电弧长度的函数，分别为燃弧电压和熄弧电压。

文献[28]给出了基于电压频率 U-I 特性的三种模型，并给出了一座额定功率为 55MW 的电弧炉的模型参数。

1. 模型 1

基于图 2-13 的线性化电弧炉 U-I 特性，并假定燃弧电压 U_1 和熄弧电压 U_4 为电弧长度的函数。模型 1 的表达式如式(2-51)所示：

$$U=\begin{cases}R_1 i, & i<i_1\\ R_2 i+U_1\left(1-\dfrac{R_2}{R_1}\right), & i_1<i\leqslant i_2\end{cases}\tag{2-51}$$

式中，$i_1=\dfrac{U_1}{R_1}$；$i_2=\dfrac{U_4}{R_2}-U_1\left(\dfrac{1}{R_2}-\dfrac{1}{R_1}\right)$。

推荐的典型 55MW 电弧炉模型参数为

$$U_1=350.7\text{V},\quad R_1=50\text{m}\Omega,\quad i_1=7.02\text{kA}$$
$$U_4=289.75\text{V},\quad R_2=-0.76\text{m}\Omega,\quad i_2=80\text{kA}$$

2. 模型 2

因为电弧电压变化的极性变化非常快，所以模型 2 忽略电压的上升时间，使得当电弧电流过零点时电弧电压迅速上升。模型 2 的数学模型如式(2-52)所示：

$$U=\text{sign}(i)\cdot\left(U_{\text{at}}+\frac{C}{D+|i|}\right)\tag{2-52}$$

如果用 l 表示电弧的长度，A 和 B 为经验公式系数，则可用 $U_{\text{at}}=A+Bl$ 来反映电弧炉的运行工况。

推荐的典型 55MW 电弧炉模型参数为

$$U_{\text{at}}=289.75\text{V},\quad C=1.68\text{MW},\quad i=20.6\text{kA}$$

3. 模型 3

模型 3 描述了电弧炉的非线性特性。该模型将电弧过程分为三段：第一阶段为电弧从熄灭到燃弧的过程，电弧电压从熄弧电压 $-U_4$ 上升到燃弧电压 U_1，电弧炉表现为恒电阻特性，同时电弧电流的极性发生变化，从 $-i_3$ 变为 i_1；第二阶段电弧开始熔化，此时电极电压迅速下降，电弧电压从 U_1 变为 U_2，电压以指数形式变化，同时电弧电流略微有所增大，从 i_1 变到 i_2；第三阶段为电弧的正常熔化阶段，电弧电压缓慢下降，从 U_2 变化到 U_4，由于熔化阶段几乎占电弧变化周期的一半时间，所以该阶段的电弧电压的平均值假定为 U_{m}，又因为电弧电流在跌落到 i_3 之前会经历一个最大值，所以在这个阶段，将 U-I 特性分为电流增加阶段和电流减小阶段。电弧在这三个阶段的变化过程如图 2-15 所示。其模型为分段函数，如式(2-53)所示：

$$U=\begin{cases}R_1 i, & i<i_1\text{(电流增加)或 }i<i_2\text{(电流减少)}\\ U_2+(U_1-U_2)\exp\left(\dfrac{i-i_1}{i_{\text{T}}}\right), & i_1<i<i_2\\ U_2+R_2(i-i_2), & i>i_2\text{(电流增加)}\\ U_4+R_3(i-i_3), & i<i_3\text{(电流减小)}\end{cases}\tag{2-53}$$

式中，R_1、R_2 和 R_3 分别为各段的电弧电阻值；$i_1=\dfrac{U_1}{R_1}$；$i_2=3i_1$；$i_3=\dfrac{U_3}{R_1}$；$i_{\text{T}}=1.5i_1$。

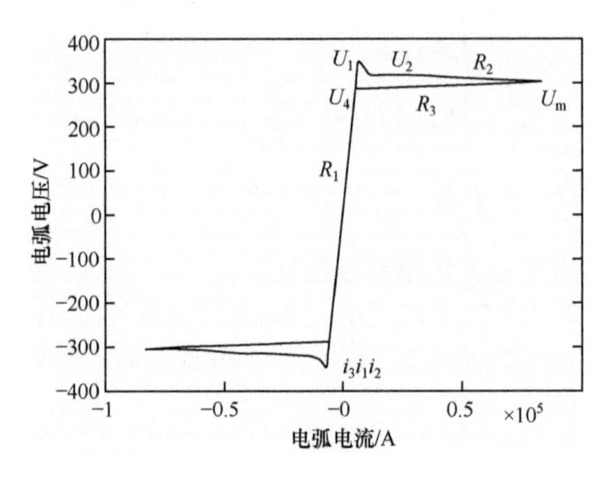

图 2-15　模型 3 的电弧 U-I 特性

在该模型中，U_m 是电弧长度的函数，反映电弧炉的运行状况，U_1、U_2、U_4 认为与 U_m 呈一定的比例关系。

推荐的典型 55MW 电弧炉模型参数为

$$U_1=350.75\text{V},\quad U_2=320.75\text{V},\quad U_4=289.75\text{V}$$

$$U_m=305\text{V},\quad R_2=-0.76\text{m}\Omega,\quad i_2=80\text{kA}$$

文献[2]以电弧炉有功功率对电压和频率的灵敏度参数形式描述了电弧炉功率随电压和频率变化的关系，其静态模型如式(2-54)所示：

$$\begin{aligned} P&=P_0\left(\frac{U}{U_0}\right)^{2.3}(1-\Delta f) \\ Q&=P_0\tan(\arccos 0.72)\left(\frac{U}{U_0}\right)^{4.6}(1-\Delta f) \end{aligned} \tag{2-54}$$

2.3　基于动模试验的常用静态负荷元件建模

随着科学技术的发展，电力系统中的负荷元件的特性会发生变化，还会出现许多新的负荷元件，因而，必须研究更新或建立新的负荷元件模型[29~62]。

本节将介绍通过动模试验对日常生活中常用的静态负荷元件进行建模。这些常用的静态负荷元件包括：白炽灯(家用)、荧光灯(家用或商业用)、钠灯(公共交通用)、液晶电视(家用或商用)、台式电脑(办公用或家用)、笔记本电脑(办公用或家用)、电磁炉(家用)、微波炉(家用)、电烤箱(家用)和电饭煲(家用)等十种常用电力负荷元件。

负荷元件建模的基础数据包括不同的负荷端电压和对应各电压水平下负荷元件吸收的有功和无功功率。通过该类数据建模得到的负荷元件模型能够比较准确地反映负荷的静态响应特性，该模型能否用于模拟负荷的动态响应特性(大扰动条件下负荷的响应特性),应根据大扰动试验对其进行仿真验证。

根据动模试验的实测数据,利用最小二乘曲线拟合方法建立各种负荷元件的数学模型。

2.3.1　白炽灯模型

根据实际测量数据,分为有功功率(W)、无功功率(var)和电压(V)。根据测量,白炽灯仅从电网吸收有功功率,不吸收无功功率。由白炽灯有功功率实测曲线,采用二阶多项式 $P=a_2U^2+a_1U+a_0$ 拟合实测曲线,得到白炽灯的 ZI 模型(恒定阻抗+恒定电流模型)与 Z 模型(恒定阻抗模型):

$$P_{ZI}=P_0\left[0.60\left(\frac{U}{U_0}\right)^2+0.40\frac{U}{U_0}\right] \tag{2-55}$$

$$P_Z=P_0\left(\frac{U}{U_0}\right)^2 \tag{2-56}$$

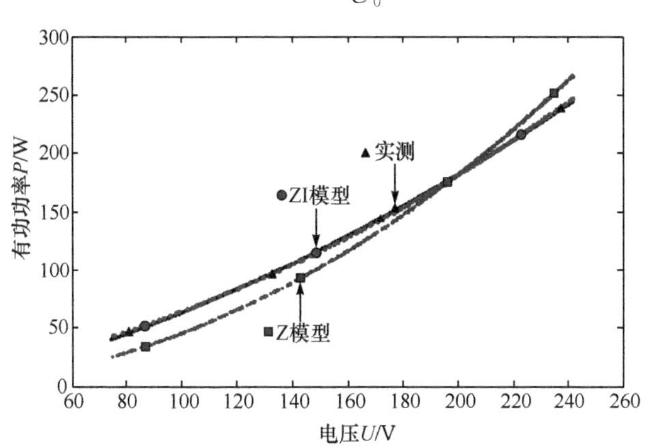

图 2-16　白炽灯模型与实测结果对比

在初始电压 U_0 为 220V 条件下,白炽灯的初始功率 P_0 为 210W。白炽灯的 ZI 模型、Z 模型的功率-电压曲线与实测曲线的对比如图 2-16 所示。可以看出,白炽灯严格意义上讲不宜用恒定阻抗模型描述,因为随着电压的下降恒定阻抗模型的功率较实际下降较快。

2.3.2　荧光灯(电子镇流器)模型

在初始电压 U_0 为 220V 条件下,荧光灯有功功率 P_0 为 88W,吸收的无功功率 Q_0 为−3.6var。

根据荧光灯的功率实测曲线,得到荧光灯有功功率的 I 模型:

$$P_I=P_0\frac{U}{U_0} \tag{2-57}$$

并且得到荧光灯无功功率的 ZI 模型：

$$Q_{ZI}=Q_0\left[-5.34\left(\frac{U}{U_0}\right)^2+6.34\frac{U}{U_0}\right] \tag{2-58}$$

荧光灯有功功率的 I 模型和无功功率 ZI 模型的功率-电压曲线与实测曲线的对比如图 2-17 所示。荧光灯的有功功率采用恒定电流模型与实测结果具有非常高的拟合度。

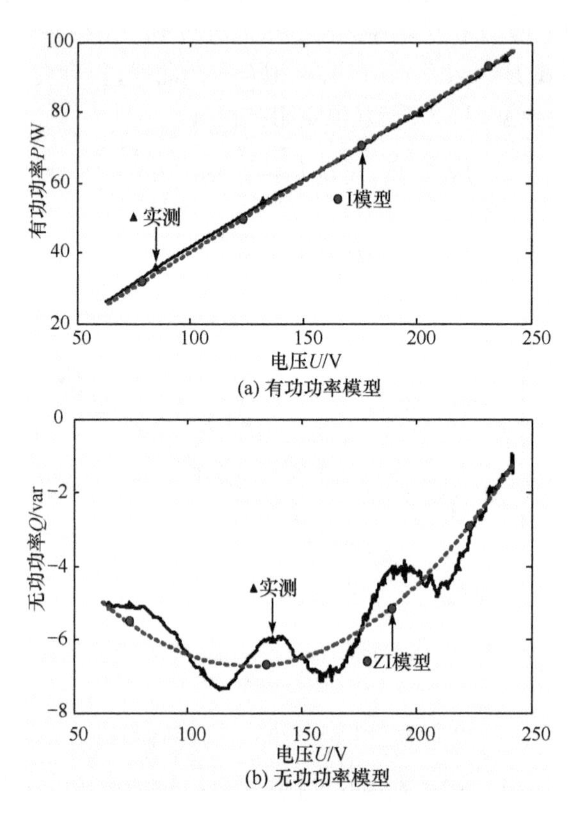

图 2-17　荧光灯模型与实测结果对比

从图 2-17(b)可以看出，电子镇流器的荧光灯的无功功率始终为负，即该类型的荧光灯始终是向电网注入无功功率的，采用 ZI 模型可基本模拟荧光灯无功功率的变化特性。

2.3.3　钠灯模型

根据钠灯的功率实测曲线，得到荧光灯有功功率的 ZI 模型：

$$P_{ZI}=P_0\left[0.5\left(\frac{U}{U_0}\right)^2+0.5\frac{U}{U_0}\right] \tag{2-59}$$

并且得到钠灯无功功率的 ZI 和 Z 模型：

$$Q_{ZI}=Q_0\left[1.61\left(\frac{U}{U_0}\right)^2-0.61\frac{U}{U_0}\right] \tag{2-60}$$

$$Q_Z=Q_0\left(\frac{U}{U_0}\right)^2 \tag{2-61}$$

在额定电压220V条件下，钠灯的有功功率 P_0 为570W，无功功率为987var。钠灯的功率因数非常低，额定电压条件下功率因数为0.5。

钠灯有功功率的ZI模型和无功功率ZI、Z模型的功率-电压曲线与实测曲线的对比如图2-18所示。用ZI模型能够很好地模拟钠灯的有功功率和无功功率特性。

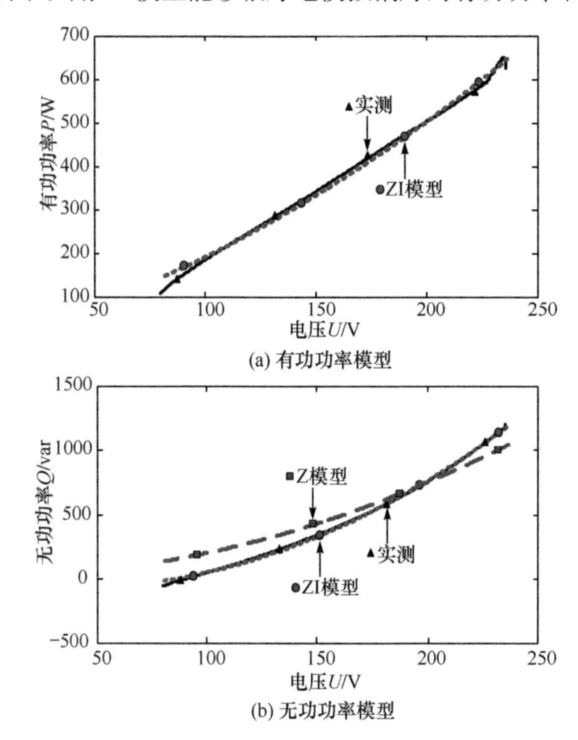

(a) 有功功率模型

(b) 无功功率模型

图2-18 钠灯模型与实测结果对比

2.3.4 液晶电视模型

根据液晶电视的功率实测曲线，得到液晶电视的有功功率的ZIP模型：

$$P_{ZIP}=P_0\left[0.18\left(\frac{U}{U_0}\right)^2-0.29\frac{U}{U_0}+1.11\right] \tag{2-62}$$

并且得到液晶电视无功功率的Z模型：

$$Q_Z=Q_0\left(\frac{U}{U_0}\right)^2 \tag{2-63}$$

在额定电压220V条件下，液晶电视实际吸收的有功功率为140W，无功功率为−24var。液晶电视有功功率的 ZIP 模型和无功功率 Z 模型的功率-电压曲线与实测曲线的对比如图 2-19 所示。

从图 2-19(a)可以看出,在电压不低于 100V(0.45p.u.)时,液晶电视的有功功率基本保持不变,因此,液晶电视的有功功率基本可以视为恒定功率特性,而其无功功率则为负的恒定阻抗特性。

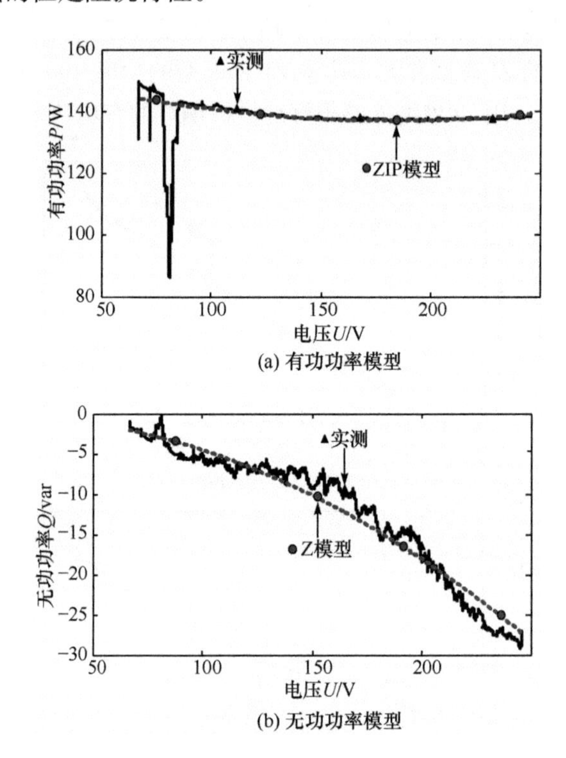

(a) 有功功率模型

(b) 无功功率模型

图 2-19　液晶电视模型与实测结果对比

2.3.5　台式电脑(CRT 显示器)模型

根据台式电脑的功率实测曲线,得到台式电脑的有功功率的 ZIP 模型:

$$P_{ZIP}=P_0\left[0.16\left(\frac{U}{U_0}\right)^2-0.15\frac{U}{U_0}+0.99\right] \tag{2-64}$$

在额定电压 220V 条件下,台式电脑吸收的有功功率为 118W,无功功率为 20var。

综合图 2-20(a)和式(2-68)可得,台式电脑的有功功率基本上为恒定功率特性,随电压变化的幅度不是很大。从图 2-20(b)所给的台式电脑无功功率的实测曲线可以看出,在电压不低于 140V(0.64p.u.)时,无功功率基本保持不变,因此,也为恒定功率特性。当电压低于 140V 后,台式电脑自动停止运行。

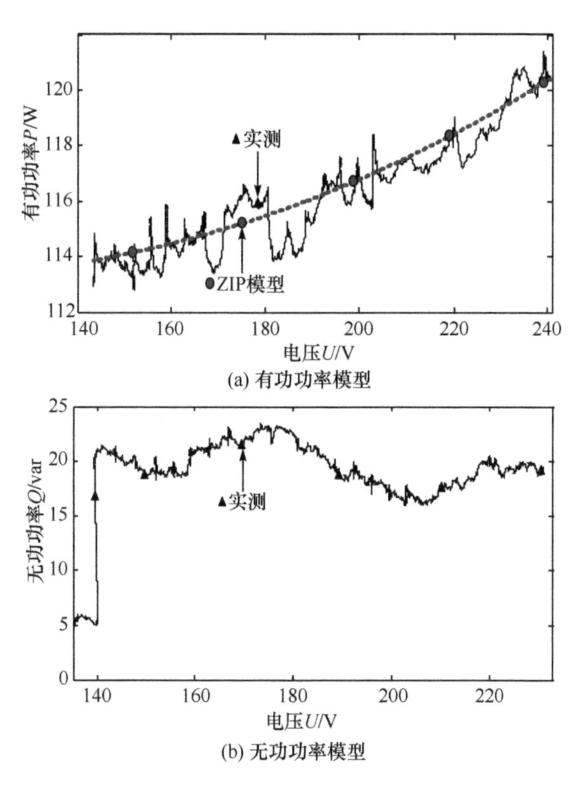

图 2-20　台式电脑模型与实测结果对比

2.3.6　笔记本电脑模型

根据笔记本电脑的功率实测曲线，得到笔记本电脑的有功功率的 ZP 模型：

$$P_{ZP}=P_0\left[0.12\left(\frac{U}{U_0}\right)^2+0.88\right] \tag{2-65}$$

并且得到笔记本电脑无功功率的 ZP 模型：

$$Q_{ZP}=Q_0\left[0.92\left(\frac{U}{U_0}\right)^2+0.08\right] \tag{2-66}$$

在额定电压 220V 条件下，笔记本电脑吸收的有功功率为 55W，无功功率为 −22var。

综合图 2-21 和式(2-69)、式(2-70)，笔记本电脑的有功功率近似为恒定功率特性，而无功功率为负的恒定阻抗特性。

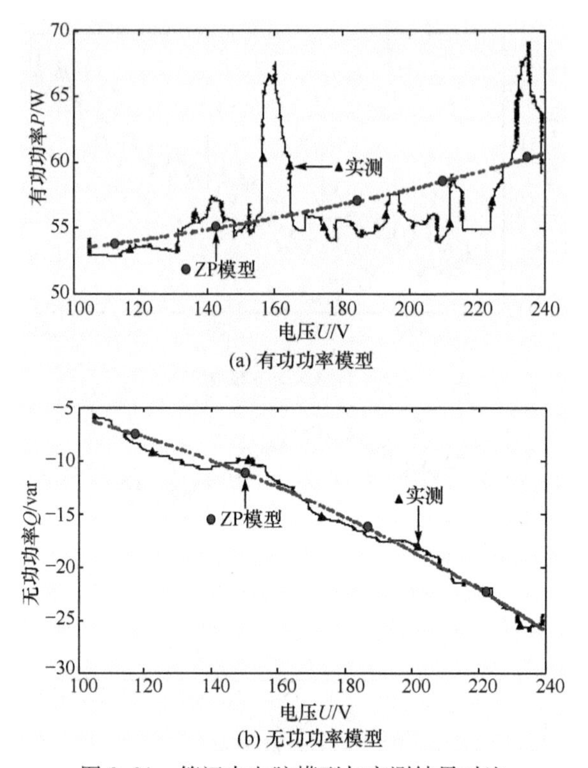

图 2-21　笔记本电脑模型与实测结果对比

2.3.7　电磁炉模型

根据电磁炉的功率实测曲线，得到电磁炉的有功功率的 I 模型：

$$P_{\mathrm{I}}=P_0\frac{U}{U_0} \tag{2-67}$$

并且得到电磁炉无功功率的 ZI 模型：

$$Q_{\mathrm{ZI}}=Q_0\left[1.91\left(\frac{U}{U_0}\right)^2-0.91\right] \tag{2-68}$$

在额定电压 220V 条件下，电磁炉吸收的有功功率为 1677W，无功功率为−79var。

电磁炉有功功率的 I 模型和无功功率 ZI 模型的功率-电压曲线与实测曲线的对比如图 2-22 所示。

另外，对微波炉、电烤箱、电饭煲等家用电器设备也进行了建模。电烤箱和电饭煲的模型比较简单，它们不消耗无功功率，有功功率模型为恒定阻抗模型。而微波炉的运行对电压的要求比较高，当电压低于 180V（0.7p.u.）后，微波炉的功率基本上就降为零了，在电压大于 180V 时微波炉的有功功率和无功功率基本上呈现恒定阻抗特性。额定电压 220V 条件下，微波炉的有功功率为 1337W，无功功率

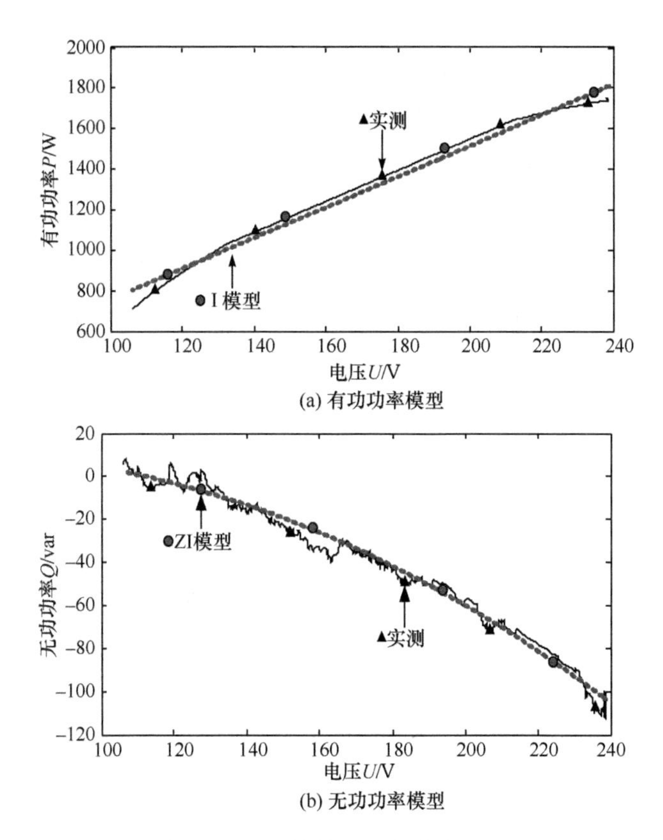

(a) 有功功率模型

(b) 无功功率模型

图 2-22　电磁炉模型与实测结果对比

为 338W,功率因数为 0.97。

2.3.8　基于短路试验的静态模型验证

前面给出了基于各负荷元件的功率(有功和无功)-电压特性建模得到的 ZIP 静态负荷模型。本节采用动模短路故障试验,研究负荷元件的动态特性及其静态负荷模型的适应性。

短路故障试验与仿真对比结果表明,对于诸如白炽灯、钠灯、荧光灯、电视机(包括液晶电视)、台式电脑、笔记本电脑、电饭煲、电烤箱等负荷元件,根据功率-电压变化特性得到的静态模型具有较好的适应性,但对于电磁炉和微波炉这些负荷元件,在某些非常严重的故障条件下可能表现出完全不一样的特性,这就限制了这些负荷元件静态模型在各种运行条件下的适应性,应根据需要对这些负荷元件进行再建模。

对华北、华中、西北和东北电网负荷构成的普查和详细调查结果显示,电力系统静态负荷(动态负荷主要为电动机负荷)中用电量所占比例最高的属照明负荷。

而对白炽灯、荧光灯和钠灯的建模结果表明,白炽灯和荧光灯的负荷特性较为简单,钠灯则较为复杂,且功率较大。因此,本节以钠灯为例,通过动模短路试验验证 2.3.3 节提出的负荷模型的有效性。

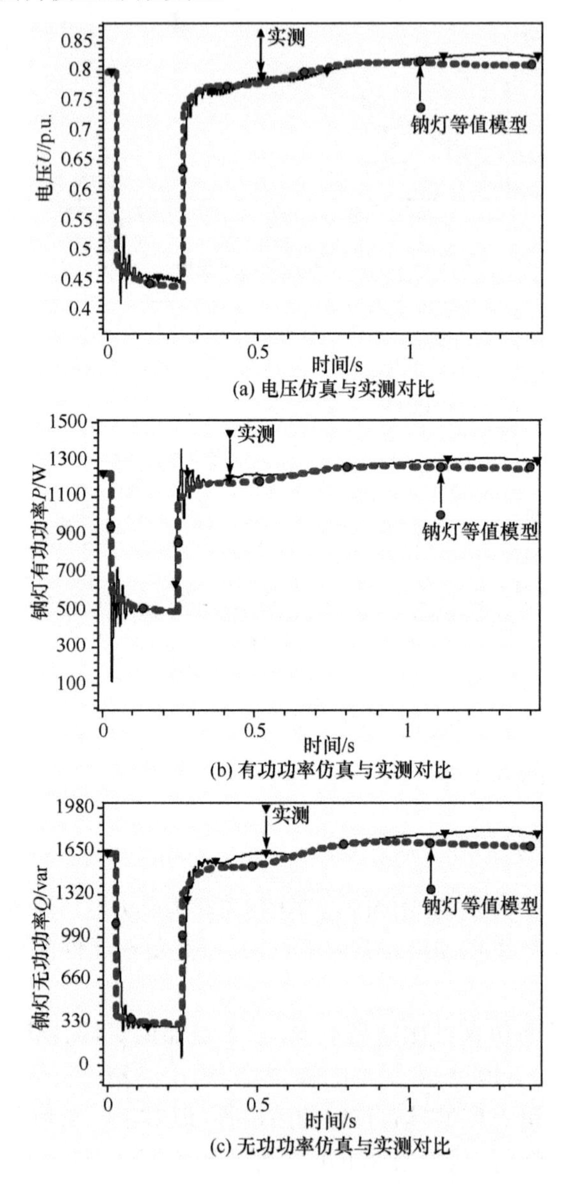

图 2-23 钠灯模型短路试验仿真验证

图 2-23 为故障持续时间为 220ms 的三相短路故障条件下采用钠灯模型与实测结果的对比情况,可以看出,钠灯模型具有较好的仿真精度。

2.3.9 新建模型与典型模型对比

目前电力系统仿真分析中所采用的静态负荷的典型模型参数主要参考于文献[2],距今已有20多年的历史。本节基于静态负荷元件的动模试验实测结果,对比当前主要静态负荷元件特性与典型负荷特性之间的差异。

对于白炽灯,文献[2]给出了有功功率模型,白炽灯不消耗无功功率。有功功率模型随电压变化的指数为1.54。本章建立的白炽灯模型同样只有有功功率模型,为60%恒定阻抗(指数为2.0)和40%恒定电流(指数为1.0),将这种ZI模型综合为一个指数模型后其指数大小与典型模型的1.54相差不大。说明本章所建立的白炽灯ZI模型与典型模型基本一致。

对于荧光灯,文献[2]指出该负荷元件的功率因数为0.9,荧光灯从电网同时吸收有功功率和无功功率,且有功功率模型为恒定阻抗特性(电压变化指数为2.0),无功功率的电压变化指数为3.0。而根据动模试验结果,当前采用的荧光灯吸收的无功功率为负,即荧光灯向电网输送无功功率,且有功功率为恒定阻抗特性,而无功功率特性分为两部分,从电网吸收无功功率的那部分表现为恒定阻抗特性,向电网注入无功功率的那部分表现为恒定电流特性(整体上荧光灯向电网注入无功功率)。荧光灯的这种无功功率特性与文献[2]提供的模型特性完全不同,其原因是荧光灯的镇流器从机械式发展为电子式引起其无功特性的变化。

对于电视机,文献[2]主要针对CRT式电视机进行建模,指出该类负荷的功率因数为0.77,从电网同时吸收有功功率和无功功率,有功功率模型的电压指数为2.0(恒定阻抗特性),无功功率的电压指数为5.2。针对LCD液晶电视机的建模结果表明,液晶电视从电网吸收有功功率的同时需要向电网注入无功功率,且有功功率表现为恒定功率特性,无功功率表现为恒定阻抗特性。因此,从CRT电视机到LCD液晶电视,有功功率和无功功率特性均发生了很大的变化。

2.4 感应电动机模型参数计算

在电力负荷中,对系统稳定特性影响较大的是感应电动机负荷。确定感应电动机负荷的模型和参数是电力系统负荷建模和稳定仿真计算所必需的。通常所采用的电动机模型参数直接参照文献[8]推荐的几种典型参数。该文献推荐的电动机参数则来源于1987年的文献[2]和[29]。

基于试验实测数据确定的电动机仿真模型参数的适应性最强,但是由于电力系统中电动机负荷的种类、数量非常多,基于实测的模型参数确定方法的应用性受到限制。

因此,如何根据电动机的出厂数据,如额定功率、额定功率因数、最大电磁转矩、启动转矩、启动电流、转子转速等，估算适用于电力系统仿真程序用的电动机模型参数一直处于研究状态[11,30,31]，该问题至今没有得到很好的解决。

以下给出了基于 PSD-BPA 暂态稳定程序所采用的感应电动机三阶模型，根据电动机出厂数据估算适用于电力系统机电暂态仿真的电动机模型参数的方法[32]。

2.4.1 感应电动机模型

电力系统中的一台大型电动机负荷或是多台电动机负荷群对系统的暂态稳定或安全分析有着重要的影响。准确的电动机模型和参数对于分析电力系统的动态响应特性是极其重要的。

鼠笼型感应电动机可分为单笼式、双笼式和深槽式。单笼电动机和双笼电动机模型的静态等值电路如图 2-24 所示。由于深槽式电动机的转矩-滑差特性与双笼式电动机比较相似，因此深槽式电动机也可以用双笼电动机模型来模拟，如图 2-24(a)所示。绕线式电动机与单笼式电动机采用相同的模型，如图 2-24(b)所示。

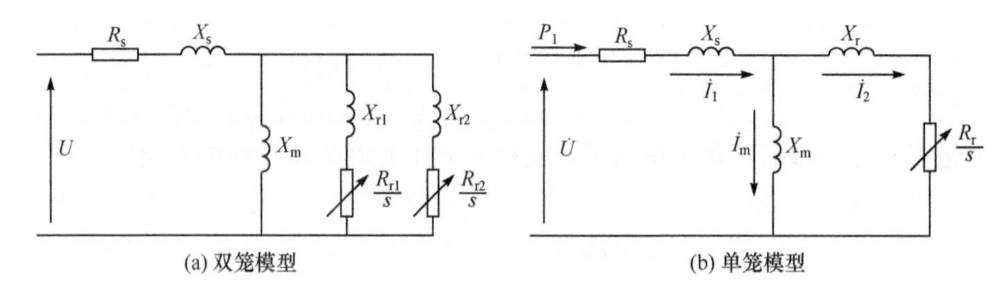

图 2-24 鼠笼感应电动机的单笼和双笼模型的静态等值电路

感应电动机双笼模型静态等值电路的电气参数包括 R_s、X_s、X_m、R_{r1}、X_{r1}、R_{r2} 和 X_{r2}。双笼模型包括两个转子绕组，R_{r1} 和 X_{r1} 为内笼转子绕组参数，R_{r2} 和 X_{r2} 为外笼转子绕组参数。外笼转子绕组参数用于模拟电动机的启动特性，而内笼转子绕组参数则用于模拟电动机的正常工作特性。双笼模型虽然能够比较精确地模拟电动机的启动特性，但其模型较为复杂，且模型参数的确定比较困难。

国内外主流的电力系统稳定仿真程序基本上采用的是单笼型电动机模型，对于模拟电网的机电暂态过程，该模型既简单又能满足一定的仿真精度。下文将针对单笼型电动机模型结构研究确定模型参数的方法，如定子电阻 R_s、定子电抗 X_s、激磁电抗 X_m、转子电阻 R_r 和转子电抗 X_r。

2.4.2 感应电动机模型参数算法

要在电力系统数值仿真分析中采用感应电动机模型，必须知道电动机定子和转子的具体参数。通常这些参数必须通过试验数据才能够得到，但是，系统中的大小电动机负荷数量很多，如果一一进行试验，工作量很大。

所以，根据电动机产品目录上的出厂数据估算电动机的模型参数具有重要的工程实用价值。电动机的出厂数据包括电动机型号、额定功率 P_n(kW)、额定电压 U_n(V)、额定电流 I_n(A)、额定转速 n_n(r/min)、额定效率 η_n(%)、额定功率因数 $\cos\theta_n$、最大转矩倍数 κ_m($\kappa_m=T_m/T_n$，T_n 为额定转矩，T_m 为最大或临界转矩)、堵转或启动转矩倍数 κ_{st}($\kappa_{st}=T_{st}/T_n$，T_{st}为启动或堵转转矩)、堵转或启动电流倍数 κi_{st}($\kappa i_{st}=I_{st}/I_n$，I_{st}为启动或堵转电流)和飞轮矩 GD^2(kg · m²)。电动机转子极对数 p 可根据同步转速计算得到。

图 2-24(b)所示的单笼电动机等值电路中包括 5 个不同的电气参数，但仅有 4 个参数是独立变量[33,34]。因此，在这 5 个参数之间应该增加一个限制条件。通常情况下，假定定子绕组电抗 X_s 等于转子绕组电抗 X_r[34,35]。

由感应电动机的等效电路可见，电动机吸收的有功功率 P_1 一部分消耗在定子绕组的电阻上，称为定子铜耗 P_{cu1}；一部分消耗在铁芯上，称为铁耗，由于其所占的比例非常小，计算中将其忽略不计；剩余的大部分电功率通过气隙磁场传递给转子，称为电磁功率 P_{em}。

电磁功率 P_{em}被分为两部分：一部分消耗在转子绕组电阻上，称为转子铜耗 P_{cu2}；其余部分则转化为机械功率 P_{mec}传递到转子轴上，计算中将转子轴上因轴承摩擦、风扇阻力等造成的机械损耗及由高次谐波引起的杂耗都归并到机械功率 P_{mec}。所以机械功率 P_{mec}近似等于电动机输出的机械功率。

电动机的额定电磁功率 P_{emn}或额定转矩 T_{emn}、转子的额定滑差 s_n 和最大电磁功率 P_{em_max}或最大电磁转矩 T_{em_max}是能代表电动机机械特性的几个最重要的参数。基于此，根据出厂数据估算感应电动机模型参数的具体步骤如下：

(1) 计算电动机的额定滑差 s_n：

$$s_n=\frac{n-n_n}{n} \tag{2-69}$$

式中，$n=\dfrac{60f}{p}$为同步转速(r/min)，f 为系统频率(50Hz 或 60Hz)，p 为极对数。

(2) 计算电动机输入的有功功率 P 和无功功率 Q：

$$\begin{aligned} P&=3U_n I_n\cos\theta_n \\ Q&=P\tan\theta_n \end{aligned} \tag{2-70}$$

(3) 计算电磁功率 P_{em}和最大电磁功率 P_{em_max}：

$$\begin{aligned} P_{em}&=\frac{P_n}{1-s_n} \\ P_{em\_max}&=\kappa_m P_{em} \end{aligned} \tag{2-71}$$

并令 $P_{emt\_max}=P_{em\_max}$。在电动机电气参数均以标幺值表示时，有 $P=T$，即电磁功率与电磁转矩在数值上相等。所以，算法中均用电磁功率代替电磁转矩。

（4）根据定子铜耗计算定子绕组电阻：

$$R_s=\frac{P-P_{em}}{3I_n^2} \tag{2-72}$$

（5）计算电动机的等值阻抗 Z_{deq}：

$$\begin{aligned} Z_{deq}&=\frac{3U_n^2}{P-jQ} \\ R_{deq}&=\mathrm{Re}(Z_{deq}) \\ X_{deq}&=\mathrm{Im}(Z_{deq}) \end{aligned} \tag{2-73}$$

（6）由最大电磁功率的简化公式计算 X_s 和 X_r：

$$\begin{aligned} X&=\sqrt{\left(\frac{3U_n^2}{2P_{emt\_max}}-R_s\right)^2-R_s^2} \\ X_s&=\frac{X}{2} \\ X_r&=X_s \end{aligned} \tag{2-74}$$

根据式(2-78)计算的 X_s 和 X_r 必然偏小，因为根据简化的最大电磁功率公式计算得到的最大电磁功率要比实际的最大电磁功率大。所以需要通过迭代方法对 X_s 和 X_r 进行修正。

（7）根据求得的 R_s、X_s、X_r 及等值阻抗 $Z_{deq}=R_{deq}+jX_{deq}$ 求 R_r 和 X_m，令

$$K_r=R_{deq}-R_s$$

$$K_x=X_{deq}-X_s$$

$$R_r=\frac{\left[K_r+\frac{K_x^2}{K_r}-\sqrt{\left(K_r+\frac{K_x^2}{K_r}\right)^2-4X_s^2}\right]s_n}{2} \tag{2-75}$$

$$X_m=\frac{K_rX_s+K_x\frac{R_r}{s_n}}{\frac{R_r}{s_n}-K_r} \tag{2-76}$$

这种计算 R_r 和 X_m 的方法始终能够保证 P_{em} 为给定值。

（8）根据求得的 R_s、X_s、R_r、X_r 和 X_m，按照简化公式重新计算最大电磁功率：

$$P_{emt\_maxi}=\frac{3U_n^2}{2\left(R_s+\sqrt{R_s^2+X^2}\right)} \tag{2-77}$$

（9）根据戴维南等值电路计算新参数下实际的最大电磁功率。

戴维南等值阻抗为

$$
\begin{aligned}
Z_{dp} &= jX_r + \frac{jX_m(R_s + jX_s)}{R_s + j(X_s + X_m)} \\
R_{dp} &= \mathrm{Re}(Z_{dp}) \\
X_{dp} &= \mathrm{Im}(Z_{dp})
\end{aligned}
\tag{2-78}
$$

产生最大电磁功率的条件为

$$
R_{pm} = \frac{R_r}{s_m} = \sqrt{R_{dp}^2 + X_{dp}^2} \tag{2-79}
$$

式中，s_m 为临界滑差。戴维南等值电路的开路电压为

$$
\dot{U}_0 = U_n \frac{jX_m}{R_s + j(X_s + X_m)} \tag{2-80}
$$

因此，可根据式(2-81)重新计算新参数对应的实际最大电磁转矩：

$$
P_{em\_maxi} = \frac{3U_0^2 R_{pm}}{(R_{dp} + R_{pm})^2 + X_{dp}^2} \tag{2-81}
$$

(10) 计算 P_{emt_maxi} 与 P_{em_maxi} 的比值，修正 P_{emt_max}：

$$
\begin{aligned}
k_{maxi} &= \frac{P_{emt\_maxi}}{P_{em\_maxi}} \\
P_{emt\_max} &= k_{maxi} P_{em\_max}
\end{aligned}
\tag{2-82}
$$

(11) 比较 P_{em_maxi} 与 P_{em_max}：

$$
\mathrm{Err}_{Pem\_max} = | P_{em\_max} - P_{em\_maxi} | \tag{2-83}
$$

若 $\mathrm{Err}_{Pem\_max} \geqslant 1.0 \times e^{-5}$，则返回第(5)步重新计算。

(12) 计算惯性时间常数：

$$
H = 0.00548 \frac{GD^2 n_n^2}{P_n} \tag{2-84}
$$

(13) 以额定输入功率或额定输出机械功率为基准值将参数有名值归算为标幺值。

2.4.3 算法验证分析

本节通过 15 台实际电动机对根据电动机出厂数据计算其单笼式模型参数的算法进行验证分析，并根据动模试验对其中的 2 台电动机进行仿真对比和分析，验证由出厂数据得到的电动机模型参数在电力系统机电暂态仿真中的有效性。

表 2-3　各类电动机出厂数据

电动机型号	P_n/kW	I_n/A	U_n/V	n_n/(r/min)	$\cos\theta_n$	κ_m	κ_{st}	κi_{st}	GD^2/(kg·m²)
Y80M1-2	0.75	1.8	380	2830	0.84	2.3	2.2	6.5	0.012
Y90S-4	1.1	2.7	380	1400	0.78	2.3	2.3	6.5	0.055

续表

电动机型号	P_n/kW	I_n/A	U_n/V	n_n/(r/min)	$\cos\theta_n$	κ_m	κ_{st}	κi_{st}	GD^2/(kg·m^2)
Y90S-2	1.5	3.4	380	2840	0.85	2.3	2.2	7.0	0.045
Y100L1-4	2.2	5.0	380	1430	0.82	2.3	2.2	7.0	0.105
Y112M-4	4.0	8.8	380	1440	0.85	2.3	2.2	7.0	0.18
Y200L-4	30.0	56.8	380	1470	0.87	2.2	2.0	7.0	2.80
Y280S-4	75.0	140.0	380	1480	0.89	2.2	1.9	7.0	7.0
Y315L1-4	160.0	289.0	380	1480	0.89	2.2	1.8	6.8	20.4
JS1410-10	200.0	27.0	6000	590	0.79	2.7	2.7	5.4	398
JS148-8	240.0	29.94	6000	742	0.84	2.54	1.73	5.62	260
JS147-4	360.0	41.0	6000	1484	0.88	2.27	1.25	5.3	45
Y3551-4	220.0	26.3	6000	1480	0.85	1.8	0.6	7.0	14
Y4506-8	315.0	39.8	6000	740	0.80	1.8	0.8	5.5	77
Y5009-12	400.0	52.8	6000	495	0.75	1.8	0.7	5.5	260
Y5007-10	500.0	61.5	6000	590	0.80	1.8	0.8	5.5	223

表 2-3 为 15 台不同类型的电动机出厂数据，这 15 台电动机的功率变化范围为 0.75～500kW，电压等级分 380V 和 6000V，功率因数变化范围为 0.75～0.89，转动惯量变化范围为 0.012 ～398kg·m^2。

表 2-4　对应表 2-3 各类电动机的单笼型模型参数

编号	电动机型号	R_s/p.u.	X_s/p.u.	R_r/p.u.	X_r/p.u.	X_m/p.u.	H/s	s_n
M1	Y80M1-2	0.1030	0.0125	0.0170	0.0125	0.9758	0.7891	0.0233
M2	Y90S-4	0.0723	0.0476	0.0459	0.0476	0.9119	0.6165	0.0667
M3	Y90S-2	0.0951	0.0231	0.0375	0.0231	1.0630	1.4796	0.0533
M4	Y100L1-4	0.0794	0.0443	0.0331	0.0443	1.0814	0.5885	0.0467
M5	Y112M-4	0.0902	0.0334	0.0286	0.0334	1.1586	0.5548	0.0400
M6	Y200L-4	0.0410	0.0832	0.0159	0.0832	2.1715	1.1508	0.0200
M7	Y280S-4	0.0530	0.0770	0.0106	0.0770	2.3474	1.1508	0.0133
M8	Y315L1-4	0.0315	0.0904	0.0110	0.0904	2.7957	1.5721	0.0133
M9	JS1410-10	0.0464	0.0585	0.0132	0.0585	1.2056	3.9259	0.0167
M10	JS148-8	0.0465	0.0656	0.0086	0.0656	1.6002	3.3394	0.0107
M11	JS147-4	0.0220	0.0924	0.0090	0.0924	2.6806	1.5412	0.0107
M12	Y3551-4	0.0275	0.1143	0.0105	0.1143	2.4595	0.7846	0.0133

续表

编号	电动机型号	R_s/p. u.	X_s/p. u.	R_r/p. u.	X_r/p. u.	X_m/p. u.	H/s	s_n
M13	Y4506-8	0.0214	0.1147	0.0103	0.1147	1.8162	0.7535	0.0133
M14	Y5009-12	0.0100	0.1180	0.0077	0.1180	1.4953	0.8905	0.0100
M15	Y5007-10	0.0035	0.1234	0.0133	0.1234	2.0324	0.8799	0.0167

根据 2.4.2 节的算法计算出表 2-3 各种电动机对应的单笼型模型参数如表2-4所示。表 2-4 列出了各电动机的 5 个电气参数(定子电阻 R_s、定子电抗 X_s、激磁电抗 X_m、转子电阻 R_r 和转子电抗 X_r)、惯性时间常数 H 和额定滑差 s_n。从表中可以看出,这 15 台电动机惯性时间常数的变化范围为 0.5～4.0。

根据表 2-4 的电动机模型参数可以得到各电动机的电磁转矩-滑差特性(T_e-s)曲线,如图 2-25 所示。图 2-25(a)为 8 台 380V 电动机的 T_e-s 曲线,图 2-25(b)为 7 台 6000V 电动机的 T_e-s 曲线。

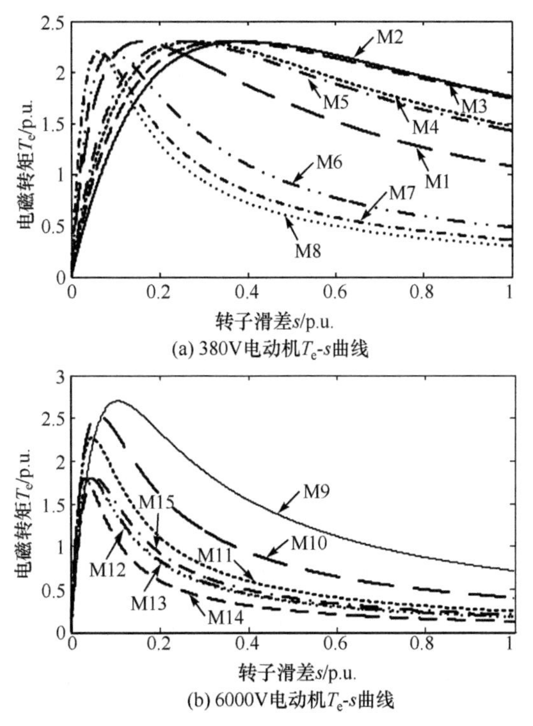

(a) 380V电动机T_e-s曲线

(b) 6000V电动机T_e-s曲线

图 2-25　15 台电动机转矩-滑差特性(T_e-s)曲线

感应电动机的最大电磁转矩是反映电动机特性的一个重要性能指标,在对电动机模型参数估算中起着非常重要的作用。从图 2-25 中可以看出,根据各电动机模型参数计算得到的 T_e-s 曲线中的最大电磁转矩倍数与表 2-3 中所列的最大转矩倍数是完全一致的。

从图 2-25 可以看出，M1～M5 电动机的额定滑差和临界滑差都比较大，根据模型参数计算的堵转转矩倍数与表 2-3 中所给的电动机堵转转矩倍数比较接近。因此，用单笼型模型参数能够比较好地模拟这些电动机的启动特性。

对于 M6～M15 这些大型电动机，随着转子滑差的增大，电动机的电磁转矩下降得比较快。当电动机转子滑差接近 1.0 时，即电动机处于启动或堵转状态，根据模型参数计算得到的这些电动机的电磁转矩(标幺值)与表 2-3 所给的堵转转矩倍数有一定差距。这也说明用双笼型电动机模型模拟电动机的启动特性的必要性。但是，对于这些电动机，当转子滑差达到 0.15 时，已经越过临界滑差，电动机已经失稳，电动机电磁转矩(标幺值)与表 2-3 所列的堵转转矩倍数比较接近。由于电动机转子转动惯量的作用，随着机端电压的降低，电动机转子转速的衰减(转子滑差的增大)需要一定的时间，转动惯量越大，转子转速衰减越慢。因此，采用 2.4.2 节算法计算得到的电动机单笼型模型参数能够比较好地模拟实际电动机的机电暂态特性。

采用如图 2-26 所示的动模试验系统，以电动机 Y90S-4(M2)和 Y100L1-4(M4)为对象，研究感应电动机的特性和验证电动机模型参数的有效性。

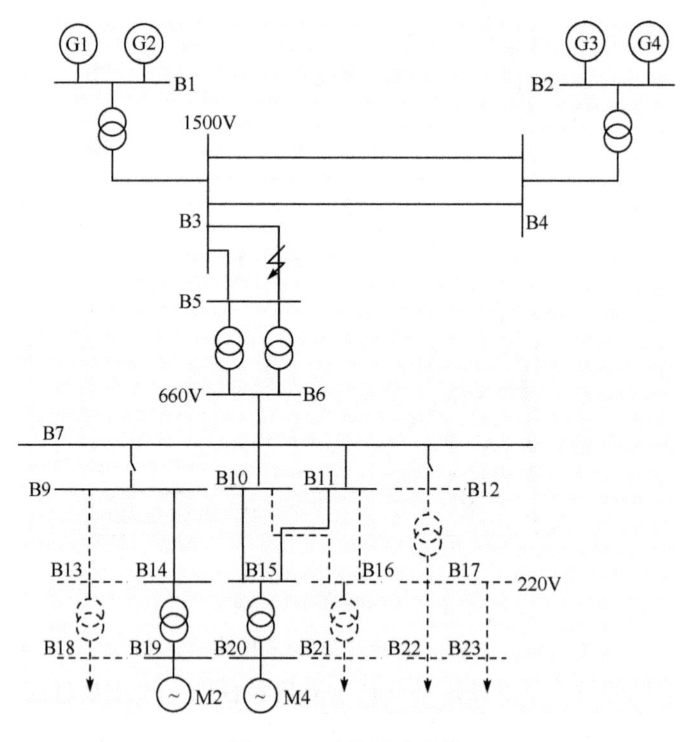

图 2-26　动模试验系统

图 2-27 和图 2-28 为电动机 M3 和 M4 的动模试验结果与数值仿真结果的对比情况。故障类型:三相瞬时短路;故障持续时间:0.16s;故障地点:B3—B5 双回线中的单回线靠近 B5 侧故障。

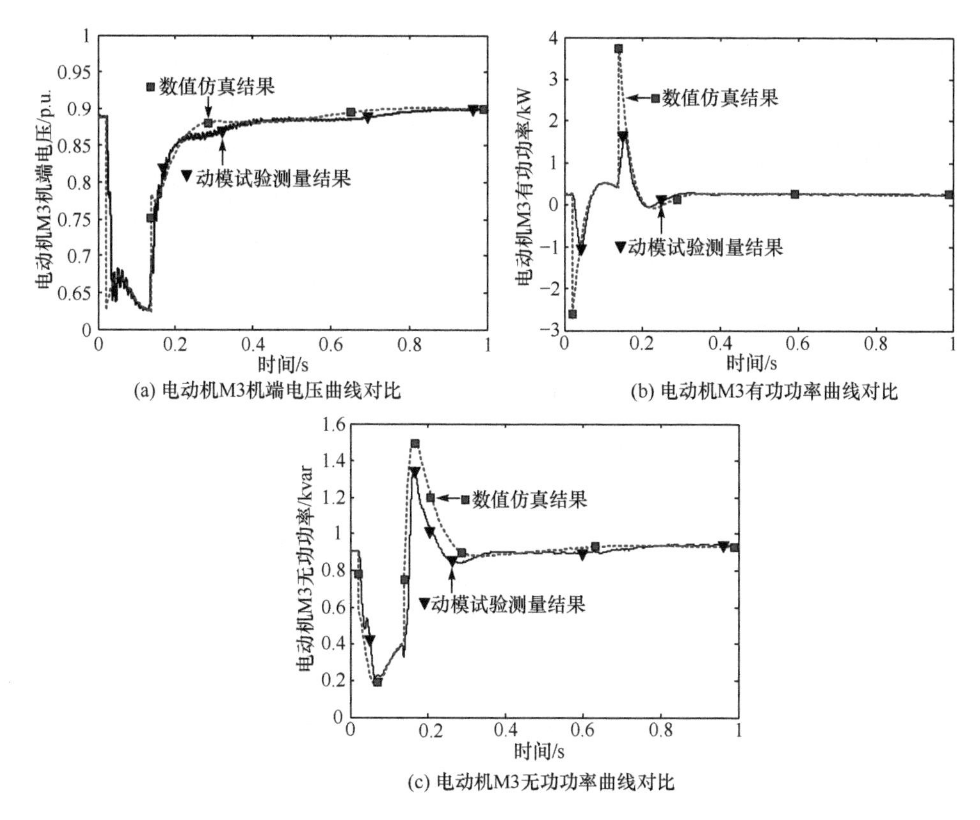

(a) 电动机M3机端电压曲线对比

(b) 电动机M3有功功率曲线对比

(c) 电动机M3无功功率曲线对比

图 2-27　电动机 M3 动模-仿真结果对比

图 2-27 和图 2-28 中的实线"—"为动模试验实测曲线,虚线"…"为根据 2.4.2 节所提算法由单笼模型参数得到的数值仿真曲线。图 2-27 为对 M3 模型参数的对比验证,图 2-28 为对 M4 模型参数的对比验证。

从图 2-27 和图 2-28 对电动机 M3 和 M4 的动模试验和数值仿真结果的对比情况可以看出,在数值仿真计算中采用其单笼式模型参数能够比较好地模拟它们的动态响应特性。

图 2-27(b)和图 2-28(b)为电动机 M3 和 M4 的模型仿真有功功率曲线与动模试验实测有功功率曲线的对比。从图中可以看出,在短路故障发生和短路故障消失的瞬间电动机吸收的有功功率会发生突变,有功功率突变的幅度比较大,持续时间短暂。在这种瞬间突变量时采用单笼电动机模型参数得到的仿真结果与实测结果相差较大,通过分析主要有两方面的原因:①测量误差;②实际系统中存在的电

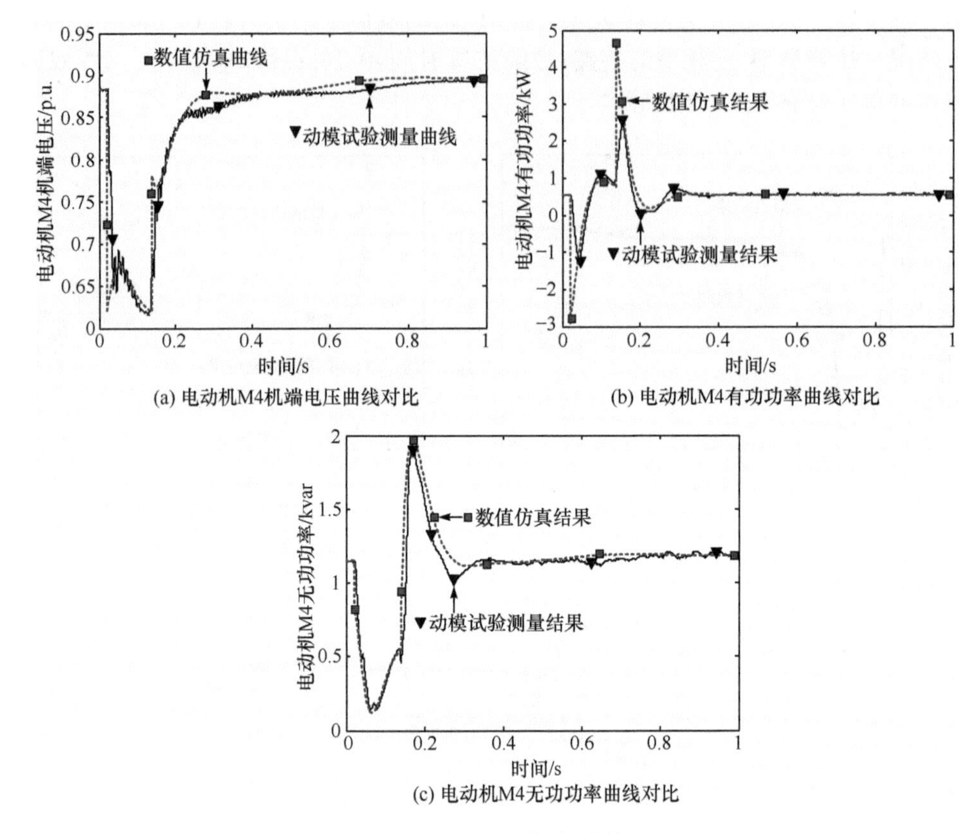

(a) 电动机M4机端电压曲线对比

(b) 电动机M4有功功率曲线对比

(c) 电动机M4无功功率曲线对比

图 2-28　电动机 M4 动模-仿真结果对比

磁暂态特性。由于在电力系统机电暂态仿真研究中,所采用的电动机三阶模型并不考虑电动机定子绕组的电磁暂态动态特性,即认为定子绕组的各电气量是可以突变的。如图 2-27 和图 2-28 的电动机有功功率曲线,采用三阶模型的电动机有功功率(实线)在短路发生和消失瞬间都是可以突变的,而实际电动机的定子绕组的磁链是不可突变的(虚线)。这是引起仿真与实测在短路故障发生与消失瞬间具有较大误差的主要原因。

2.5　配电系统元件的数学模型

2.5.1　配电线路的模型

在电力系统负荷建模中,配电系统是辐射状结构,带有许多支路的主馈线路。一般采用 π 型等值电路表示,如图 2-29(a)所示。有时为简便起见,只考虑配电系统的电阻和感性电抗,图 2-29(b)为不计对地电容影响的简化等值阻抗模型。

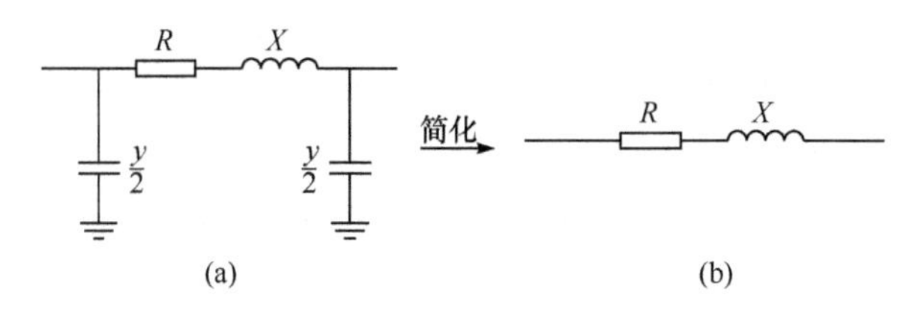

图 2-29　配电线路的简化阻抗模型

2.5.2　配电变压器及 LTC 变压器的模型

有载调压(LTC)变压器分接头的调节范围通常为±10%，共有 32 步，每步的调节步长为(5/8)%。分接头动作之前的延时可以调节，通常为 10～120s，典型延迟为 30s 或 60s。当母线的电压降落时，分接头从中间位置调节到极限位置(延迟之后进行 16 步调节)一般需要 2min 左右。

通常，具有非标准变比的变压器和移相器可以用一个导纳或阻抗串联一个具有变比为 α∶1或 $e^{j\varphi}$∶1的理想变压器的电路来描述。不同变压器模型之间的区别主要在于导纳与理想变压器的相对位置。一种变压器模型是将导纳放在标准绕组侧；另一种变压器模型是将导纳放在非标准绕组侧；第三种可能的变压器模型是将导纳分为两部分，这两部分分别放在理想变压器的两侧。

图 2-30 为导纳在标准绕组侧的变压器模型，y_{ik} 为标准等值导纳。

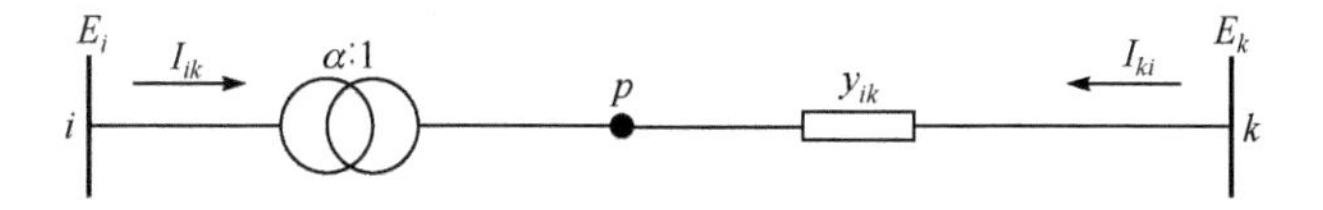

图 2-30　等值导纳在标准绕组侧的变压器等值电路

由图 2-30 可知：

$$E_i=\alpha E_p=\alpha\left(-\frac{I_{ki}}{y_{ik}}+E_k\right) \text{ 及 } I_{ki}=-\alpha I_{ik}$$

从而得到下式：

$$E_i=-\frac{\alpha^2}{y_{ik}}I_{ik}+\alpha E_k$$

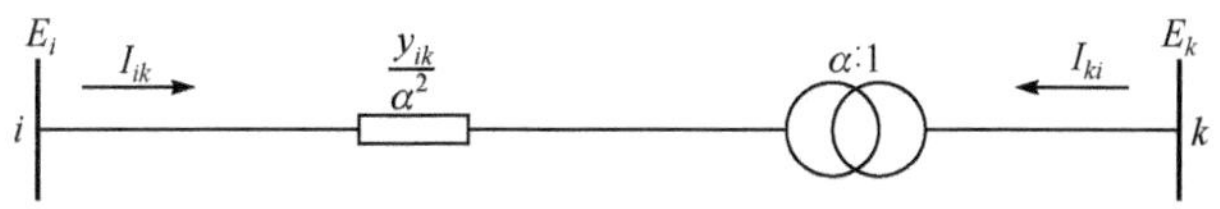

图 2-31　等值导纳在非标准绕组侧的变压器等值电路

图 2-30 与图 2-31 所示的变压器等值电路是等价的。它们不同之处就在于变

压器等值导纳相对于理想变压器的位置不同。从图 2-31 可以看出，如果等值导纳放在理想变压器非标准绕组侧，它必须乘以变比平方的倒数，这样才能保证与图 2-30等价。因此，对于标准变比，理想变压器两侧的导纳的标幺值都是标准的；而对于非标准变比，等值导纳可以以标准的有名值放在标准侧(图 2-30)，也可以放在非标准侧(图 2-31)。

从图 2-30 可以得到等值变压器两侧的电流的关系式如下：

$$I_{ik}=\frac{1}{\alpha^2}y_{ik}E_i-\frac{1}{\alpha}y_{ik}E_k$$

$$I_{ki}=\frac{1}{\alpha}y_{ik}E_i+\frac{1}{\alpha^2}y_{ik}E_k$$

用参数 A、B 和 C 表示的 π 型等值电路如图 2-32 所示，这三个参数的表达式如下：

$$A=\frac{1}{\alpha}y_{ik},\quad B=\frac{1-\alpha}{\alpha^2}y_{ik},\quad C=\frac{\alpha-1}{\alpha}y_{ik}$$

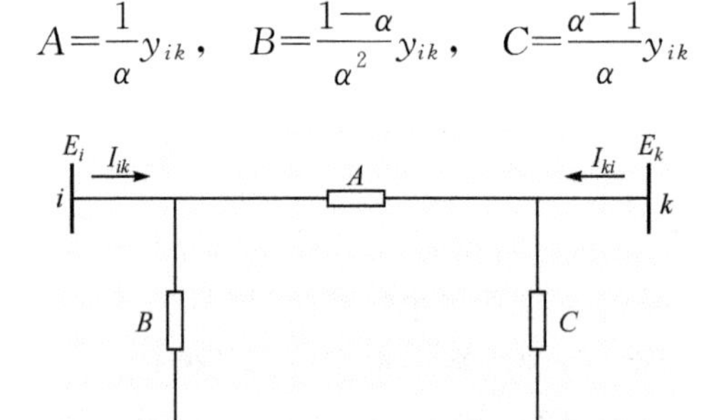

图 2-32　变压器 π 型等值电路

图 2-31 等值变压器两侧的电流的关系式如下：

$$I_{ik}=\frac{1}{\alpha^2}y_{ik}E_i-\frac{1}{\alpha}y_{ik}E_k$$

$$I_{ki}=\frac{1}{\alpha}y_{ik}E_i+y_{ik}E_k$$

则其 π 型等值电路参数 A、B 和 C 为

$$A=\frac{1}{\alpha}y_{ik},\quad B=\frac{1-\alpha}{\alpha^2}y_{ik},\quad C=\frac{\alpha-1}{\alpha}y_{ik}$$

如所预期的一样，两种变压器模型具有相同的 π 型等值电路参数。

为降低分接头调节器的额定电流和提高调节精度，通常 LTC 变压器的分接头调节器安装在变压器的高压侧，如图 2-33 所示。图中，标准变比的变压器分接头的位置在 0 接点处，要减少绕组的匝数，分接头就向负接点处移动，如果要增加匝数那么分接头就向正接点处移动。LTC 变压器的基本等值电路如图 2-34 所示的 π 型等值电路。设 LTC 变压器的标准变比为$\frac{N}{n}$，其中，N 为标准变比下变压器一

次侧绕组的匝数，n 为二次侧绕组的匝数。则 LTC 变压器的实际变比为

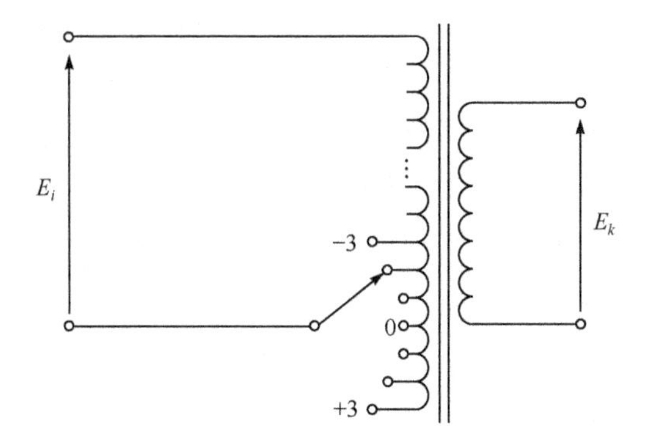

图 2-33　LTC 变压器结构示意图

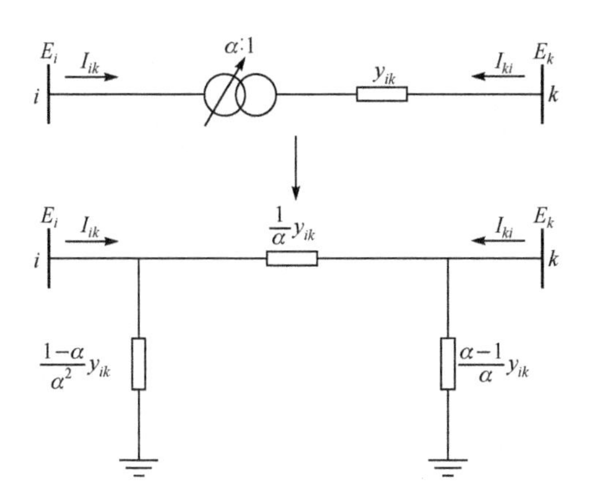

图 2-34　LTC 变压器 π 型等值电路图

$$\frac{E_i}{E_k}=\frac{N+t\Delta N}{n}=\frac{N}{n}+\frac{t\Delta N}{n}=\text{标准变比}+\frac{t\Delta N}{n}$$

式中，ΔN 为每调节一步分接头所改变的绕组匝数；t 表示要调节分接头的步数，正表示增加匝数，负表示减少匝数。而 LTC 变压器变比的标幺值为

$$\alpha=\frac{\dfrac{E_i}{E_k}}{\text{标准变比}}=1+t\,\frac{\Delta N}{N}$$

式中，$\dfrac{\Delta N}{N}$定义为每改变一步分接头所对应的绕组匝数变化量的标幺值。

上述所讨论的 LTC 变压器等值模型中，假定变压器的等值阻抗(或导纳)是恒定不变的。实际上 LTC 变压器的阻抗受许多因素的影响，诸如变压器绕组中流过的电流大小、绕组匝数、每匝绕组对应的电压值的大小以及绕组的轴向长度等。虽

然 LTC 变压器的阻抗随绕组电流和匝数变化而变化，但是它受每匝绕组对应的电压值的大小和绕组的轴向长度的影响最大。考虑到这些因素对变压器阻抗的影响，可以将变压器阻抗描述为分接头位置的函数。一般情况下，当分接头减去的绕组匝数很多时，变压器的阻抗会相应地减小。因分接头调节作用而引起的变压器阻抗的变化范围一般在它的标准值的±10%～±15%，具体大小取决于分接头的具体位置。LTC 变压器的等值阻抗与分接头的位置是一种非线性的函数关系。文献[36]给出了将 LTC 变压器的等值阻抗处理为分接头位置的线性化函数，其 π 型等值电路如图 2-35 所示。将图中变压器的等值导纳描述为分接头位置和每调节一步所改变的阻抗的大小。每步改变的阻抗值定义为

$$\Delta X=\frac{X_{+}-X_{-}}{N_{+}-N_{-}}$$

式中，N_{+} 表示绕组的最大匝数；N_{-} 表示绕组的最小匝数；X_{+} 表示绕组匝数为 N_{+} 时对应的阻抗值；X_{-} 表示绕组匝数为 N_{-} 时对应的阻抗值。

则 LTC 变压器的等值导纳为

$$y_{ik}(t)=\frac{1}{X+t\Delta X}$$

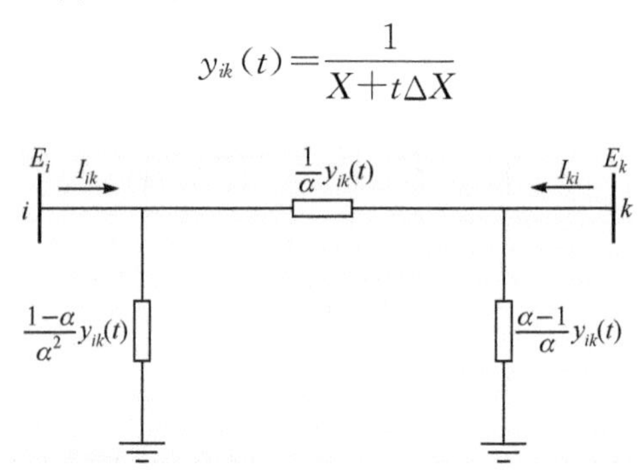

图 2-35　变等值导纳的 LTC 变压器 π 型等值电路图

2.5.3　配电系统无功补偿装置的模型

1. 并联电容器

并联电容器能够提供无功功率和增大局部电压，它是一种提供无功功率的非常经济的方式。并联电容器的主要优点在于价格低和安装、运行的灵活性。它们很容易用在系统的各点上，因而利于提高输电和配电的效率。并联电容器的数学模型可用恒定的容性电抗来描述，如图 2-36所示。

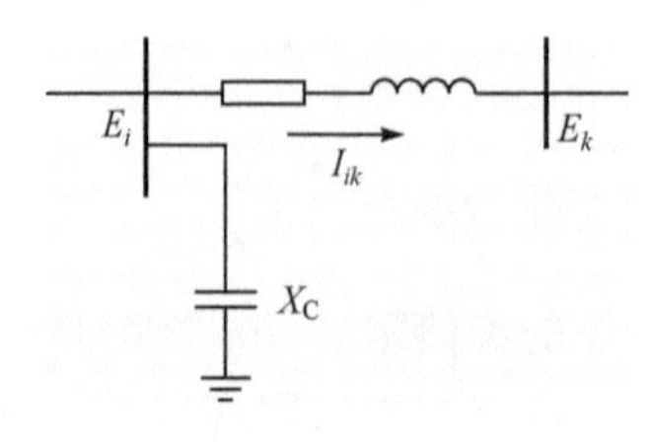

图 2-36　并联电容器

并联电容器广泛应用于配电系统的功率因数校正和馈电电压控制。配电用的电容器通常是根

据定时自动切换，或根据电压或电流继电器来切换。功率因数校正的目标是在无功消耗处适时地提供无功功率，而不是由远方发电机供电。绝大多数负荷都吸收无功功率，也就是说它们具有滞后的功率因数。功率因数的校正是通过遍布配电系统各个电压水平的固定(永久性连接)和投切式并联电容器来实现的。低电压电容器组常用于大型负荷用户，中压电容器组常用于中间开关站[37]。

投切式并联电容器也广泛用于馈电线电压控制。它们沿馈线方向安装在适当的地点以保证所有负荷点的电压均在允许的最大和最小的范围内变化。并联电容器应与馈线电压调节器或升压变压器配合使用。

2. 静止无功补偿器

静止无功补偿器(static var compensator，SVC)将电力电子元件引入传统的静止无功补偿装置中，实现了补偿的快速和连续平滑的调节。理想的 SVC 可以支持所补偿节点的电压接近恒定。SVC 的构成形式多样，但它们的基本元件都是晶闸管控制电抗器(thyristor controlled reactor)和晶闸管控制电容器(thyristor controlled reactor)。图 2-37 为 SVC 的原理示意图[38]。

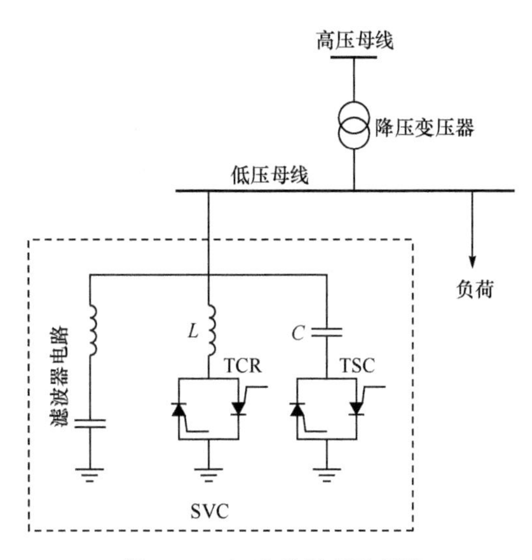

图 2-37 SVC 的原理示意图

由于阀的控制作用，SVC 会产生谐波电流。为降低 SVC 对系统的谐波污染，SVC 中还设有滤波器，如图 2-37 所示。对于基波而言滤波器呈容性，向系统注入无功功率。TCR 支路由电抗器和两个背靠背连接的晶闸管相串联构成，控制元件为晶闸管。TSC 支路由电容器与两个反向并联的晶闸管串联而成。TSC 和 TCR 具有相同的电源电压。在电力系统稳定计算模型中，SVC 可以看成是并联在系统中的一个可变电纳，其电纳值由 SVC 的控制器决定，如图 2-38 所示。

文献[39]提出了一种 SVC 的静态模型。这种模型假定 SVC 由一个固定电容器(fixed capacitor,FC)和一个晶闸管控制电抗器并联组成,如图 2-39 所示,将 SVC 用一个可变阻抗来描述。

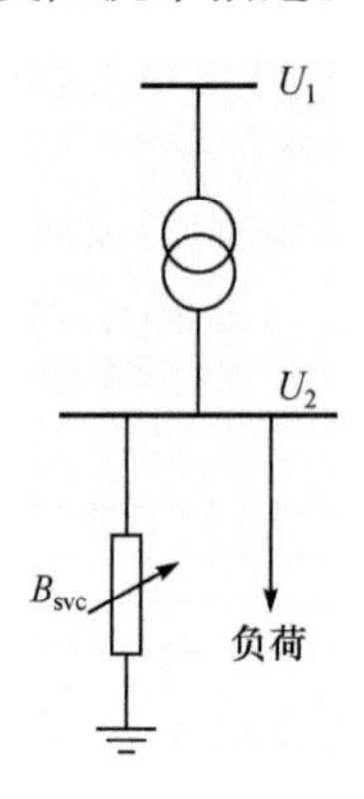

图 2-38　SVC 的变导纳模型

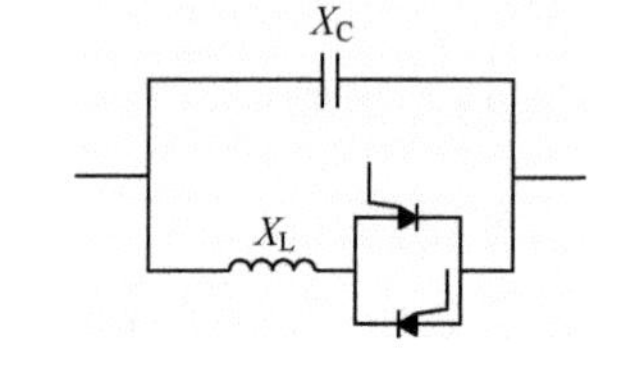

图 2-39　简化的 SVC 结构

假定 SVC 母线电压是正弦信号,通过对电感电流波形进行傅里叶分析的结果表明,SVC 能够由一个等值可变电抗 X_{svc} 来建模,其值为

$$X_{svc}=\frac{\pi X_L}{\sin 2\alpha-2\alpha+\pi\left(2-\frac{X_L}{X_C}\right)}$$

式中,X_L 和 X_C 分别为图 2-39 中电感和电容器的基频电抗;α 表示对应晶闸管控制器电压正向过零时的触发角。该 SVC 模型的可变电纳为 $B_{svc}=-\frac{1}{X_{svc}}$。当触发角 $\alpha_{min}\leqslant\alpha\leqslant\alpha_{max}$ 时(如果触发角 α 超出这个范围,SVC 就会失去电压控制的能力),SVC 的典型的稳态控制特性为

$$U_{svc}=U_{ref}+X_{SL}I_{svc}$$

式中,U_{svc} 为 SVC 的输出电压;U_{ref} 为控制器的参考电压;X_{SL} 为 SVC 的控制斜坡;而 $I_{svc}=U_{svc}B_{svc}$。SVC 输出的无功功率为 $Q_{svc}=U_{svc}^2B_{svc}$。

文献[40]用一个固定电容器和一个可变的电感相并联来描述 SVC 的模型,如图 2-40 所示。图中,B_C(p. u.)为 SVC 中固定电容器的等值电纳,B_L(p. u.)为 SVC 中电感的可变电纳。

将 SVC 及其调节器的时间延迟归并到一起,得到 B_L 的模型如图 2-41 所示。

图中,B_{L0}(p. u.)为 SVC 中电感的初始电纳;T_c(s)为 SVC 及其调节器总的时间常数;K_c(p. u.)为 SVC 调节器的增益;U_{svc}(p. u.)为 SVC 调节器的输入电压。B_L 的动态数学方程为

$$\frac{dB_L}{dt}=\frac{1}{T_c}(-B_L+B_{L0}+K_cU_{svc})$$

则 SVC 的等值电纳为 $B_{svc}=B_C+B_L$。

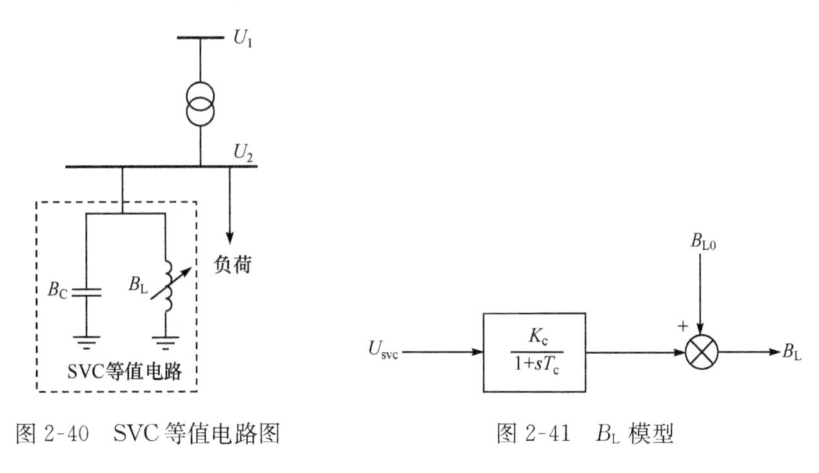

图 2-40　SVC 等值电路图　　　　图 2-41　B_L 模型

参考文献

[1] American National Standard. IEEE Std241—1990. IEEE Recommended Practice for Electric Power Systems in Commercial Buildings[S]. New York: Power Systems Engineering Committee of the IEEE Industry Applications Society, 1990.

[2] General Electrical Company. Load modeling for power flow and transient stability computer studies[R]. New York: EPRI, 1987.

[3] Ribeiro J R, Lange F F. A new aggregation method for determining composite load characteristics [J]. IEEE Transactions on Power Apparatus and Systems, 1982, 101(8): 2869～2875.

[4] Fahmy O M, Attia A S, Badr M A L. A novel analytical model for electrical loads comprising static and dynamic components[J]. Electric Power Systems Research, 2007, 77(10): 1249～1256.

[5] Navarro I R. Dynamic load models for power systems-estimation of time-varying parameters during normal operation[D]. Lund: Lund University, 2002.

[6] Gim J-H. Effects of load characteristics on a power system[D]. Arlington: The University of Texas at Arlington, 1989.

[7] Concordia C, Ihara S. Load representation in power system stability studies[J]. IEEE Transactions on Power Apparatus and Systems, 1982, 101 (4): 969～977.

[8] Shaffer J W. Air conditioner response to transmission faults[J]. IEEE Transactions on Power Systems, 1997, 12(2): 614～621.

[9] Tomiyama K, Daniel J P, Ihara S. Modeling air conditioner load for power systems studies [J]. IEEE Transactions on Power Systems, 1998, 13(2): 414～421.

[10] Chen C-S, Wu T-H, Lee C-C, et al. The application of load models of electric appliances to distribution systems analysis[J]. IEEE Transactions on Power Systems, 1995, 10(3): 1376～1382.

[11] Hajagos L M, Danai B. Laboratory measurements and models of modern loads and their effect on voltage stability studies[J]. IEEE Transactions on Power Systems, 1998,13(2): 584～592.

[12] Ahmad S, Lee S R, Dehbonei H, et al. Energy saving for fluorescent lighting in commercial buildings[C]. Fortieth IAS Annual Meeting, Industry Application Conference, Hong Kong, 2005, 4:2965～2971.

[13] Mori K, Lioka D, Kokomizu Y, et al. Modeling of electric apparatus for voltage sag investigation in customer power distribution system[C]. 2005 International Conference on Future Power Systems, Amsterdam, 2005:5.

[14] Gluskin E. The fluorescent lamp circuit[J]. IEEE Transactions on Circuits and Systems—I: Fundamental Theory and Applications, 1999,46(5):529～544.

[15] Gluskin E. Discussion of the voltage/current characteristic of a fluorescent lamp[J]. IEE Proceedings on Science, Measurement and Technology, 1989,136:229～232.

[16] Mader U, Horn Dr P. A dynamic model for the electrical characteristics of fluorescent lamps[C]. Industry Applications Society Annual Meeting, Houston,1992, 2:1928～1934.

[17] Omata T, Uemura K. Aspects of voltage responses of induction motor loads[J]. IEEE Transactions on Power Systems, 1998,13(4):1337～1344.

[18] Lima A M N, Jacobina C B. Nonlinear parameter estimation of steady-state induction machine models[J]. IEEE Transactions on Industrial Electronics, 1997,44(3):390～397.

[19] Iliceto F, Capasso A. Dynamic equivalents of asynchronous motor loads in system stability studies[J]. IEEE Transactions on Power Apparatus and Systems, 1974, 93(9): 1650～1659.

[20] Pereira L, Mackin P, Davies D, et al. An interim dynamic induction motor model for stability studies in the WSCC[J]. IEEE Transactions on Power Systems, 2002,17(4): 1108～1115.

[21] 宁原中,梁颖,吴昊. 电弧炉的混合仿真模型[J]. 四川大学学报, 2005,37(1):85～89.

[22] 钱峰,顾建军,李凯,等. 电弧炉模型分析与评价[J]. 冶金动力, 2006,6:1～3.

[23] Jang G, Wang W, Heydt G T, et al. Development of enhanced electric arc furnace models for transient analysis[J]. Electric Power Components and Systems, 2001,29(4):1061～1074.

[24] Montanari G C, Longhi M, Cavallini A, et al. Arc furnace model for the study of flicker compensation in electrical networks[C]. IEEE/PES Winter Meeting, New York, 1994,9: 2026～2036.

[25] Petersen H M, Koch R G, Swart P H, et al. Modeling arc furnace flicker and investigation compensations techniques [C]. IEEE/IAS Annual Meeting, Orlando, 1995:1733～1740.

[26] Varandan S, Makram E B, Girgis A A. A new time domain voltage source model for an arc furnace using EMTP [C]. IEEE/PES Winter Meeting, Baltimore, 1996,11:1685～1691.

[27] Alonso M A P, Donsion M P. An improved time domain arc furnace model for harmonic analysis[J]. IEEE Transactions on Power Delivery, 2004, 19(1):367～373.

[28] Zheng T, Makram E B, Girgis A A. Effects of different arc furnace models on voltage distortion[J]. IEEE Transactions on Power Delivery, 2000,15:931～939.

[29] Nozari F, Kankam M D, Price W W. Aggregation of induction motors for transient stability load modeling[J]. IEEE Transactions on Power Systems, 1987, 2(4): 1096～1103.

[30] Kao W-J, Lin C-J, Huang C-T. Comparison of simulated power system dynamics appling various load models with actual recorded data[J]. IEEE Transactions on Power Systems, 1994, 9(1): 248～254.

[31] Lim J Y, Ji P S, Ozdemir A, et al. Component-based load modeling including capacitor banks[C]. IEEE /PES Summer Meeting, Vancouver, 2001, 2: 1119～1204.

[32] 赵兵,汤涌. 感应电动机负荷的动态特性分析[J]. 中国电机工程学报, 2009, 29(7): 71～77.

[33] Corcoles F, Pedra J, Salichs M, et al. Analysis of the induction machine parameter identification[J]. IEEE Transactions on Energy Conversion, 2002, 17(2): 183～190.

[34] Novotny D W, Lipo T A. Vector Control and Dynamics of AC Drives[M]. New York: Oxford University Press, 1996: 186～187.

[35] Pedra J, Sainz L. Parameters estimation of squirrel-cage induction motors without torque measurements[J]. IEE Proceedings of Electric Power Applications, 2006, 153(2): 263～270.

[36] Vournasc C D. On the role of LTCs in emergency and preventive voltage stability control [C]. IEEE/PES Winter Meeting, New York, 2002, 2: 845～859.

[37] Fan J, Bo Z. Modeling of on-load tap-changer transformer with variable impedance and its applications[J]. International Conference on Energy Management and Power Delivery, 1998, 2: 491～494.

[38] Kundur P. 电力系统稳定与控制[M]. 北京:中国电力出版社, 2002.

[39] 王锡凡, 方万良, 杜正春. 现代电力系统分析[M]. 北京:科学出版社, 2003.

[40] Canizres C A , Faur Z T. Analysis of SVC and TSCS controllers in voltage collapses[J]. IEEE Transactions on Power Systems, 1999, 14: 158～165.

[41] Kent M H, Schmus W R, McCrackin F A, et al. Dynamic modeling of loads in stability studies[J]. IEEE Transactions on Power Apparatus and Systems, 1969, 88: 756～763.

[42] Katkin M, Berg G J. Dynamic single-unit representation of induction motor groups[J]. IEEE Transactions on Power Apparatus and Systems, 1976, 95: 155～164.

[43] Frantz T, Gentile T, Ihara S, et al. Load behavior observed in LILCO and RG&E systems [J]. IEEE Transactions on Power Apparatus and Systems, 1984, 103(4): 819～831.

[44] Langevin M, Auriol P. Load response to voltage variations and dynamic stability[J]. IEEE Transactions on Power Systems, 1986, 1(4): 112～118.

[45] IEEE Task Force. Load representation for dynamic performance analysis[J]. IEEE Transactions on Power Systems, 1993, 8(2): 472～482.

[46] IEEE Task Force. Standard load models for power flow and dynamic performance simulation[J]. IEEE Transactions on Power Systems, 1995, 10(3): 1302～1313.

[47] Lafond C, Srinivasan K, Do X-D, et al. A dynamic model for a paper mill load[C]. IEEE Conference on Electrical and Computer Engineering, Niagara Falls, 1995, 2: 1077～1082.

[48] Tomiyama K, Ueoka S, Takano T, et al. Modeling of load during and after system faults based on actual field data[C]. IEEE /PES General Meeting, Toronto, 2003, 3: 1385～1391.

[49] General Electrical Company. Determining load characteristics for transient performances [R]. New York:EPRI,1981.
[50] General Electrical Company. Determining load characteristics for transient performances [R]. New York:EPRI,1979.
[51] Navarro I R, Lindahl S, Samuelsson O. Off-line analysis of the load response during large voltage variations[C]. IEEE/PES Transmission & Distribution Conference & Exposition, Sao Paulo, 2004:230~235.
[52] Navarro I R, Samuelsson O, Lindahl S. Influence of normalization in dynamic reactive load models[J]. IEEE Transactions on Power Systems, 2003,18(2):972~973.
[53] Navarro I R, Samuelsson O, Lindahl S. Automatic determination of parameters in dynamic load models from normal operation data[C]. IEEE/PES General Meeting,Toronto,2003, 3:1375~1378.
[54] Hill D J. Nonlinear dynamic load models with recovery for voltage stability studies[J]. IEEE Transactions on Power Systems, 1993,8(1):166~176.
[55] Sanhueza S M R, Tofoli F L, de Albuquaerque F L, et al. Analysis and evaluation of residential air conditioners for power system studies [J]. IEEE Transactions on Power Systems, 2007, 22(2):706~716.
[56] Malhame R, Chong C-Y. Electric load synthesis by diffusion approximation of a high-order hybrid-state stochastic system[J]. IEEE Transactions on Automatic Control, 1985,30(9): 854~860.
[57] Balanathan R, Pahalawaththa N C, Annakkage U D. Modeling induction motor loads for voltage stability analysis[J]. Electrical Power and Energy Systems,2002,24:469~480.
[58] 刘遵义,郜洪亮,余晓鹏,等. 照明用电设备的负荷建模研究[J]. 河南电力,2005,4:1~6.
[59] 刘遵义,郜洪亮,纪勇,等. 家用电加热加湿负荷的建模研究[J]. 河南电力,2006,1:1~7.
[60] 刘遵义,郜洪亮,纪勇,等. 电子设备的建模研究[J]. 河南电力,2006,2:1~4.
[61] 刘遵义,郜洪亮,纪勇,等. 家用风机负荷的建模研究[J]. 河南电力,2006,3:1~4.
[62] 刘遵义,郜洪亮,纪勇,等. 洗衣机电机负荷的建模研究[J]. 河南电力,2006,4:1~6.

第3章 电力系统仿真计算中的负荷模型

3.1 负荷模型的表示方法

电力系统仿真计算中的负荷是由变电站(母线)供电的各类用电设备、配电网络和接入该变电站(母线)的电源的综合。负荷模型是综合负荷的功率(有功和无功)或电流随变电站(母线)电压和频率的变化而变化的数学表达式。一般可分为静态负荷模型和动态负荷模型。

一般而言,静态模型是指决定系统特性的因素不随时间推移而变化的系统模型。当然在现实世界中不存在绝对静态的系统;静态系统的假定本身是对系统的一种简化。当系统对象的主要特征在我们所关心的时间段内不发生明显变化,或者发生的变化对系统的整体性质没有明显影响时,可以把一个系统看做是静态的。动态模型是指系统的状态随时间的推移而变化的模型;动态系统模型又分为连续性动态系统模型和离散性动态系统模型两类。

静态负荷模型反映母线负荷功率(有功、无功)随模型电压和频率的变化而变化的规律,其中负荷随电压变化的特性称为负荷电压特性,而随频率变化的特性称为负荷频率特性。一般可用代数方程表示,主要有多项式模型和幂函数模型两种。

动态负荷模型反映母线负荷功率(有功、无功)随母线电压、频率和时间的变化而变化的规律,一般可用微分方程或差分方程表示,由于动态负荷的主要成分是感应电动机,因此,常用感应电动机模型表示动态负荷模型。

负荷模型按其结构形式还可分为非机理模型和机理模型。非机理负荷模型以负荷端口的输入量(负荷母线电压和频率)和输出量(负荷功率或电流)的关系为依据,选择适当的数学表达式来表示输出量和输入量之间的关系。机理负荷模型从负荷内部的物理本质入手通过选择适当的物理模型结构来模拟负荷特性。

3.2 静态负荷模型

在电力系统的潮流分析、静态稳定分析中,一般采用静态负荷模型。常用的有幂函数模型和多项式模型,两者都属于输入输出式模型。

3.2.1 幂函数模型

幂函数模型如式(3-1)所示:

$$\begin{cases} P=P_0\left(\dfrac{U}{U_0}\right)^{P_v}\left(\dfrac{f}{f_0}\right)^{P_f} \\ Q=Q_0\left(\dfrac{U}{U_0}\right)^{Q_v}\left(\dfrac{f}{f_0}\right)^{Q_f} \end{cases} \tag{3-1}$$

式中，P_0、Q_0、U_0 和 f_0 分别为基准点稳态运行时负荷有功功率、无功功率、负荷母线电压幅值和频率；P、Q、U 和 f 为实际值；P_v、Q_v 为负荷有功和无功功率的电压特性指数；P_f、Q_f 为负荷有功和无功功率的频率特性指数。这种静态模型仅适用于电压变化范围较小(±10%)的情况。

3.2.2 多项式模型

多项式负荷模型如式(3-2)所示：

$$\begin{cases} P=P_0\left[p_1\left(\dfrac{U}{U_0}\right)^2+p_2\left(\dfrac{U}{U_0}\right)+p_3\right](1+K_{pf}\Delta f) \\ Q=Q_0\left[q_1\left(\dfrac{U}{U_0}\right)^2+q_2\left(\dfrac{U}{U_0}\right)+q_3\right](1+K_{qf}\Delta f) \end{cases} \tag{3-2}$$

式中，Δf 为频率偏差($f-f_0$)。

IEEE Task Force[1]于 1995 年推荐的标准静态负荷模型如下：

$$\frac{P}{P_{frac}P_0}=K_{pz}\left(\frac{U}{U_0}\right)^2+K_{pi}\frac{U}{U_0}+K_{pc}+K_{p1}\left(\frac{U}{U_0}\right)^{n_{pv1}}(1+n_{pf1}\Delta f)+K_{p2}\left(\frac{U}{U_0}\right)^{n_{pv2}}(1+n_{pf2}\Delta f) \tag{3-3}$$

$$\frac{Q}{Q_{frac}Q_0}=K_{qz}\left(\frac{U}{U_0}\right)^2+K_{qi}\frac{U}{U_0}+K_{qc}+K_{q1}\left(\frac{U}{U_0}\right)^{n_{qv1}}(1+n_{qf1}\Delta f)+K_{q2}\left(\frac{U}{U_0}\right)^{n_{qv2}}(1+n_{qf2}\Delta f) \tag{3-4}$$

$$K_{pz}=1-(K_{pi}+K_{pc}+K_{p1}+K_{p2})$$
$$K_{qz}=1-(K_{qi}+K_{qc}+K_{q1}+K_{q2})$$
$$Q_0\neq 0$$

式中，P_{frac}、Q_{frac}分别表示总负荷中有功和无功的静态部分所占比例；K_{pz}、K_{pi}、K_{pc}分别表示总负荷中的恒定阻抗部分、恒定电流部分、恒定功率部分的有功功率；K_{qz}、K_{qi}、K_{qc}分别表示总负荷中的恒定阻抗部分、恒定电流部分、恒定功率部分的无功功率；K_{p1}、K_{q1}、K_{p2}、K_{q2}表示总负荷中与电压和频率均有关的部分。该静态模型适应性较强。在实际应用中，往往根据仿真分析的具体需要，选择此模型的重要项派生出若干实用模型。

3.3　动态负荷模型

在电力系统动态计算、稳定分析时，一般采用动态模型。动态负荷模型包括机理模型和非机理模型两种。其中，机理模型通常就是感应电动机模型，一般将感应电动机模型并联有关静态负荷模型来描述综合负荷的动态行为。

3.3.1　感应电动机负荷模型

在电力系统机电暂态仿真计算中一般采用考虑机电暂态过程的感应电动机模型。在程序实现中，不同的程序所采用的表达式略有差别。

PSD-BPA 暂态稳定程序中，相应的方程如下所述[2]。

转子电压方程：

$$\begin{aligned}\frac{\mathrm{d}E_d'}{\mathrm{d}t}&=-\frac{1}{T_0'}[E_d'+(X-X')I_q]-\omega_\mathrm{b}(\omega_\mathrm{t}-1)E_q'\\\frac{\mathrm{d}E_q'}{\mathrm{d}t}&=-\frac{1}{T_0'}[E_q'-(X-X')I_d]+\omega_\mathrm{b}(\omega_\mathrm{t}-1)E_d'\end{aligned}\tag{3-5}$$

式中，$T_0'=\dfrac{X_\mathrm{r}+X_\mathrm{m}}{\omega_0 R_\mathrm{r}}$为暂态开路时间常数；$X=X_\mathrm{s}+X_\mathrm{m}$ 为转子开路电抗；$X'=X_\mathrm{s}+\dfrac{X_\mathrm{m}X_\mathrm{r}}{X_\mathrm{m}+X_\mathrm{r}}$为转子不动时短路电抗。

定子电流方程：

$$\begin{aligned}I_d&=\frac{1}{R_\mathrm{s}^2+X'^2}[R_\mathrm{s}(U_d-E_d')+X'(U_q-E_q')]\\I_q&=\frac{1}{R_\mathrm{s}^2+X'^2}[R_\mathrm{s}(U_q-E_q')-X'(U_d-E_d')]\end{aligned}\tag{3-6}$$

转子运动方程：

$$\frac{\mathrm{d}\omega_\mathrm{t}}{\mathrm{d}t}=\frac{1}{2H}(T_\mathrm{e}-T_\mathrm{m})\tag{3-7}$$

式中，$\omega_\mathrm{t}=1-s$，s 为转子滑差；$T_\mathrm{e}=E_d'I_d+E_q'I_q$ 为电动机电磁力矩；且

$$T_\mathrm{m}=T_0(A\omega_\mathrm{t}^2+B\omega_\mathrm{t}+C)\tag{3-8}$$

为机械转矩，其中，A、B、C 为机械转矩系数，满足下列关系：

$$\begin{aligned}A\omega_0^2+B\omega_0+C&=1.0\\\omega_0&=1-s_0\end{aligned}\tag{3-9}$$

PSASP 电力系统分析综合程序的表达式如下[3]：

$$\frac{\mathrm{d}s_\mathrm{L}}{\mathrm{d}t}=\frac{1}{2H_\mathrm{L}}(T_\mathrm{m}-T_\mathrm{e})$$

$$\frac{\mathrm{d}\dot{e}'_{\mathrm{L}}}{\mathrm{d}t}=\frac{1}{T'_{d0\mathrm{L}}}[-\dot{e}'_{\mathrm{L}}-\mathrm{j}K_{\mathrm{Z}}(X-X')\dot{I}-\mathrm{j}T'_{d0\mathrm{L}}\dot{e}'_{\mathrm{L}}s2\pi f_0]$$
$$T_{\mathrm{e}}=-(e'_{\mathrm{tR}}I_{\mathrm{tR}}+e'_{\mathrm{tI}}I_{\mathrm{tI}})K_{\mathrm{P}} \tag{3-10}$$
$$T_{\mathrm{m}}=K_{\mathrm{L}}[\alpha+(1-\alpha)(1-s)^{p}]$$

式中，K_{Z} 为等值电路中将电动机本机基准值的标幺值阻抗转换为系统基准值的标幺值阻抗的系数；K_{P} 为将系统基准值的标幺值转换为电动机本机基准值的标幺值的系数；K_{L} 为电动机负荷率系数，即

$$K_{\mathrm{L}}=\frac{P^{*}_{\mathrm{t}(0)}}{\alpha+(1-\alpha)(1-s)^{p}} \tag{3-11}$$

其中，α 为与转速无关的阻力矩系数；p 为与转速有关的阻力矩的方次。

3.3.2 非机理动态负荷模型

前面介绍的机理模型物理意义明确，易于理解和采用。当负荷群中成分比较单一时，机理模型是合适的。然而，当负荷群中动态元件类型不止一种，或者类型单一但特性相差较大，就难以用一个简单的等值机理模型去描述。因此，人们开始研究负荷的非机理动态模型。

非机理模型属于输入输出式模型。建立非机理模型，着重强调对负荷群输入/输出特性的较好描述，并不苛求模型的物理解释。常见的非机理模型：常微分方程模型、传递函数模型、状态空间模型和时域离散模型。下面介绍几种非机理动态模型。

1. 常微分方程模型[4]

一般形式为

$$f(P_{\mathrm{d}}^{(n)},P_{\mathrm{d}}^{(n-1)},\cdots,P_{\mathrm{d}}^{1},U_{\mathrm{d}}^{(m)},U_{\mathrm{d}}^{(m-1)},\cdots,U^{(1)},U)=0 \tag{3-12}$$

文献[4]从分析负荷对阶跃电压响应的特性出发，结合电压稳定研究的需要，提出了以下形式的模型：

$$T_{\mathrm{d}}\frac{\mathrm{d}P_{\mathrm{d}}}{\mathrm{d}t}+P_{\mathrm{d}}=P_{\mathrm{d}}(U)+K_{\mathrm{P}}(U)\frac{\mathrm{d}U}{\mathrm{d}t} \tag{3-13}$$

2. 传递函数模型[5]

Welfonder 等于 1989 年提出的工业负荷传递函数模型：

$$\Delta P(s)=\frac{K_{\mathrm{pf}}+T_{\mathrm{pf}}}{1+T_1 s}\Delta f(s)+\frac{K_{\mathrm{pu}}+T_{\mathrm{pu}}s}{1+T_1 s}\Delta U(s) \tag{3-14}$$

$$\Delta Q(s)=\frac{K_{\mathrm{qf}}+T_{\mathrm{qf}}}{1+T_1 s}\Delta f(s)+\frac{K_{\mathrm{qu}}+T_{\mathrm{qu}}s}{1+T_1 s}\Delta U(s) \tag{3-15}$$

式中，T_1、T_{pf}、T_{pu}、T_{qf}、T_{qu}为时间常数；K_{pf}、K_{pu}、K_{qf}、K_{qu}为增益常数。

3. 状态空间模型[6]

一般形式为

$$\begin{cases}\dot{X}=AX+Bu\\ Y=CX+Du\end{cases}$$

文献[6]采用的状态方程和输出方程分别如式(3-16)和式(3-17)所示：

$$\begin{bmatrix}\dot{X}_1\\ \dot{X}_2\end{bmatrix}=\begin{bmatrix}0 & 1\\ \alpha_1 & \alpha_2\end{bmatrix}\begin{bmatrix}X_1\\ X_2\end{bmatrix}+\begin{bmatrix}1 & 0\\ 0 & 1\end{bmatrix}\begin{bmatrix}\Delta U_{\mathrm{R}}\\ \Delta U_{\mathrm{I}}\end{bmatrix} \tag{3-16}$$

$$\begin{bmatrix}\Delta I_{\mathrm{R}}\\ \Delta I_{\mathrm{I}}\end{bmatrix}=\begin{bmatrix}\alpha_3 & \alpha_4\\ \alpha_1 & \alpha_2\end{bmatrix}\begin{bmatrix}X_1\\ X_2\end{bmatrix}+\begin{bmatrix}\alpha_7 & \alpha_8\\ \alpha_8 & \alpha_7\end{bmatrix}\begin{bmatrix}\Delta U_{\mathrm{R}}\\ \Delta U_{\mathrm{I}}\end{bmatrix} \tag{3-17}$$

式中，状态变量 X_1、X_2 没有确切的物理含义。

4. 时域离散模型[7]

时域离散模型一般形式为

$$P_k=\sum_{i=1}^{n_{\mathrm{p}}}a_{\mathrm{p}i}P_{k-i}+\sum_{i=0}^{n_{\mathrm{v}}}b_{\mathrm{p}i}v_{k-i}+\sum_{i=0}^{n_{\mathrm{f}}}c_{\mathrm{p}i}f_{k-i} \tag{3-18}$$

以上各种非机理模型，其本质是一致的，其参数也可以相互转换。非机理模型是在系统辨识理论发展过程中，从大量具体动态系统建模中概括抽象出来的，对一大类动态系统具有较强描述能力。每一种非机理模型都有其适用范围，目前还不存在一种被人们广泛认可的普遍适用的非机理负荷模型形式和结构。模型结构的确定需要针对具体的对象和建模的目的，还要结合模型来判断其有效性和有效的范围。因为除了真正的机理模型外，非机理模型都有其相对有效的范围，很难找到一个绝对有效的非机理模型。

3.4 电力系统计算分析中常用的负荷模型

3.4.1 国外电网常用的负荷模型

1. 美国 WECC 推荐的负荷模型

在对美国西部电网 1996 年和 2000 年的电网事故进行仿真拟合的基础上，美国西部电力协调委员会(WECC)对原有负荷模型进行了改进[8]，要求接入高压母线的感应电动机负荷占总负荷的比例为 20%～30%。

WECC 推荐的典型感应电动机参数见表 3-1，感应电动机等值电路图如图 3-1 所示。表中，R_{a} 为定子电阻；L_1 为定子漏感；L_{m} 为激磁电感；L_{s} 为同步电感；R_2 为转子电阻；L_2 为转子漏感；H 为惯性常数(包括电动机和负载的惯性)；T_0' 为转子暂态时间常数；L'为电动机暂态电感；D为反映电动机负载速度特性的负载特性指数。

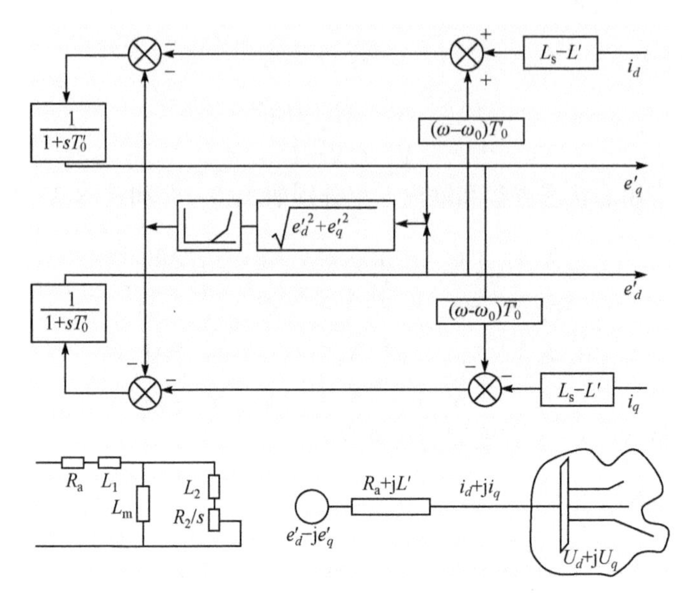

图 3-1　感应电动机等值电路图

表 3-1　WECC 推荐的典型感应电动机参数

参数	缺省值	大型工业电动机	小型工业电动机	参数	缺省值	大型工业电动机	小型工业电动机
R_a/p. u.	0.0068	0.0130	0.0310	L_2/p. u.	0.0700	0.1700	0.1800
L_1/p. u.	0.1000	0.0670	0.1000	H/(MW·s/MVA)	0.5000	1.5000	0.7000
L_m/p. u.	3.4000	3.8000	3.2000	T_0'/s	0.5300	1.1700	0.5000
L_s/p. u.	3.5000	3.8700	3.3000	L'/p. u.	0.1700	0.2300	0.2700
R_2/p. u.	0.0180	0.0090	0.0180	D/p. u.	2.0000	2.0000	2.0000

2. 加拿大安大略水电局推荐的负荷模型

加拿大安大略水电局(Ontario Hydro)给出了进行电力系统离线计算分析的负荷模型[9]，其中，有功负荷采用 50%恒定阻抗＋50%恒定电流的负荷模型，无功负荷采用 100%恒定阻抗的负荷模型。另外，要求对负荷模型较敏感的电网，应采用更详细的暂态负荷模型。

3. 日本电气学会推荐的标准负荷模型

文献[10]给出了日本电气学会推荐的标准负荷模型：当有功负荷的电压在 1.0p. u. 左右时，采用恒定电流负荷模型；当负荷母线的电压低于某设定值(一般为

0.7p.u.)时，采用恒定阻抗负荷模型(图 3-2)；无功负荷均采用 100%恒定阻抗模型。

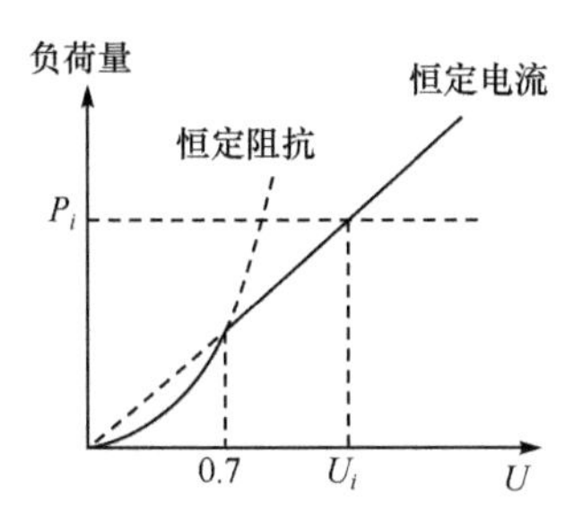

图 3-2　恒定电流、恒定阻抗切换示意图

3.4.2　IEEE 推荐的负荷模型

IEEE 负荷模型工作组于 1995 年提出了标准的负荷模型[1]。其静态模型适应性强，在实际应用中可根据具体情况由该模型的重要项派生出若干实用模型。

IEEE 负荷模型工作组推荐的感应电动机负荷模型参数见表 3-2。表中，R_s、x_{s0}、x_m、R_r、x_{r0} 和 H 分别表示感应电动机定子电阻、定子漏抗、激磁电抗、转子电阻、转子电抗和惯性时间常数；A 和 B 为电动机的机械转矩系数；LF 为感应电动机的负载率，即感应电动机负荷与电动机额定容量的比值。

表 3-2　IEEE 负荷建模工作组推荐的感应电动机模型参数

负荷类型	模型参数								
	R_s/p.u.	x_{s0}/p.u.	x_m/p.u.	R_r/p.u.	x_{r0}/p.u.	A	B	H/(MW·s/MVA)	LF/p.u.
工业小电动机	0.0310	0.1000	3.2000	0.0180	0.1800	1.0	0	0.7000	0.6000
工业大电动机	0.0130	0.0670	3.8000	0.0090	0.1700	1.0	0	1.5000	0.8000
水泵	0.0130	0.1400	2.4000	0.0090	0.1200	1.0	0	0.8000	0.7000
厂用电	0.0130	0.1400	2.4000	0.0090	0.1200	1.0	0	1.5000	0.7000
民用综合电动机	0.0770	0.1070	2.2200	0.0790	0.0980	1.0	0	0.7400	0.4600
民用和工业综合电动机	0.0350	0.0940	2.8000	0.0480	0.1630	1.0	0	0.9300	0.6000
空调综合电动机	0.0640	0.0910	2.2300	0.0590	0.0710	0.2	0	0.3400	0.8000

3.4.3　美国 WECC 的综合负荷模型

WECC 在 2001 年推出临时负荷模型[8]后，WECC 的建模和验证工作组(Modeling and Validation Work Group，M&VWG)经过多年持续研究开发[11~18]，提出了新的综合负荷模型(composite load model，CLM)。该负荷模型的结构如图 3-3所示。该模型将于 2012 年开始替代文献[8]的临时负荷模型在 WECC 系统中使用，模型参数采用缺省的数据集，暂不包含空调堵转的模拟。并特别指出，采用新负荷模型后不需要修改 WECC 可靠性准则(WECC reliability criteria)。

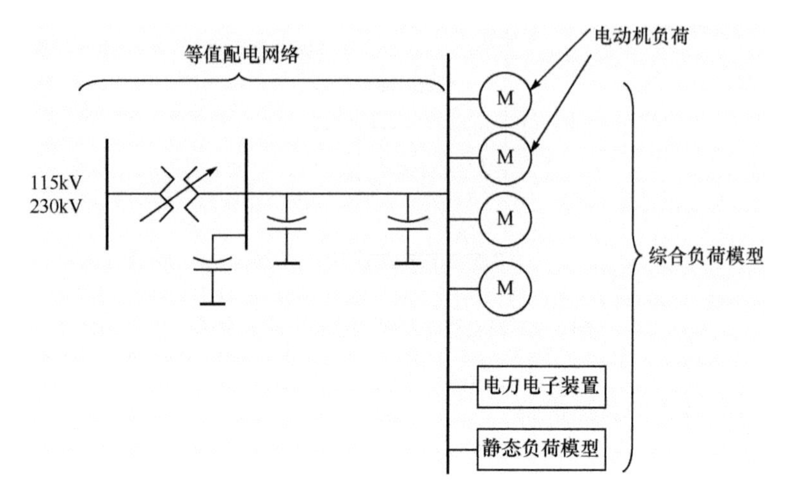

图 3-3 WECC 综合负荷模型

WECC 负荷模型开发的原则是:

(1) 采用基于物理的建模方法。

(2) 自下而上的模型开发,开发的模型能够代表实际用电设备的物理特性。

(3) 自上而下的模型验证,使用故障记录验证和校准模型参数。

WECC 负荷模型研究历程:

(1) 20 世纪 80 年代,输电系统节点负荷模型为:有功负荷采用恒定电流,无功负荷采用恒定阻抗。这反映了当时计算技术的限制。

(2) 80 年代后期,南加州爱迪生公司(Southern California Edison,SCE)观察到由于家用空调堵转导致的电压恢复延迟的事件。对家用空调特性进行了测试,开发了经验型的空调模型。

(3) 90 年代,美国电力研究院开发了 LOADSYN 程序。若干个电力企业使用了多项式静态负荷模型。

(4) 90 年代,IEEE 工作组推荐动态负荷建模。该建议在电力企业没有得到多少响应。

(5) 1996 年,美国邦那维尔电力局(Bonneville Power Administration,BPA)对 WSCC 在 1996 年 8 月 10 日大停电事故进行了模型验证研究。研究发现需要电动机模型来模拟系统的振荡和电压不稳定。

(6) 1997 年,南加州爱迪生公司对 1997 年 8 月 5 日 Lugo 500kV 故障进行了模型验证研究。研究认为需要模拟配电网络,并且需要特殊的空调负荷模型。

(7) 2000～2001 年 WECC 提出临时负荷模型。该模型应用于当时的 WECC 系统规划和运行研究。该模型中 20%的负荷用感应电动机表示,其余负荷是静态的，主要为有功负荷恒定电流、无功负荷恒定阻抗。并进行了参数调整，以适应1996年8月10日和2000年8月4日发生的区域间振荡事件。临时负荷模型的目的是作为一个临时方案，以解决在加利福尼亚州—俄勒冈州联络线上观察到的振荡问题。大家认识到了临时模型的局限性，并确认需要一个综合负荷模型。

(8) 2005年WECC开发了物理意义明确的负荷模型。将等值配电网络增加到潮流方程中，用感应电动机和静态负荷来模拟母线负荷，在全WECC系统仿真计算中数值稳定。

(9) 2007年，在美国GE公司开发的电力系统仿真计算程序(positive sequence load flow，PSLF)中实现了第一个版本的综合负荷模型，但只有三相电动机模型。

(10) 2006～2009年，SCE-BPA-EPRI联合工作组对家用空调进行测试，并开发了空调模型。

(11) 2009年，家用空调模型被添加到综合负荷模型中。

(12) 至今，WECC综合负荷模型已在GE的PSLF程序、西门子PTI的PSS®E程序、美国Power World公司的电力系统仿真器(power world simulator)和加拿大PowerTech公司的TSAT程序中实现。

3.4.4 我国电网常用的负荷模型

目前我国各电网、各部门在电力系统计算分析程序中采用的负荷模型如下[19]：

(1) 规划设计部门中，除西北电力设计院采用动态负荷模型(恒定阻抗+感应电动机)外，所有电力规划设计部门均采用静态负荷模型，其中，南方电网采用恒定电流+恒定功率+恒定阻抗模型，其他电网均采用恒定阻抗+恒定功率模型。华东、川渝、福建和华北电网的规划设计部门所采用的负荷模型没有考虑负荷的频率特性，山东、东北、南方和华中电网的规划设计部门所采用的负荷模型考虑了负荷的频率特性。

(2) 调度运行部门中，华北、华中、东北和西北电网的电力调度部门在进行电力系统计算分析中，采用恒定阻抗+感应电动机的动态负荷模型，其中，感应电动机负荷占总负荷的比例为40%～65%。华东和南方电网的电力调度部门在进行电力系统计算分析中采用静态负荷模型，其中，华东电网采用恒定阻抗+恒定功率模型、不考虑负荷的频率特性，南方电网采用恒定电流+恒定功率+恒定阻抗模型、考虑负荷的频率特性。

3.4.5 现有综合负荷模型的不足和缺陷

目前我国常用的综合负荷模型结构[19]如图3-4所示。该负荷模型的输入数据包括感应电动机参数、配电网络等值阻抗并入感应电动机的定子电阻和电抗、感应电动机负荷在总有功功率 P_L 和负荷总无功功率 Q_L 中的占比、静态负荷分量在负荷静态有功功率 P_{static} 和负荷静态无功功率 Q_{static} 中的占比。当不考虑感应电动机时，该负荷模型为恒定阻抗＋恒定电流＋恒定功率的静态负荷模型；当考虑感应电动机时，该负荷模型为动态负荷模型。对于动态负荷模型，计算程序通过初始化感应电动机方程得到感应电动机吸收的初始无功功率 Q_{IM0}，从而得到静态负荷的有功功率和无功功率，即

$$\begin{cases} P_{static}=P_L-P_{IM0}=P_{Z0}+P_{I0}+P_{P0} \\ Q_{static}=Q_L-Q_{IM0}=Q_{Z0}+Q_{I0}+Q_{P0} \end{cases} \tag{3-19}$$

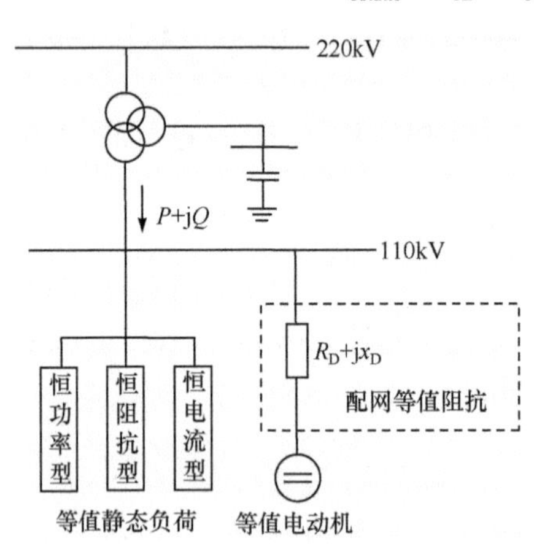

图 3-4　现有负荷模型的结构

式中，P_{IM0} 为感应电动机的有功负荷功率；P_{Z0}、P_{I0} 和 P_{P0} 分别为静态恒定阻抗有功负荷、静态恒定电流有功负荷和静态恒定功率有功负荷；Q_{Z0}、Q_{I0} 和 Q_{P0} 分别为静态恒定阻抗无功负荷、静态恒定电流无功负荷和静态恒定功率无功负荷。

通过对现有负荷模型结构及其在电力系统计算程序中的实现方法的分析，本节认为现有负荷模型存在以下不足：①现有负荷模型的静态部分没有考虑配电系统阻抗的影响。在等值负荷模型中，等值电动机和静态负荷均应考虑配电系统的等值阻抗。受负荷非线性的影响，采用现有的数学方法无法将静态负荷从配电网中等效移出。②现有负荷模型的电动机定子电抗中没有考虑配电网无功补偿和静态负荷的影响，在此条件下将配电系统等值阻抗直接与等值电动机的定子阻抗合并是可行的。但是由于不考虑配电网无功补偿的影响，上述等值方法会增加配电网等值阻抗的电压降，恶化感应电动机的运行条件。③现有负荷模型静态部分的无功功率一般包括恒定电流和恒定功率两部分，因此可能将静态无功负荷等效成负值，即无功电源，从而使模型失真。

由现有负荷模型的初始化计算结果可知，当等值电动机吸收的无功功率大于系统向负荷提供的无功功率时，静态负荷的无功功率为负值，因此将现有负荷模型的恒定阻抗部分等效成无功补偿是合理的。对于现有负荷模型的恒定电流和恒定功率部分，可将其等效为无功电源，从而大幅度提高系统的稳定水平。但由于实际系统中并不存在这样的无功电源，这种等效是不合理的。

3.5　我国现用负荷模型中感应电动机参数的确定

2005 年，中国电力科学研究院负荷模型研究项目组，在我国各电网负荷模型调查分析的基础上，对当时所采用的负荷模型的适应性和感应电动机模型参数的物理意义进行了分析，提出了仿真计算中所采用的临时参数的建议，并一直沿用至今[19]。

3.5.1　感应电动机负荷模型典型参数

感应电动机的稳态等值电路和暂态等值电路分别如图 3-5 和图 3-6 所示。

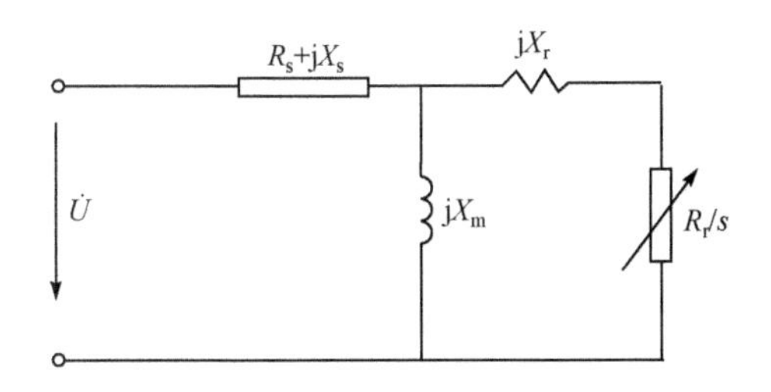

图 3-5　感应电动机稳态等值电路

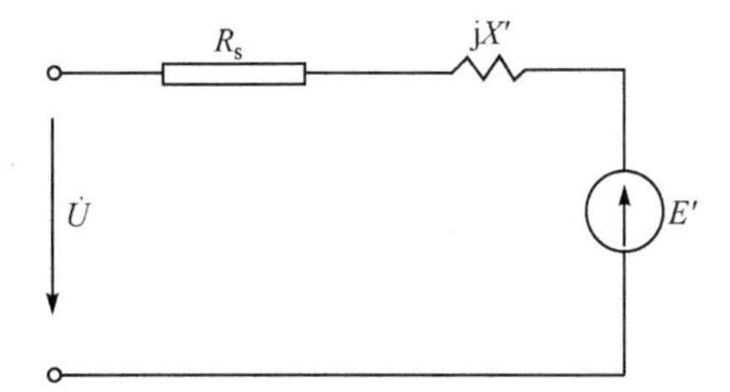

图 3-6　感应电动机暂态等值电路

感应电动机等值电路的典型参数(以本机容量为基准的标幺值)如下：

$R_s=0.0$，　$X_s=0.12$，　$X_m=3.5$，　$R_r=0.02$，　$X_r=0.12$，　$H=1.0$

3.5.2　感应电动机负荷模型中配电网系统电抗

在电力系统数字仿真中，负荷一般接在 110kV 或 220kV 母线。但是，无论电动机负荷、照明或生活用电负荷都不可能直接由 110kV 或 220kV 母线供电，因此，在负荷模型中必须考虑配电网络的影响。

目前，电力系统计算沿用一种可能的配电网络接线图，如图 3-7 所示，并根据苏联国家标准给出的变压器典型电抗值和线路典型阻抗值，而得到配电网络的等值阻抗图(图 3-8)。具体参数如下：

110kV/35kV 变压器的电抗：j0.0653

35kV 配电线路的阻抗：0.0135+j0.0103

35kV/(6～10)kV 变压器的电抗：j0.0526

6～10kV 配电线路的阻抗：0.013+j0.0469

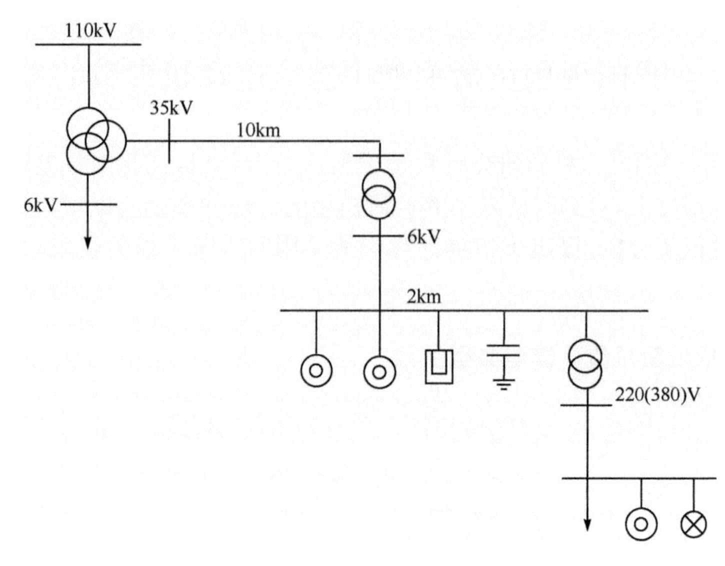

图 3-7　对电能用户供电的接线图

由配电网等值阻抗图(图 3-8)可以得出:考虑配电系统阻抗的感应电动机负荷模型定子绕组电抗 $X_s=0.12+0.175=0.295$。

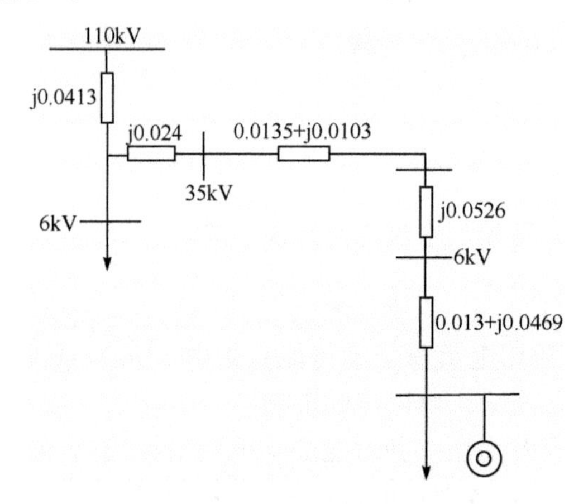

图 3-8　配电网络的等值阻抗图

3.5.3　目前我国配电网络电抗的算例

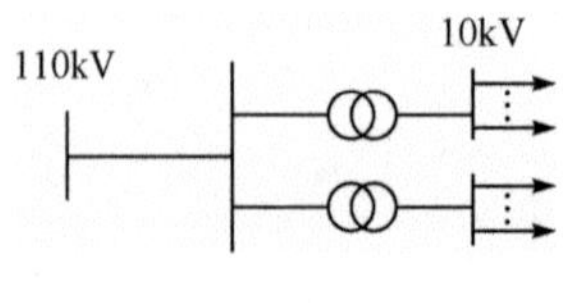

图 3-9　110kV 配电网接线图

随着我国电网的发展,110kV 配电网网架已经发生较大改变,如图 3-9 所示,其中,110kV 线路 20km;110kV/10kV 变压器 2 台,容量 2×40MVA;10kV 线路出线 20 回,每回 2km;负荷水平 40MW+j20Mvar,负荷成分主要包括电动机和静态负荷。

经过计算，如果以电动机自身容量为功率基准，则 110kV 配电网系统电抗 X_L=0.085，如果不计 110kV 线路阻抗，则配电网系统电抗 X_L=0.061。

下面以宁夏电网潮湖 220kV 变电站为例说明配电网电抗的取值。

宁夏电网潮湖 220kV 变电站有主变 2 台，变电总容量 2×150MVA，负荷水平 148MW+j56Mvar，其线路潮流如图 3-10 所示。

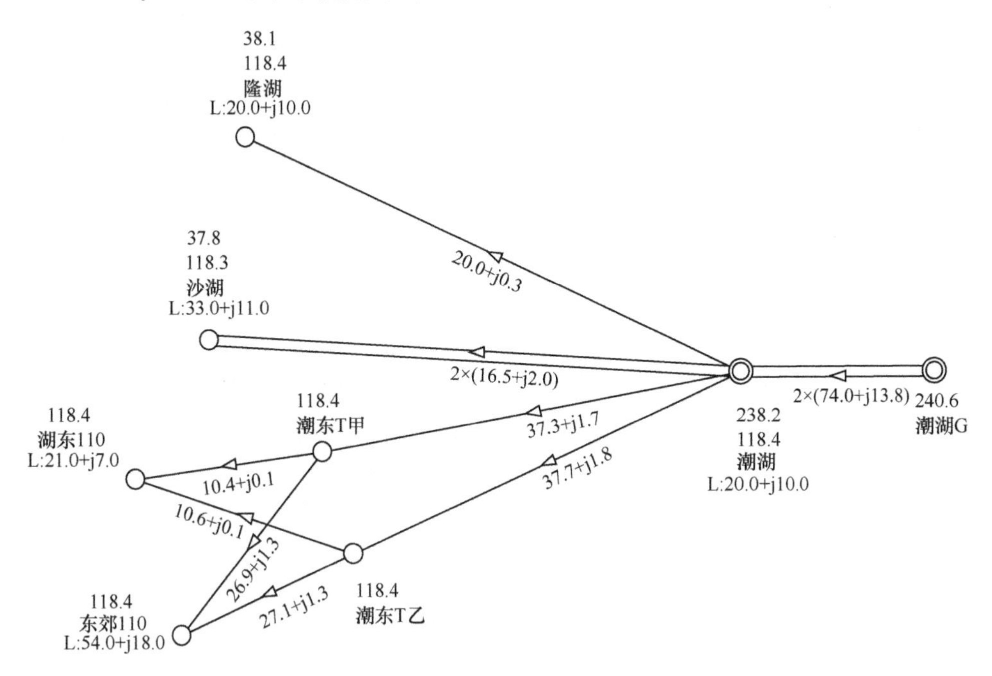

图 3-10　潮湖 220kV 变电站线路潮流图

选择潮湖 G—潮湖的一回 220kV 线路三相短路故障，0.1s 跳线路。潮湖 110kV 母线负荷采用 50%感应电动机+50%静态负荷表示(配电网等值如图 3-11 所示)，感应电动机参数采用 3.4.1 节给出的典型参数。如果功率基准采用电动机自身容量，在考虑低压侧无功补偿条件下，经过计算，配电网系统电抗大约取值X_L=0.065。

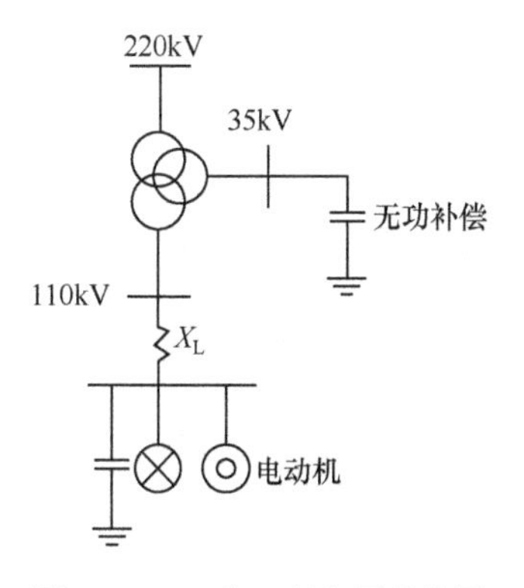

图 3-11　220kV 配电网等值图

计算原理：首先将沙湖 110kV 母线与隆湖 110kV 母线的电动机负荷进行聚合，然后根据电动机简化等值电路，将电容补偿支路前移，这样，便可将配电网系统电抗与电动机定子绕组电抗合并，如此类推，可以得到 110kV 母线电动机聚合模型，由于电容补偿支路位置与机理不符，导致聚合电动机动态响应与实际差别较大，因此，将电容补偿支路还原，最终可以得到考虑无功补偿的电动机聚合模型，仿真计算结果如图 3-12～图 3-14 所示。如果忽略低压侧无功补偿，仿真计算结果如图 3-15～图 3-17 所示。

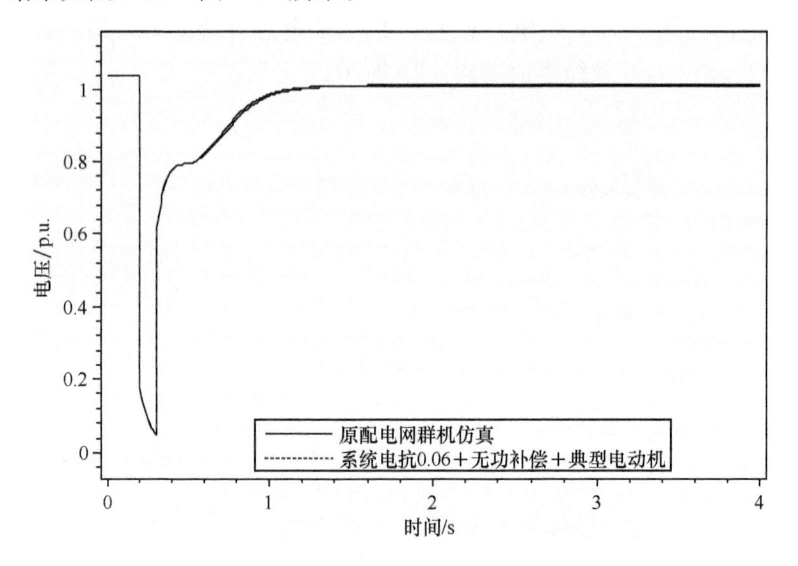

图 3-12　潮湖 220kV 母线电压

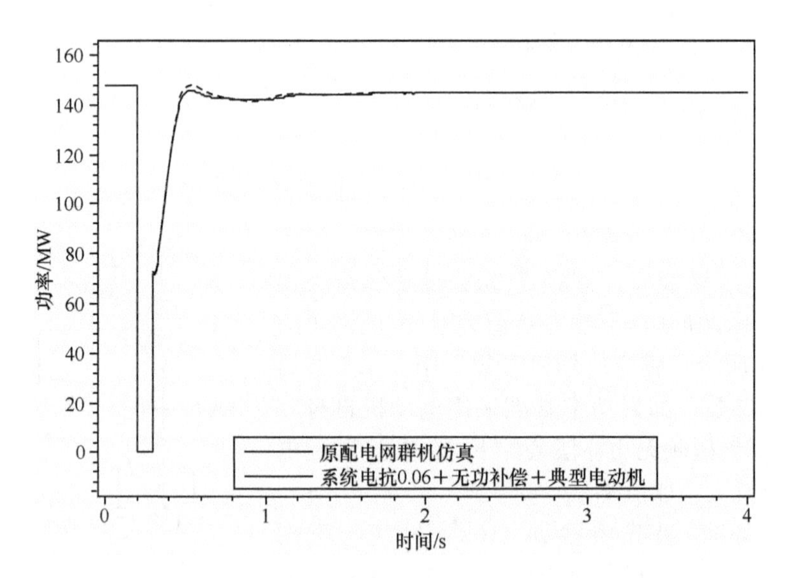

图 3-13　潮湖 220kV 主变有功功率

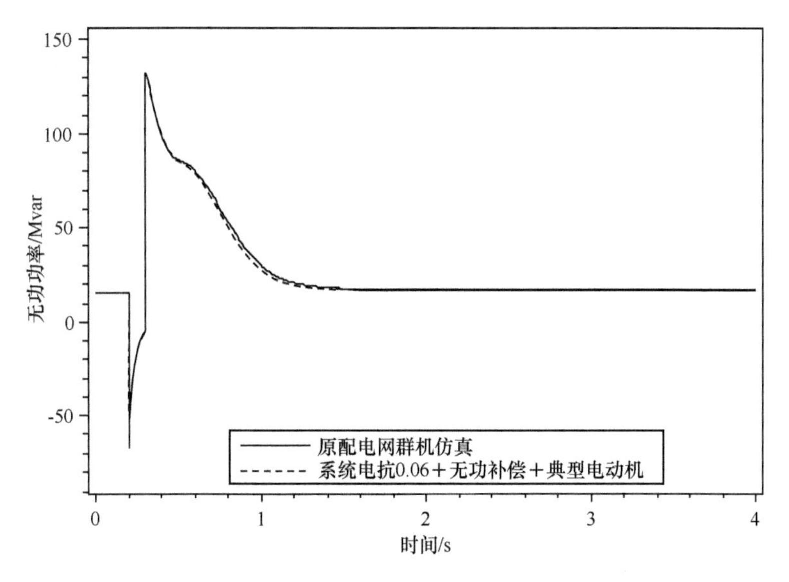

图 3-14　潮湖 220kV 主变无功功率

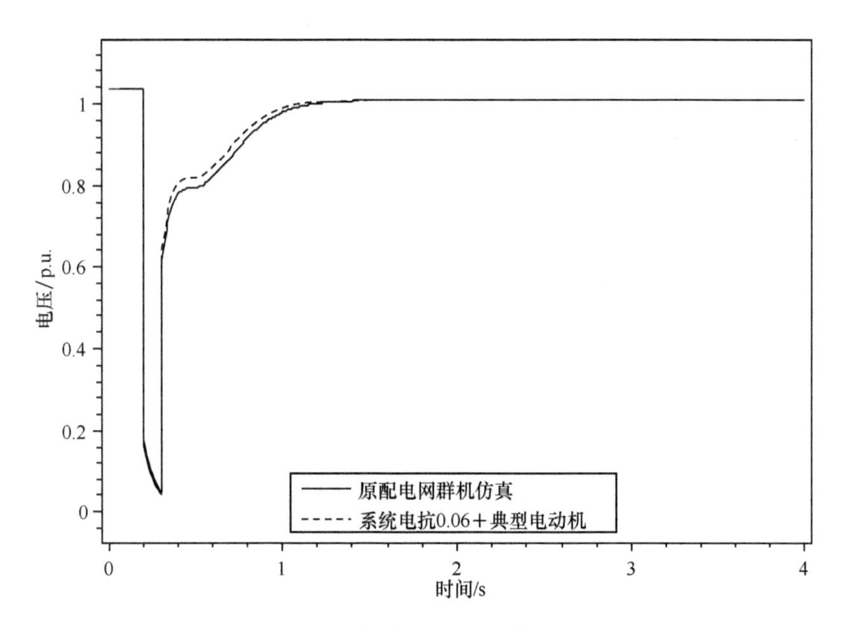

图 3-15　潮湖 220kV 母线电压

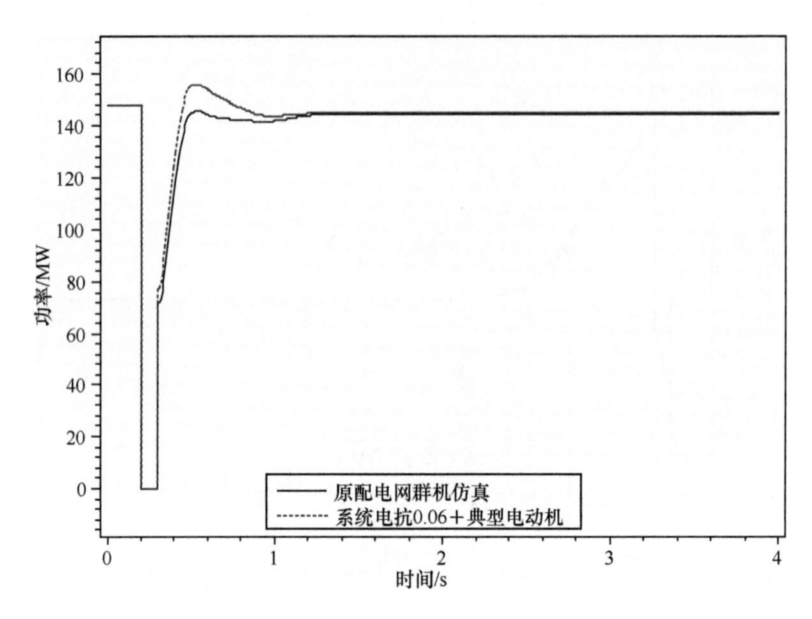

图 3-16　潮湖 220kV 主变有功功率

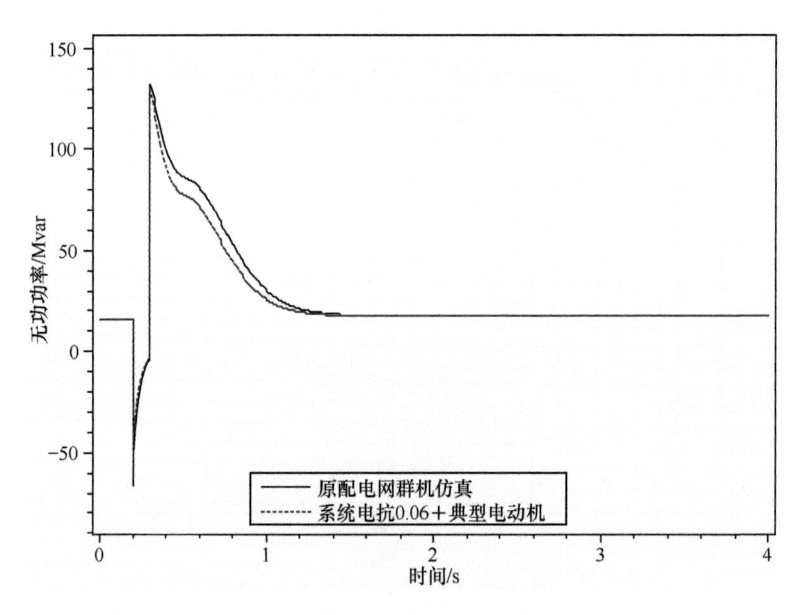

图 3-17　潮湖 220kV 主变无功功率

在目前的电动机模型中直接将系统电抗与电动机的定子电抗合并(不考虑无功补偿,会有误差),一般情况下,电动机的参数是以电动机的容量为功率基准的,因此,在实际计算中,系统电抗将随着电动机的容量变化而变化。负荷容量减小,即电动机容量减小，则归算到 100MVA 基准容量下的电抗就增大。负荷容量增大，即电动机容量增大，则归算到 100MVA 基准容量下的电抗就减小。因而，可以近似地考虑配电网络容量的变化。

3.5.4　电动机模型参数选择的建议

根据以上初步分析和负荷模型参数对输电极限影响的分析，建议在东北-华北-华中(川渝)同步互联电网近期的仿真计算中配网电抗暂取 $X_L=0.06$。

在“全国联网系统的负荷模型与建模原则”项目的阶段性成果完成之前，电动机模型暂时采用以下参数：

$$R_s=0,\quad X_s=0.18,\quad R_r=0.02,\quad X_r=0.12,\quad H=1.0$$

PSD-BPA 暂态稳定程序采用：

$$X_m=3.5,\quad A=0.85,\quad B=0.0,\quad \text{负载率}(LF)=0.468$$

PSASP 采用：

$$T_{d0L}=0.576,\quad P=2.0,\quad \alpha=0.15,\quad S_0=0.0106$$

目前国内用户多采用 PSD-BPA 电力系统分析程序或者 PSASP 电力系统分析综合程序，两程序的电动机模型是一致的，但初始化的方式略有不同：PSD-BPA 程序采用定负载率的方式，而 PSASP 程序采用定初始滑差的方式。所推荐的电动机初始滑差与负载率是母线电压为 1.0p.u. 时两者之间的对应值。

应该强调的是，由于电力系统负荷的复杂性、分布性、时变性和随机性等特点，影响负荷模型的因素很多，负荷建模方法和模型参数的修正方法也很多(如负荷的组成和特性、配电网络的无功补偿、综合负荷中电动机的比例、电动机的动态等值、电动机的负载率、电动机的参数、静态负荷模型、静态负荷的构成、静态负荷各分量的比例等)，要建立较精确的负荷模型，是一个不易解决的世界性难题。也是由于这些难点，目前已经取得的一些研究成果还不能有效地应用于工程实际中。本节提出的电动机参数选取的建议，主要是根据我国配电网的现状和现有的电动机模型结构和参数，在互联系统运行特性分析的基础上，对电动机参数进行一定的修正。

因此，本节建议的负荷模型主要是用于近期(特别是 2005 年度)运行方式计算分析中所采用的临时模型和参数，这一模型和参数还需要通过理论分析、事故仿真和试验研究，以及系统事故分析，不断地进行分析、校核和修正，逐步建立切合实际的、合理的负荷模型和参数。

3.6　考虑配电网络的综合负荷模型

3.6.1　220kV 变电站的供电系统

在电力系统仿真计算程序中，负荷一般接在 220kV 变电站的 220kV 或

110kV 母线侧。但感应电动机负荷、照明和生活用电负荷都不可能由 220kV 或 110kV 母线直接供电，因此在负荷模型中考虑配电网的影响是必要的。220kV 变电站的供电系统接线示意图如图 3-18 所示。

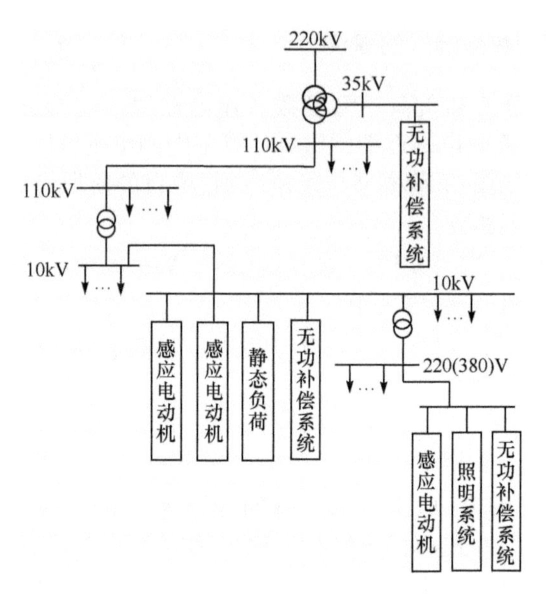

图 3-18　220kV 变电站的供电系统示意图

3.6.2　考虑配电网络的综合负荷模型的结构

考虑配电网络的综合负荷模型的等值电路如图 3-19 所示[20~22]。

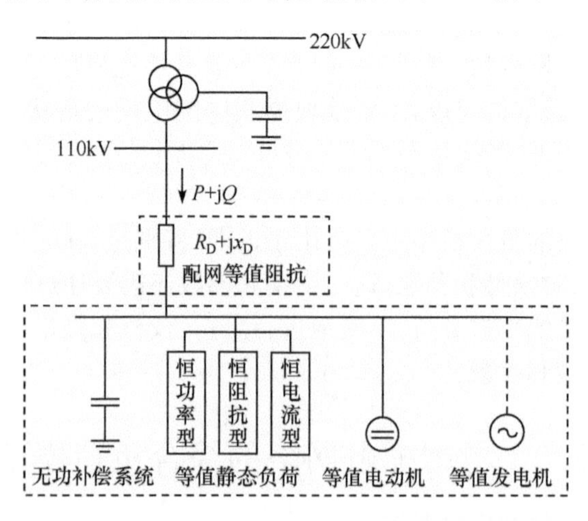

图 3-19　考虑配电网的综合负荷模型的等值电路

该负荷模型的输入数据包括感应电动机参数及其有功负荷占总负荷 P_L 中的比例、静态负荷分量占 P_{static} 和 Q_{static} 的比例、静态负荷的功率因数 η_{pfac}、以等值支路初始负荷容量为基准功率得到的配电网等值阻抗(标幺值)、等值发电机输出的有功功率 P_G 和无功功率 Q_G、由发电机卡给出的机组参数和励磁调速系统参数。

3.6.3　考虑配电网络的综合负荷模型在程序实现过程的初始化步骤

PSD-BPA 电力系统暂态稳定程序中对考虑配电网络的综合负荷模型的初始化步骤如下所述。

(1) 根据潮流计算得到的负荷功率、等值发电机的出力和配电网等值阻抗的损耗得到负荷的初始功率：

$$\begin{cases} P_L = P_0 + P_G - P_{D0} \\ Q_L = Q_0 + Q_G - Q_{D0} \end{cases} \tag{3-20}$$

式中，P_{D0} 和 Q_{D0} 分别为配电网等值阻抗损耗的有功功率和无功功率。

(2) 分别按感应电动机参数、静态负荷和发电机参数初始化导纳矩阵。

(3) 求出负荷母线电压：

$$\dot{U}_{L0} = \dot{U}_{S0} - \frac{P_0 - jQ_0}{\dot{U}_{S0}^*}(R_D + jx_D) \tag{3-21}$$

式中，$\dot{U}_{S0}$ 为系统母线电压；$\dot{U}_{S0}^*$ 为系统母线电压的共轭。如果 $|\dot{U}_{S0} - \dot{U}_{L0}| > 5\%$，系统给出警告信息。

(4) 求出配电网等值阻抗的功率损耗：

$$P_{D0} + jQ_{D0} = \frac{P_0^2 + Q_0^2}{U_{S0}^2}(R_D + jx_D) \tag{3-22}$$

(5) 根据感应电动机的部分初始化参数得到 Q_{IM0}。

(6) 求出负荷静态有功功率和负荷静态无功功率：

$$\begin{cases} P_{static} = P_L - P_{IM0} = P_{Z0} + P_{I0} + P_{P0} \\ Q_{static} = P_{static}\tan\varphi = Q_{Z0} + Q_{I0} + Q_{P0} \end{cases} \tag{3-23}$$

式中，φ 为静态负荷的功率因数角，$\varphi = \arccos\eta_{pfac}$。

(7) 根据负荷功率平衡式(3-20)检查有功功率平衡，并求出静止无功补偿的补偿容量 Q_{SC0}：

$$\begin{cases} 0 = P_0 - P_{D0} - (P_{IM0} + P_{Z0} + P_{I0} + P_{P0} - P_{G0}) \\ -Q_{SC0} = Q_0 - Q_{D0} - (Q_{IM0} + Q_{Z0} + Q_{I0} + Q_{P0} - Q_{G0}) \end{cases} \tag{3-24}$$

如果计算出的 Q_{SC0} 为正值，系统将给出警告信息。

(8) 初始化等值发电机。

3.6.4　考虑配电网络的综合负荷模型的特点

与传统负荷模型相比，考虑配电网络的综合负荷模型可较完整地模拟负荷和配电系统，在稳定计算程序中的实现采用迭代求解方法，计算量增加很少。考虑配电网络的综合负荷模型的特点如下：①静态负荷和感应电动机负荷都可以考虑配电系统阻抗的影响。对配电系统采用阻抗模拟方法，保证了模型结构更符合实际配电系统和用电负荷的关系。可以采用适当的等值方法，得到较准确的配电系统等值阻抗。②模拟了配电系统的无功补偿。配电网络和电力用户都配置了大量的无功补偿装置，其动态特性对系统的稳定性具有重要影响，应该进行详细模拟，考虑配电网络的综合负荷模型为配电系统无功补偿提供了有效的模拟方法。③可以方便地考虑配电系统的小机组。在电力系统仿真分析（特别是扰动试验和事故分析）中，有时需要考虑接入配电网络的小机组，综合模型结构中包含了小机组，使小机组的模拟更加方便。④静态无功负荷不会出现负的恒定电流和恒定功率负荷。负荷功率因数的引入，保证了静态负荷无功部分不会出现负的恒定电流和负的恒定功率负荷，使模型更符合实际。

总之，考虑配电网络的综合负荷模型较好地弥补了现行负荷模型的不足，物理结构合理，具有较好的可操作性，可以方便地模拟实际供电系统，包括配电网络、无功补偿，以及接入低压电网的发电机。采用考虑配电网络的综合负荷模型对东北电网 2004 年和 2005 年的四次人工三相接地短路试验进行的仿真校验的结果表明，仿真曲线与实测曲线吻合较好。表明考虑配电网络的综合负荷模型是有效的、合理的，可以广泛推广应用。

参考文献

[1] IEEE Task Force on Load Representation for Dynamic Performance. Standard load models for power flow and dynamic performance simulation[J]. IEEE Transactions on Power Systems，1995，10(3)：1302～1313.

[2] 中国电力科学研究院. PSD-BPA 暂态稳定程序用户手册[R]. 北京：中国电力科学研究院，2005.

[3] 中国电力科学研究院. PSASP 电力系统分析综合程序用户手册[R]. 北京：中国电力科学研究院，2005.

[4] Hill D J. Nonlinear dynamic load models with recovery for voltage stability studies[J]. IEEE Transactions on Power Systems，1993，8(1)：166～176.

[5] Welfonder E，Weber H. Investigations of the frequency and voltage dependence of load part systems using digital self-acting measuring and identification system[J]. IEEE Transactions on Power Systems，1989，4(1)：19～25.

[6] Meyer F J，Lee K Y. Improved dynamic load model for power systems stability studies [J]. IEEE Transactions on Power Apparatus and Systems，1982，101(4)：3303～3309.

[7] Dovan T. A microcomputer based on-line identification approach to power system dynamic load modeling[J]. IEEE Transactions on Power Systems，1987，2(3)：529～536.

[8] Pereira L, Kosterev D, Makin P, et al. An interim dynamic induction motor model for stability studies in the WSCC[J]. IEEE Transactions on Power Systems, 2002, 17(4): 1108~1115.

[9] Hydro O. Policies, procedures & guidelines: Derivation of operating security limits by off-line computer studies[R]. Ontario: Ontario Hydro, 1994.

[10] 日本電気学会電力系統モデル標準化調査専門委員会．電力系統の標準モデル[R]. 东京:電気学会技術報告(第754号), 1999.

[11] Kosterev D N, Taylor C W, Mittelstadt W A. Model validation for the August 10, 1996 WSCC system outage[J]. IEEE Transactions on Power Systems, 1999, 14: 967~979.

[12] Ellis A, Kosterev D, Meklin A. Dynamic load models: Where are we? [C]. IEEE/PES Transmission & Distribution Conference & Exhibition, Dalian, 2006: 1320~1324.

[13] Kosterev D, Meklin A. Load modeling in WECC[C]. IEEE/PES Power Systems Conference & Exposition, Atlanta, 2006: 576~581.

[14] Agrawal B, Kosterev, D. Validation studies for a disturbance event that occurred on June 14 2004 in the western interconnection[C]. IEEE/PES General Meeting, Tampa, 2007: 1~5.

[15] Kosterev D, Meklin A, Undrill J, et al. Load modeling in power system studies: WECC progress update[C]. IEEE/PES General Meeting, Pittsburgh, 2008: 1~8.

[16] Hauer J F, Mittelstadt W A, Martin K E, et al. Use of the WECC WAMS in wide-area probing tests for validation of system performance and modeling[J]. IEEE Transactions on Power Systems, 2009, 24(1): 250~257.

[17] Kosterev D, Davies D. System model validation studies in WECC[C]. IEEE/PES General Meeting, Minneapolis, 2010: 1~4.

[18] Gaikwad A M, Bravo R J, Kosterev D, et al. Results of residential air conditioner testing in WECC[C]. IEEE/PES General Meeting, Pittsburgh, 2008: 1~9.

[19] 汤涌. 近期东北-华北-华中同步互联系统仿真计算中电动机参数选取的建议[R]. 北京:中国电力科学研究院, 2005.

[20] 汤涌, 张东霞, 张红斌, 等. 电力系统计算分析中的负荷模型研究[R]. 北京:中国电力科学研究院, 2005.

[21] 汤涌, 张红斌, 侯俊贤, 等. 考虑配电网络的综合负荷模型[J]. 电网技术, 2007, 31(5): 33~38.

[22] Tang Y, Zhang H B, Zhang D X, et al. A synthesis load model with distribution network for power system simulation and its validation[C]. IEEE/PES General Meeting, Calgary, 2009: 1~7.

第4章　统计综合法负荷建模

4.1　统计综合法的基本原理

4.1.1　负荷统计综合的基本方法

美国电力研究院和通用电气公司开发的负荷建模软件 LOADSYN 是统计综合方法负荷建模的代表，本节主要对 LOADSYN 的基本思想和方法作简要介绍[1~3]。

图 4-1 为不同负荷通过馈线和变压器与节点 A 相连的示意图。

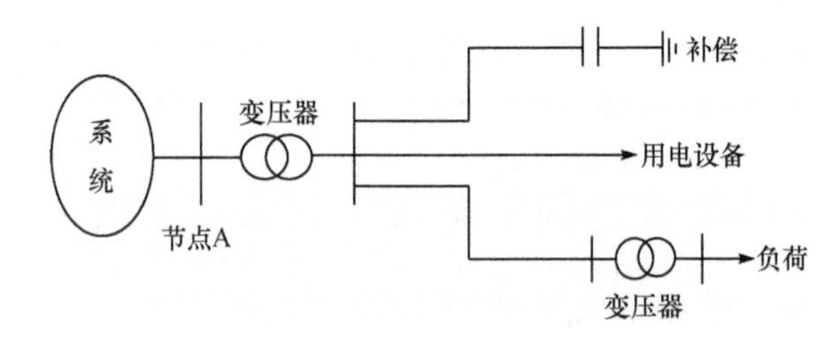

图 4-1　节点 A 负荷连线示意图

进行负荷综合就是得到与节点 A 相连的所有负荷的综合负荷模型，即节点 A 的负荷有功功率和无功功率随着节点电压和频率变化的关系。为了使综合过程简单方便，不考虑配电网络的详细情况，并作如下假设：

(1) 所有的负荷元件直接与节点 A 并联，中间没有配电网络。

(2) 配电网络无功损耗和无功补偿作为一个单独的、与其他负荷元件并联的元件与节点 A 相连；忽略配电网络的有功损耗。

(3) 每个负荷元件都含有一套静态参数，如果含有感应电动机，则相应含有一套感应电动机参数。静态参数包括功率因数和有功、无功功率相对于端电压和频率的灵敏度，综合计算后将其转化为指数形式或者代数形式。

(4) 负荷平均分布在三相系统中，三相对称。

上述假设条件存在以下不足：

(1) 假设所有元件的端电压和频率是相同的。实际上，由于配电网络中的电压降，不同负荷元件端电压和频率是不同的。

(2) 假设无功损耗和无功补偿模拟为节点电压的函数。而实际网络中的无功损耗主要决定于配电网络和变压器中的电流。

(3) 得到的模型只适用于电压、频率变化范围较小的情况。

形成负荷模型的基本过程如下：

(1) 建立负荷数据，即负荷类型的组成、各类负荷中各用电设备的组成和各用电设备的特性。

(2) 采用统计方法形成节点一般形式的负荷特性参数，包括静态特性和动态特性参数。

(3) 根据用户要求转化为指定程序格式的负荷模型参数。

4.1.2　负荷构成与特性参数

统计综合法的实现需要以下三类数据：

(1) 负荷类型数据，即各负荷类型占变电站总有功功率的比例。

(2) 各类负荷中各种用电设备所占的比重。

(3) 具体的负荷特性数据，即每个用电设备的电气特性，如功率因数、电压及频率的灵敏度等。电力负荷是由许多不同的用电设备组成的，为了掌握负荷的构成，首先应该了解负荷是由哪几种类型组成。

通常情况下，负荷大致可以分为如下几类：

(1) 居民负荷，指居住地、公寓等，主要包括生活、休息方面的用电。

(2) 商业负荷，指用于商业活动的机构，如商业服务机构、一些企事业单位、学校、医院、政府等。

(3) 工业负荷，主要指生产、加工、制造企业，如采矿、食品加工、烟草、纺织、木材加工、家具、造纸、印刷、化学、石油化工等。

(4) 街道或公路照明。

(5) 电气化铁路或地铁用电。

(6) 农田灌溉。

(7) 电厂辅助设备用电。

一般情况下，上述 7 类负荷中，最主要的是居民负荷、商业负荷和工业负荷；第(4)～(6)种负荷相对较少；而对于发电厂，厂用电也是比较关键的。因此可将上述负荷类型(除厂用电外)大致分为 4 类，即居民负荷、商业负荷、工业负荷和其他负荷。

除了上述负荷分类，也可以根据实际情况定义其他负荷类型，例如，在某区域内，某种负荷类型与其他负荷类型的特性相差很大，则可以将此负荷类型定义为一个新的负荷类型。

确定了负荷类型后，应计算每种负荷类型消耗的功率占该地区总功率的比例。对于不同的负荷类型，电力公司一般都有对应的收费账单，不同类型的负荷，收取的费用也可能是不同的，根据这些账单就可以计算出一段时间内各种负荷类型的平均比例。

由于各类负荷在不同时段的用电量是不同的，可能会受到时间、天气等因素的影响，因此在得到各类负荷的平均用电比例后，如果希望获得任意时刻各种负荷类型占总负荷的比例，则应该统计各类负荷的典型负荷曲线，例如一年、一天的典型负荷曲线。根据这些典型负荷曲线和各类负荷占总负荷的平均功率比例就可以计算出任意时刻各类负荷的比例。

电力需求中包含不同的负荷类型，而每一种负荷类型又包含很多的用电设备，各个用电设备的特性存在差异，因此每种用电设备在负荷类型中占有的比重也是很重要的数据组成部分。

1. 居民负荷类型

居民负荷大致可以分为：

(1) 供暖设备，如电阻加热、热泵等；

(2) 制冷设备，如空调；

(3) 家用电器，如冰箱、洗碗机、洗衣机、电磁炉等；

(4) 热水器，如电热水器、太阳能热水器；

(5) 照明；

(6) 娱乐设施，如电视、音响；

(7) 其他。

对于居民负荷类型，应该了解以下信息：

(1) 居民负荷类型是由上述哪几类负荷组成，如供暖、制冷、照明等；

(2) 上述负荷类型中，包含哪些用电设备；

(3) 某一时段内，各用电设备用电量占总居民负荷用电量的比例；

(4) 各用电设备的典型年负荷曲线和日负荷曲线。

2. 商业负荷类型

商业负荷是一种很重要的负荷类型，但是商业负荷分散性较大，进行具体分类具有很大的困难，它的分类方式也较多，可以分为农业、建筑业、交通运输、通信、商业、零售业、金融、保险、服务业等。

对于如此纷杂的商业类型，可以采用更简单的方法，将商业负荷按照建筑形式分为如下几类：

(1) 商店；

(2) 办公楼；

(3) 旅馆、宾馆、宿舍；

(4) 仓库；

(5) 医院;

(6) 政府;

(7) 学校;

(8) 其他。

对于上述的每一种建筑类型,都必须深入调查其包含的具体用电设备类型,如加热设备、制冷设备、照明以及其他的用电设备。

商业负荷的分类方法有很多种,文中给出的只是其中一种,不一定是最好的。

3. 工业负荷

工业负荷,主要指生产、加工、制造企业,如采矿、食品加工、烟草、纺织、木材加工、家具、造纸、印刷、化学、石油化工等。可以对这些工业负荷类型进行具体设备的分类,如铝厂的用电设备主要是电解设备、钢厂的用电设备主要是电弧炉和电动机等。

负荷特性通常是由有功功率、无功功率相对于电压、频率的关系曲线确定的,为了得到潮流和稳定仿真计算所需的数学模型,必须进行一定的近似。

对负荷有功、无功相对于电压、频率的关系曲线进行线性化,这样可以得到

$$P=P+\frac{\partial P}{\partial U}\Delta U+\frac{\partial P}{\partial f}\Delta f \tag{4-1}$$

$$Q=Q+\frac{\partial Q}{\partial U}\Delta U+\frac{\partial Q}{\partial f}\Delta f \tag{4-2}$$

式中,$\frac{\partial P}{\partial U}$、$\frac{\partial P}{\partial f}$、$\frac{\partial Q}{\partial U}$、$\frac{\partial Q}{\partial f}$为负荷特性参数,对于给定的电压和频率,这几个特性参数是固定的。

对于某一特定负荷,要求给出总负荷的特性参数和功率因数,即整个负荷的$\frac{\partial P}{\partial U}$、$\frac{\partial P}{\partial f}$、$\frac{\partial Q}{\partial U}$、$\frac{\partial Q}{\partial f}$和功率因数 PF,这样可以确定整个负荷的静态特性参数。

如果负荷中包含感应电动机,则需要给出感应电动机负荷占总负荷的百分比、感应电动机参数和除感应电动机外的负荷特性参数。感应电动机参数主要包括定子电阻 R_s、定子电抗 X_s、激磁电抗 X_m、转子电阻 R_r、转子电抗 X_r、低压释放电压 U_1、低压释放延迟 T_1、机械转矩系数 A 和 B、惯性时间常数 H 和负载率 LF_m。这样可以得到整个负荷的静态参数和动态感应电动机参数。

4.1.3 LOADSYN 程序给出的美国电网的负荷分类及其主要负荷元件

20 世纪 80 年代,美国电力研究院与得克萨斯州大学和通用电气公司合作开展了负荷建模的研究工作,根据当时美国实际电网的用电量所占总用电量的比例

大致将终端用电负荷分为三类:居民用电负荷、商业用电负荷和工业用电负荷。同时,对这三类负荷的构成特性以及各元件负荷所占的比例进行了统计和调查。

表 4-1 为居民用电负荷的构成情况。居民负荷的用电比例表明,居民用电主要集中在供暖、热水器和家用电器三种负荷上,而在夏季和冬季的峰荷期,主要的用电负荷是家电、制冷、供暖和热水器。

表 4-1　居民用电负荷元件及用电情况

居民用电类型	负荷元件	夏季峰荷比例/%	冬季峰荷比例/%
供暖	电阻型 电暖器 电热泵	0.0	24.9
制冷	中央空调 窗式空调	28.5	0.0
热水器	电阻型 热水器	20.4	21.4
家用电器	电炉灶 电冰箱 洗衣机 洗碗机 烘干机	35.9	37.7
照明	白炽灯	7.4	7.8
娱乐	电视机	4.1	4.3
其他	其他	3.7	3.9

表 4-2 为商业用电负荷的用电情况,其主要的负荷元件有白炽灯、荧光灯、热泵、中央空调、窗式空调、风扇和电动机等。在商业用电负荷中,在高峰用电期间,用电量最大的属中央空调。

表 4-2　商业用电负荷元件及用电情况

商业用电类型	负荷元件	用电比例/%	峰荷期用电比例/%
照明	白炽灯 荧光灯	41.5	16.9
制冷	热泵 中央空调 窗式空调	36.2	76.5
其他用电	风扇、泵类 电动机	20.5	6.6
供暖	热泵	1.8	0.0

表 4-3 所示的关于工业用电表明,工业用电的主要用电负荷元件是电弧炉和

电动机(小型电动机和大型电动机)。

表 4-3　工业用电负荷元件及用电情况

工业用电类型	负荷元件	用电比例/%
铝工业	100% 电解设备	14.3
钢铁工业	25%电弧炉 + 75%电气传动(大型、小型电动机)	10.0
无机化工工业	100%电气传动	11.7
石油工业	83%电气传动 + 17%通风空调	5.4
造纸工业	100%电气传动	10.9
有机化工工业	100%电气传动	8.1
食品加工业	—	6.0

表 4-1～表 4-3 为美国电力研究院给出的居民负荷、商业负荷和工业负荷中所包含的负荷元件及其在各类负荷中的用电比例,这些数据具有一定的典型性。

4.2　负荷构成特性调查方法与应用

现代电力系统的负荷站点众多,且负荷组成多样化,如果对每个负荷站点都进行详细调查则需要统计成千上万个用户的负荷组成及参数,工作量巨大。在不具备对所有负荷站点都进行详细调查的人力物力情况下,需要确定详细调查的典型变电站的模型以及未开展详细调查的变电站所采用的模型。在建立负荷模型库时,一般采用普查和详细调查相结合的方法,按类分组进行建模。即首先将电网中的变电站-负荷节点按某种特征进行分类(分组),从中确定具有代表性的负荷站点并对其开展配电网络、负荷构成及负荷特性的详细调查;然后通过统计综合法建立这些典型站点的综合负荷模型,并将其作为本类负荷其他负荷站点的综合负荷模型,以此类推最终建立全系统的负荷模型库。

4.2.1　负荷调查的主要工作流程

220kV 变电站调查的步骤为(图 4-2):①设计 220kV 变电站负荷普查表;②开展电网所有 220kV 变电站负荷普查;③统计分析 220kV 变电站负荷普查结果,按负荷构成对所有 220kV 变电站进行分类;④确定各负荷类型典型变电站;⑤设计 220kV 变电站详细调查表;⑥开展 220kV 典型变电站的配电网络、负荷构成及负荷特性的详细调查;⑦详细调查数据核查以及补充调查。

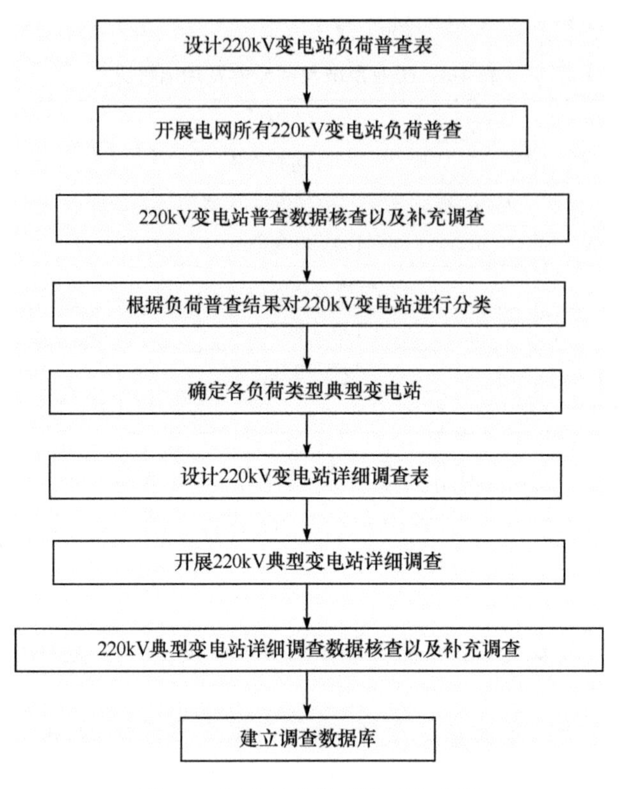

图 4-2 调查收集数据的工作流程

4.2.2 分类方法的原则和依据

分类指标是分类的依据，负荷类型是具有明确意义及分辨力并影响负荷模型参数的类型特征，因此将其确定为变电站分类的分类指标，即调查内容为各变电站-负荷节点的不同类型负荷的比例。考虑负荷特征，共取 5 个分类指标表征负荷节点特征，即工业负荷比例、居民负荷比例、商业负荷比例、农业负荷比例及其他负荷比例。出于便于类别划分的原因，分类方法的原则和依据如表 4-4 所示。

(1) 普通工业：普通工业负荷的有功功率占变电站总有功功率的比例高于 75%。

(2) 商业居民：居民和商业负荷的有功功率之和占变电站总有功功率的比例高于 75%。

(3) 农业：农业负荷的有功功率占变电站总有功功率的比例高于 75%。

(4) 工业居民：普通工业负荷的有功功率占该变电站总有功功率的百分比高于 20%，且居民和商业负荷有功功率之和所占比例高于 20%，但农业负荷所占比例低于 20%。

(5) 工业农业:普通工业负荷的有功功率占变电站总有功功率的比例高于 20%,并且农业负荷所占比例高于 20%,但居民和商业负荷有功功率之和所占比例低于 20%。

(6) 居民农业:居民和商业负荷的有功功率占该变电站总有功功率的百分比高于 20%,且农业负荷所占比例高于 20%,但工业负荷所占比例低于 20%。

(7) 工业居民农业:普通工业负荷的有功功率占变电站总有功功率的比例高于 20%,居民和商业负荷有功功率之和所占比例高于 20%,并且农业负荷所占比例高于 20%。

(8) 高耗能工业负荷是指相对于其他负荷,电力消耗较大的负荷,主要有冶金业、电石业、烧碱业等。

另外,钢厂、电解铝等直供负荷当做特殊负荷处理。

表 4-4 220kV 变电站负荷分类原则

负荷类型	工业负荷百分比/%	商业居民负荷百分比/%	农业负荷百分比/%
工业负荷	>75	—	—
商业、居民混合负荷	—	>75	—
农业负荷	—	—	>75
工业、居民混合负荷	>20	>20	<20
工业、农业混合负荷	>20	<20	>20
居民、农业混合负荷	<20	>20	>20
工业、居民、农业混合负荷	>20	>20	>20

4.2.3 编制普查表

根据调查需求设计普查表,为验证普查表的可行性,在小范围内进行调查试点之后修改、简化调查内容,最终形成的调查表格式如表 4-5 所示。调查表中普查了每个变电站所带工业负荷、居民负荷、商业负荷、农业负荷的有功和无功功率,以及各类型负荷的有功和无功负荷分别占整个变电站总有功负荷和总无功负荷的比例。不好归类的负荷功率则填写在“其他”一栏。调查表中还有“调查人”和“联系方式”栏目,目的是可以对表内所填数据进行确认和询问。为保证调查表的填写质量还附有填表说明。

表 4-5　变电站负荷普查调查表格式

_________省(市)220kV ______________变电站负荷类型调查表

调查时间：　年　月　日　时　调查人：　联系方式：　调查单位签章：

负荷成分	有功功率/MW	无功功率/Mvar	有功百分比/%	无功百分比/%	备注
工业负荷					
居民负荷					
商业负荷					
农业负荷					
其他					

说明：

1. 本表用于 220kV 变电站负荷类型普查。
2. 本表中第 3 列中的有功百分比是指每种负荷类型的有功功率占变电站总有功功率的百分比，如果工业负荷的有功功率占变电站总有功功率的 30%，应填写 30.0。所有负荷类型的有功百分比之和必须等于 1。
3. 本表中第 4 列中的无功百分比是指每种负荷类型的无功功率占变电站总无功功率的百分比，如果工业负荷的无功功率占变电站总无功功率的 40%，应填写 40.0。所有负荷类型的无功百分比之和必须等于 1。
4. “工业负荷”对应的“备注”栏中填写工业负荷的具体类型及构成，如某 220kV 变电站的工业负荷百分比为 50%，其中化工占 50%、造纸占 30%，印刷占 20%，则“工业负荷”对应的“备注”栏中应填写“化工 50%+造纸 30%+印刷 20%”。
5. 本调查表单位签章有效。

注：以下列出 20 种工业负荷类型供填表人员选择：①采矿；②化学；③化工；④石油；⑤造纸；⑥食品加工；⑦机械工业；⑧交通运输；⑨电力；⑩电子；⑪纺织业；⑫金属加工；⑬橡胶和塑料制造业；⑭木材加工；⑮烟草业；⑯印刷业；⑰皮革业；⑱钢铁企业；⑲电气化铁路；⑳电解铝。如果变电站所供的某种工业负荷不属于上述任一种负荷类型，填表人员需注明该负荷类型及其所占百分比。

由于工业负荷的种类较多，而且各种工业负荷的负荷模型相差较大，如铝厂与钢厂的负荷模型一个主要是恒电流，一个主要是电动机，因此为了选出各种工业负荷类型的典型站点，还需要在“工业负荷”对应的“备注”栏中填写工业负荷的具体类型及构成，如某 220kV 变电站的工业负荷百分比为 50%，其中化工占 50%、造纸占 30%、印刷占 20%，“备注”一栏中应填写“化工 50%＋造纸 30%＋印刷 20%”。

4.2.4　220kV 变电站负荷数据调查和修正

将调查表通过各区域电网电力调度通信中心下发到各省电力调度通信中心，再由各省电力调度通信中心组织各地区供电局调查、填写，以保证数据的权威性和同时性。

需要与填表人共同对调查表中的问题数据进行修正和补充，结合简单的检验计算完成对调查数据的核对和整理，并对数据问题较大的地区进行补充调查。整理调查数据的工作包括：①将部分“其他”类负荷进行归类，例如，将“学校”归到“商业、民用”类；②对于所填各类负荷总和不为 100%的情况，如果相差较少，则用“其他”类负荷来补充。整理调查结果后，“负荷类型”中的“其他负荷”包括类型不清的下一级变电站负荷、填表人不清楚的负荷以及各类负荷总和不足 100%而需要补充的负荷。

4.2.5 确定典型变电站并编制典型站点详细调查表

在获得 220kV 变电站的负荷普查数据后，根据 4.2.2 节提出的变电站分类方法的原则和依据对普查的所有变电站-负荷节点进行分类。在将所有变电站都归类后，兼顾地域性和变电站负荷构成，在每一种负荷类型节点中选择若干个变电站进行配电网络、负荷构成及负荷特性的详细调查。对于每一种负荷类型的变电站采用同一个负荷模型，即可解决未开展详细调查的变电站的模型问题。

典型站点的详细调查内容包括：①220kV 变电站的供电区域网络图；②220kV 变电站 110kV、35kV、10kV 或者 6kV 出线调查；③220kV 变压器调查；④220kV 变电站无功补偿调查；⑤110kV 变电站 110kV、35kV、10kV 或者 6kV 出线夏季调查；⑥110kV 变压器调查表；⑦110kV 变电站无功补偿调查表；⑧小电源调查；⑨35kV变电站 35kV、10kV 或者 6kV 出线调查；⑩35kV 变压器调查；⑪35kV 变电站无功补偿调查；⑫110kV T 节点出线调查；⑬35kV T 节点出线调查；⑭35kV 变电站所供工业、居民、农业混合负荷调查；⑮110kV 变电站所供工业、居民、农业混合负荷调查；⑯220kV 变电站所供工业、居民、农业混合负荷调查。

基于典型站点的详细调查结果，采用统计综合法，即可建立各类 220kV 站点的考虑配电网络的综合负荷模型，最后，根据负荷类型普查结果，在电网仿真计算中推广应用，达到提高电网仿真计算准确度的目的。

4.3 静态负荷模型的统计综合方法

4.3.1 静态负荷模型的一般形式

文献[1]给出了静态负荷模型的统计综合计算方法。

静态负荷模型有多种形式，不同的电力系统分析程序所采用静态负荷模型形式也有所不同。因此，需要定义一般形式的静态负荷模型。

一般形式的静态负荷模型如式(4-3)和式(4-4)所示：

$$\frac{P}{P_0}=P_{a1}\left(\frac{U}{U_0}\right)^{\mathrm{KPV1}}(1+\mathrm{KPF1}\cdot\Delta f)+(1-P_{a1})\left(\frac{U}{U_0}\right)^{\mathrm{KPV2}} \tag{4-3}$$

$$\frac{Q}{P_0}=Q_{a1}\left(\frac{U}{U_0}\right)^{\mathrm{KQV1}}(1+\mathrm{KQF1}\cdot\Delta f)+\left(\frac{Q_0}{P_0}-Q_{a1}\right)\left(\frac{U}{U_0}\right)^{\mathrm{KQV2}}(1+\mathrm{KQF2}\cdot\Delta f) \tag{4-4}$$

式(4-3)包括两部分,均为电压的指数函数,前一部分综合了所有与频率相关的负荷,后一部分为所有与频率无关的负荷。式(4-3)中各变量含义如下:

P_{a1}为有功功率中与频率相关的部分所占比例;KPV1 为有功功率与频率相关部分的电压指数;KPV2 为有功功率与频率无关部分的电压指数;KPF1 为有功负荷的频率灵敏系数;Δf 为频率偏差,标幺值;U 为节点电压;U_0 为节点电压初值;P_0 为节点有功功率初值。

式(4-4)中也包括两部分,前一部分包含所有负荷元件消耗的无功功率,后一部分为节点和负荷之间配电网络的无功补偿和无功损耗。式(4-4)中各变量含义如下:

Q_{a1}为无功负荷系数,为所有负荷初始无功占总初始有功的比例;KQV1 为无功负荷的电压指数;KQF1 为无功负荷的频率系数;KQV2 为无功补偿和无功损耗部分的电压指数;KQF2 为无功补偿和无功损耗部分的频率系数;Q_0 为负荷的初始无功功率。

公式(4-4)为相对于负荷的初始有功功率 P_0 的标幺值,而不是相对于初始无功负荷 Q_0 的标幺值,这是为了避免 Q_0 为 0 或很小时的数值计算问题。如果有功功率初值 P_0 为 0,则无功负荷都认为是无功补偿和无功损耗,即 Q_0 也为 0。

4.3.2 有功负荷中电压相关参数的确定

假定 k 个负荷元件直接与节点相连。如果暂时忽略频率的影响,则每一种负荷元件有功功率与电压的关系都可以表示为

$$P_i=P_{0i}\left(\frac{U}{U_0}\right)^{ni},\quad i=1,2,\cdots,k \tag{4-5}$$

将综合因子定义为

$$N_i=\frac{P_{0i}}{P_0},\quad i=1,2,\cdots,k \tag{4-6}$$

则有 $\sum_{n=1}^{k}N_i=1$。

定义

$$P_{Vi}=\frac{\dfrac{\partial P_i}{\partial U}}{\dfrac{P_{0i}}{U_0}},\quad i=1,2,\cdots,k \tag{4-7}$$

式中,P_i 为第 i 个负荷的有功功率;U 为端电压;$\dfrac{\partial P_i}{\partial U}$为第 i 个负荷相对于电压的偏微分;P_{0i}和 U_0 为第 i 个负荷的初始功率和初始电压。

假定有 m 个与频率相关的负荷,则式(4-3)中的参数分别为

$$\mathrm{KPV1}=\frac{\sum_{i=1}^{m}N_iP_{\mathrm{V}i}}{\sum_{i=1}^{m}N_i} \tag{4-8}$$

$$\mathrm{KPV2}=\frac{\sum_{i=m+1}^{k}N_iP_{\mathrm{V}i}}{\sum_{i=m+1}^{k}N_i} \tag{4-9}$$

$$P_{\mathrm{a1}}=\sum_{i=1}^{m}N_i \tag{4-10}$$

$$P_{\mathrm{a2}}=\sum_{i=m+1}^{k}N_i \tag{4-11}$$

4.3.3 无功负荷中电压相关参数的确定

对于无功负荷公式(4-4),可以采用同样的方法,不同之处在于:

(1) 除了无功补偿和损耗之外,所有的负荷都综合为无功负荷公式(4-4)中的第一项。

(2) 需要以初始有功负荷为基准值进行标幺化处理。

为了确定式(4-4)的系数,需要了解每个负荷的功率因数,该值应该在负荷特性数据中给出。对于任一负荷,有

$$Q_{0i}=P_{0i}\tan(\arccos PF_i) \tag{4-12}$$

式中,PF_i 为功率因数;P_{0i}为负荷有功功率初值;Q_{0i}为负荷无功功率初值。

由此,无功负荷公式(4-4)中的系数 Q_{a1} 为

$$Q_{\mathrm{a1}}=\frac{Q_{\mathrm{L0}}}{P_0}=\sum_{i=1}^{k}\frac{Q_{0i}}{P_0}=\sum_{i=1}^{k}N_i\frac{Q_{0i}}{P_{0i}}=\sum_{i=1}^{k}N_i\tan(\arccos PF_i) \tag{4-13}$$

式中,Q_{L0}为除了无功补偿和损耗之外的负荷初始无功功率之和;P_0 为初始负荷有功功率;N_i 为第 i 个元件有功负荷占总负荷的比例,即式(4-6)。

定义

$$Q_{\mathrm{V}i}=\frac{\dfrac{\partial Q_i}{\partial U}}{\dfrac{Q_0}{U_0}} \tag{4-14}$$

则无功负荷公式(4-4)中的 KQV1 为

$$\mathrm{KQV1}=\frac{\sum_{i=1}^{k}N_i\tan(\arccos PF_i)Q_{\mathrm{V}i}}{Q_{\mathrm{a1}}} \tag{4-15}$$

无功负荷公式(4-4)中的第二项代表并联电容(或电感)的无功补偿,系数

$Q_{a2}=\frac{Q_0}{P_0}-Q_{a1}$，这部分主要用于表示并联电容或电感，电压指数的缺省值取为 2。

4.3.4 频率相关参数的确定

在式(4-5)中考虑频率因子，则有

$$P_i=P_{0i}\left(\frac{U}{U_0}\right)^{ni}(1+B_i\Delta f),\quad i=1,2,\cdots,k \tag{4-16}$$

对式(4-16)求频率的偏微分，则

$$\frac{\frac{\partial P_i}{\partial f}}{P_{0i}}=B_i\left(\frac{U}{U_0}\right)^{ni} \tag{4-17}$$

和电压系数一样，定义

$$P_{Fi}=\frac{\frac{\partial P_i}{\partial f}}{P_{0i}},\quad i=1,2,\cdots,k \tag{4-18}$$

则式(4-4)中有功负荷的频率因子 KPF1 为

$$\text{KPF1}=\frac{\sum_{i=1}^{m}N_iP_{Fi}}{\sum_{i=1}^{m}N_i} \tag{4-19}$$

同理可导出式(4-4)中无功负荷的频率因子 KQF1：

$$\text{KQF1}=\frac{\sum_{i=1}^{k}N_i\tan(\arccos PF_i)Q_{Fi}}{Q_{a1}} \tag{4-20}$$

式(4-4)中无功负荷的频率系数 KQF2 需要根据实际情况确定：如果该项只代表并联电容器，则 KQF2 为 1。另外，还要考虑以下因素：

(1) 在大多数程序中，与频率相关的部分，如线路和变压器电抗，都作为恒定阻抗处理，并将其存放到导纳阵中。从这点看，KQF2 应该为 0。

(2) 该项并不只代表并联电容补偿，同时还包含感性元件。

4.4 一般形式静态负荷模型转换为特定形式的方法

4.4.1 计算方法

一般形式的静态负荷模型在应用到具体程序时，需要转换成特定的形式。由恒定功率、恒电流、恒定阻抗组成的静态负荷模型是一种比较常用的模型。

首先计算一种较为通用的形式：

$$KU^n\overset{\text{def}}{=}C_1U^2+C_2U+C_3 \tag{4-21}$$

式(4-21)满足以下几个条件：

(1) 额定电压时(即 $U=1$p.u.)为一等式，即

$$C_1+C_2+C_3=K \tag{4-22}$$

(2) 额定电压时，公式两侧对电压 U 的导数相等，即

$$2C_1+C_2=nK \tag{4-23}$$

(3) 在某一电压 $\alpha(0.0<\alpha<1.0)$下为一等式，即

$$C_1\alpha^2+C_2\alpha+C_3=K\alpha^n \tag{4-24}$$

解(4-22)～(4-24)三个方程，可得

$$\begin{aligned} C_1&=\frac{K}{(\alpha-1)^2}(\alpha^n-n\alpha+n-1)\\ C_2&=nK-2C_1\\ C_3&=K-C_1-C_2 \end{aligned} \tag{4-25}$$

令

$$\begin{aligned} FZ(n)&=\frac{1}{(\alpha-1)^2}(\alpha^n-n\alpha+n-1)\\ FI(n)&=n-2FZ(\alpha)\\ FP(n)&=1-n+FZ(\alpha) \end{aligned} \tag{4-26}$$

则式(4-25)可转换为

$$\begin{cases} C_1=K\cdot FZ(n)\\ C_2=K\cdot FI(n)\\ C_3=K\cdot FP(n) \end{cases} \tag{4-27}$$

4.4.2 计算有功负荷参数

如果静态负荷模型的基本形式为

$$\begin{cases} P=P_0(P_1U^2+P_2U+P_3)(1+\Delta fL_{DP})\\ Q=Q_0(Q_1U^2+Q_2U+Q_3)(1+\Delta fL_{DQ}) \end{cases} \tag{4-28}$$

1. 计算恒定功率、恒定电流、恒定阻抗系数

暂时忽略频率部分，将一般形式的有功负荷模型(4-3)转换为(4-28)，可表示为

$$P_{a1}U^{KPV1}+(1-P_{a1})U^{KPV2}=P_1U^2+P_2U+P_3 \tag{4-29}$$

转换为(4-21)的形式：

$$\begin{cases} P_{a1}U^{KPV1}=C_1U^2+C_2U+C_3\\ (1-P_{a1})U^{KPV2}=D_1U^2+D_2U+D_3 \end{cases} \tag{4-30}$$

则结果为

$$\begin{cases} P_1=PC_1+PD_1\\ P_2=PC_2+PD_2\\ P_3=PC_3+PD_3 \end{cases} \tag{4-31}$$

式中

$$\begin{cases} PC_1 = P_{a1} FZ(\mathrm{KPV1}) \\ PC_2 = P_{a1} FI(\mathrm{KPV1}) \\ PC_3 = P_{a1} FP(\mathrm{KPV1}) \end{cases} \tag{4-32}$$

$$\begin{cases} PD_1 = (1-P_{a1}) FZ(\mathrm{KPV2}) \\ PD_2 = (1-P_{a1}) FI(\mathrm{KPV2}) \\ PD_3 = (1-P_{a1}) FP(\mathrm{KPV2}) \end{cases} \tag{4-33}$$

FZ、FI 和 FP 的计算公式参见式(4-26)。

2. 计算频率因子 L_{DP}

根据式(4-3)和式(4-28),可得

$$(P_1U^2+P_2U+P_3)(1+\Delta f L_{DP}) = P_{a1}U^{\mathrm{KPV1}}(1+\mathrm{KPF1}\Delta f)+(1-P_{a1})U^{\mathrm{KPV2}}$$

将式(4-29)代入到上面的公式中,则有

$$[P_{a1}U^{\mathrm{KPV1}}+(1-P_{a1})U^{\mathrm{KPV2}}]L_{DP} = P_{a1}U^{\mathrm{KPV1}}\mathrm{KPF1}$$

当电压为 1p. u. 时,有

$$L_{DP} = P_{a1}\mathrm{KPF1} \tag{4-34}$$

4.4.3 计算无功负荷参数

计算式(4-28)中无功负荷公式中各个参数方法与有功功率公式中的参数计算方法相同,恒定功率、恒定电流、恒定阻抗系数分别为

$$\begin{cases} Q_1 = QC_1 + QD_1 \\ Q_2 = QC_2 + QD_2 \\ Q_3 = QC_3 + QD_3 \end{cases} \tag{4-35}$$

式中

$$\begin{cases} QC_1 = Q_{a1}\dfrac{P_0}{Q_0} FZ(\mathrm{KQV1}) \\ QC_2 = Q_{a1}\dfrac{P_0}{Q_0} FI(\mathrm{KQV1}) \\ QC_3 = Q_{a1}\dfrac{P_0}{Q_0} FP(\mathrm{KQV1}) \end{cases} \tag{4-36}$$

$$\begin{cases} QD_1 = \left(1-Q_{a1}\dfrac{P_0}{Q_0}\right) FZ(\mathrm{KQV2}) \\ QD_2 = \left(1-Q_{a1}\dfrac{P_0}{Q_0}\right) FI(\mathrm{KQV2}) \\ QD_3 = \left(1-Q_{a1}\dfrac{P_0}{Q_0}\right) FP(\mathrm{KQV2}) \end{cases} \tag{4-37}$$

频率因子 L_{DQ} 为

$$L_{DQ}=Q_{a1}\frac{P_0}{Q_0}KQF1+\left(1-Q_{a1}\frac{P_0}{Q_0}\right)KQF2 \tag{4-38}$$

4.5　动态负荷模型的统计综合方法

动态负荷一般用感应电动机表示。负荷统计综合方法中，感应电动机的综合是一个很重要的部分，感应电动机综合方法的有效性很大程度上决定了计算结果的准确性。

4.5.1　LOADSYN 的感应电动机综合方法

感应电动机等值电路如图 4-3 所示。

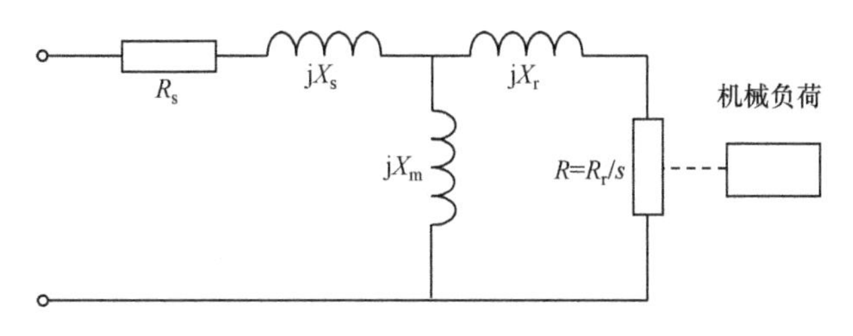

图 4-3　感应电动机的等值电路

多台感应电动机一般应综合为一台感应电动机。综合过程基于如下原则：

(1) 感应电动机参数以感应电动机的额定容量(相对于节点总负荷的标幺值)为加权因子进行综合。

(2) 假定所有感应电动机的等值支路中三条支路的两端都直接并联。

(3) 等值感应电动机的临界滑差等于所有感应电动机临界滑差的加权平均值。

感应电动机综合的方法有很多种[4,5]，几乎所有方法都采用按某种形式对感应电动机的额定容量进行加权平均，所有的方法本质上都是近似的，而且精确度也差不多。下面介绍 LOADSYN 所采用的方法[1,2]。

每种设备中感应电动机的额定容量为

$$kVA_{Ri}=\frac{N_iN_{Mi}}{LF_{Mi}},\quad i=1,2,\cdots,k \tag{4-39}$$

式中，k 为负荷中包含的设备类型个数；N_i 为设备 i 的功率占总负荷功率的比例；N_{Mi} 为设备 i 中感应电动机负荷的比例；LF_{Mi} 为设备 i 中感应电动机负荷的负载率。

综合感应电动机功率占总负荷功率的比例为

$$N_{\mathrm{Ma}} = \sum_{i=1}^{k} (N_i N_{\mathrm{M}i}) \tag{4-40}$$

综合感应电动机的额定容量为单台感应电动机额定容量之和，即

$$\mathrm{kVA}_{\mathrm{Ra}} = \sum_{i=1}^{k} \mathrm{kVA}_{\mathrm{R}i} \tag{4-41}$$

式(4-39)～式(4-41)的结果都是基于有功初值 P_0 的标幺值。

综合感应电动机的负载率为综合感应电动机的有功功率占额定容量的百分比，即

$$LF_{\mathrm{Ma}} = \frac{N_{\mathrm{Ma}}}{\mathrm{kVA}_{\mathrm{Ra}}} \times 100\% \tag{4-42}$$

综合感应电动机的等值电路参数为等值电路中各支路导纳的加权均值，即

$$\frac{1}{Z_{\mathrm{a}}} = \frac{1}{\mathrm{kVA}_{\mathrm{Ra}}} \sum_{i=1}^{k} \left(\mathrm{kVA}_{\mathrm{R}i} \frac{1}{Z_i} \right) \Rightarrow Z_{\mathrm{a}} = \frac{\mathrm{kVA}_{\mathrm{Ra}}}{\sum_{i=1}^{k} (\mathrm{kVA}_{\mathrm{R}i} / Z_i)} \tag{4-43}$$

式中，$Z=R_{\mathrm{s}}+\mathrm{j}X_{\mathrm{s}}$ 为定子支路阻抗，$Z=\mathrm{j}X_{\mathrm{m}}$ 为激磁支路阻抗，$Z=R_{\mathrm{r}}/s+\mathrm{j}X_{\mathrm{r}}$ 为转子支路阻抗。

为了计算感应电动机的转子电阻，需要知道综合感应电动机的滑差。综合感应电动机的滑差采用临界滑差(而不是运行滑差)的加权均值。计算过程如下所述。

(1) 计算设备类型 i 中感应电动机定子支路与激磁电抗的并联阻抗：

$$R_{1i} + \mathrm{j}X_{1i} = \frac{(R_{\mathrm{s}i} + \mathrm{j}X_{\mathrm{s}i}) \cdot \mathrm{j}X_{\mathrm{m}i}}{R_{\mathrm{s}i} + \mathrm{j}(X_{\mathrm{s}i} + X_{\mathrm{m}i})} \tag{4-44}$$

(2) 计算设备类型 i 中感应电动机的临界滑差：

$$s_{\mathrm{C}i} = \frac{R_{\mathrm{r}i}}{\sqrt{R_{1i}^2 + (X_{1i} + X_{\mathrm{r}i})^2}} \tag{4-45}$$

(3) 计算综合感应电动机的临界滑差：

$$s_{\mathrm{Ca}} = \frac{\sum_{i=1}^{k} (\mathrm{kVA}_{\mathrm{R}i} s_{\mathrm{C}i})}{\mathrm{kVA}_{\mathrm{Ra}}} \tag{4-46}$$

(4) 计算综合感应电动机定子支路与激磁支路的并联阻抗：

$$R_{1\mathrm{a}} + \mathrm{j}X_{1\mathrm{a}} = \frac{(R_{\mathrm{sa}} + \mathrm{j}X_{\mathrm{sa}}) \cdot \mathrm{j}X_{\mathrm{ma}}}{R_{\mathrm{sa}} + \mathrm{j}(X_{\mathrm{sa}} + X_{\mathrm{ma}})} \tag{4-47}$$

(5) 计算综合感应电动机转子电阻：

$$R_{\mathrm{ra}} = s_{\mathrm{Ca}} \sqrt{R_{1\mathrm{a}}^2 + (X_{1\mathrm{a}} + X_{\mathrm{ra}})^2} \tag{4-48}$$

其他感应电动机参数，即 H、A、B、U_1 和 T_1，采用单台感应电动机参数的加权

均值。如惯性时间常数 H_a：

$$H_a=\frac{\sum_{i=1}^{k}(\mathrm{kVA}_{Ri}H_i)}{\mathrm{kVA}_{Ra}} \tag{4-49}$$

如果综合负荷中含有两组特性相差较大且容量相差不多的感应电动机，用一台感应电动机代替，精度可能较差，这样可以将这两组感应电动机综合为两台感应电动机。划分感应电动机的方法可以采用近似特征值法。感应电动机的特征根近似为

$$\sigma_i=\frac{1}{2H_iR_{ri}} \tag{4-50}$$

4.5.2　感应电动机综合方法的仿真分析

为了分析 LOADSYN 电动机综合方法的精度，本节采用一个简单的 5 节点系统进行仿真分析。5 节点系统如图 4-4 所示。系统中母线 1 和母线 2 的负荷都采用恒定阻抗模型，母线 3 的负荷采用感应电动机和恒定阻抗负荷相结合的负荷模型，其中感应电动机负荷占 50%，假定共含有 6 个参数差异较大的电动机，电动机参数见表 4-6。

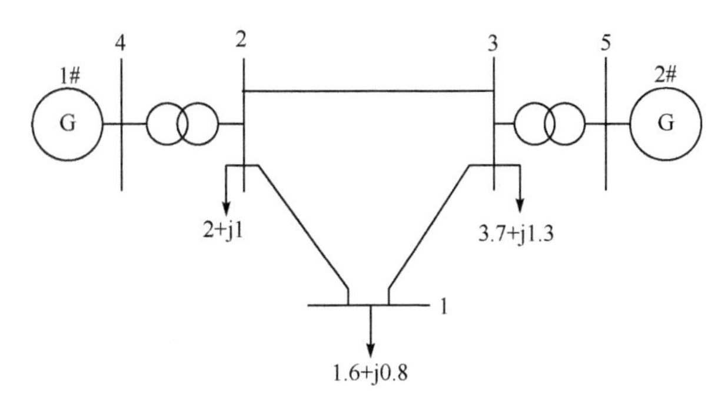

图 4-4　5 节点系统

表 4-6　6 台感应电动机参数数据

序号	R_s	X_s	X_m	R_r	X_r	H	K_L	A	P_{per}/%
1	0.056	0.087	2.40	0.053	0.082	0.28	0.5	0.2	10.3
2	0.110	0.140	2.80	0.110	0.065	0.28	0.5	1.0	2.2
3	0.110	0.120	2.00	0.110	0.130	1.50	0.4	1.0	4.2
4	0.120	0.150	1.90	0.130	0.140	1.30	0.4	1.0	4.2
5	0.031	0.10	3.20	0.018	0.18	0.70	0.6	1.0	15.6
6	0.013	0.067	3.80	0.009	0.17	1.50	0.8	1.0	13.5

采用的故障形式是母线 2 与母线 3 之间的线路母线 2 侧 0s 三相短路故障，0.1s 故障消失，线路不断开。

1. 将 6 台电动机综合为 1 台电动机

采用 LOADSYN 中的感应电动机综合方法将表 4-6 中的电动机综合为 1 台电动机，参数如表 4-7 所示，仿真结果如图 4-5 所示。

表 4-7　6 台感应电动机综合为 1 台的参数数据表

R_s	X_s	X_m	R_r	X_r	H	K_L	A	$P_{per}/\%$
0.0422	0.0995	2.6532	0.0566	0.1578	0.8992	0.5626	0.8146	50

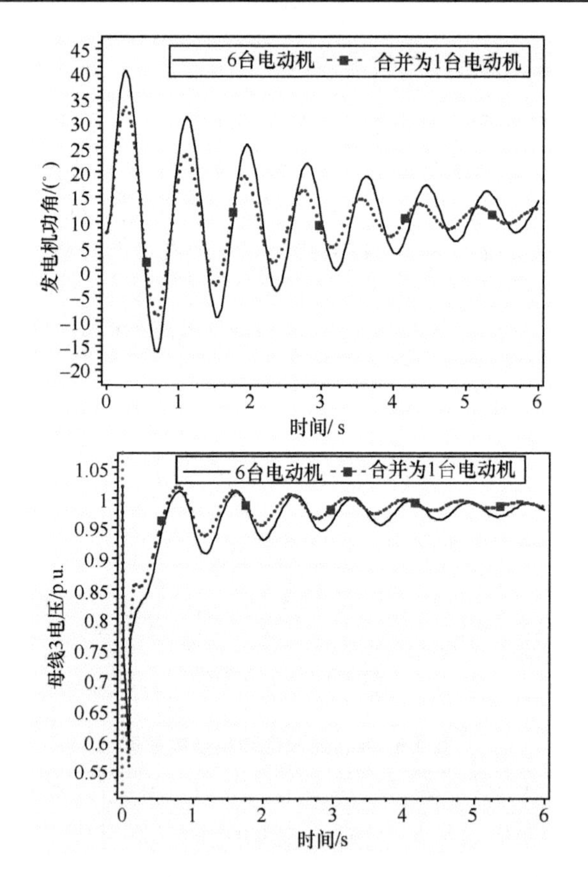

图 4-5　6 台电动机与综合为 1 台电动机的仿真结果

由图 4-5 可以看出，将 6 台感应电动机综合为 1 台后的仿真结果，与没有综合时的计算结果相比，差别比较大。

2. 根据近似特征值大小将 6 台感应电动机分为 2 组

该 6 台感应电动机根据公式(4-50)计算的近似特征值分别为 33.69、16.23、3.03、2.96、39.68、37.04，将第 1 台和后 2 台合并成 1 台，其他 3 台合并成 1 台，合并后的感应电动机参数如表 4-8 所示，仿真计算结果如图 4-6 所示。

表 4-8　6 台电动机合并为 2 台电动机的参数数据表

R_s	X_s	X_m	R_r	X_r	H	K_L	A	P_{per}/%
0.0293	0.0868	3.0544	0.0308	0.1641	0.8108	0.6291	0.8108	39.4
0.1115	0.1275	2.1176	0.1108	0.1121	1.2075	0.4218	1.0	10.6

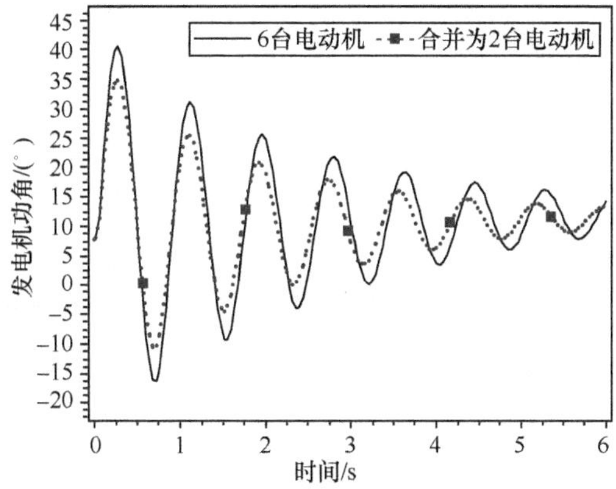

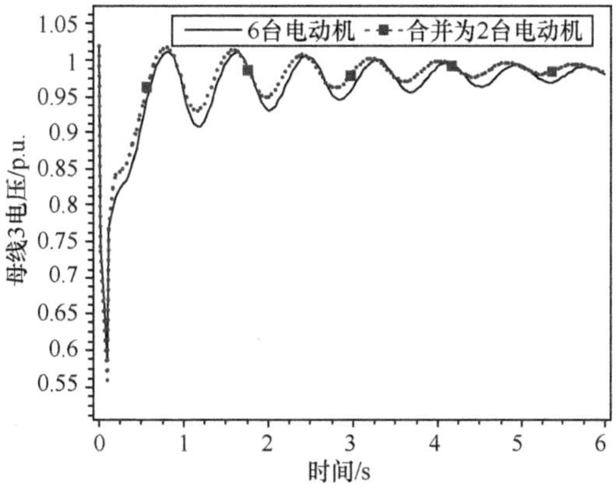

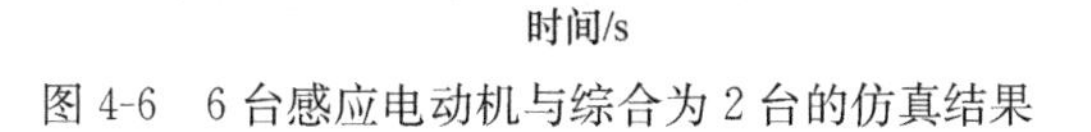

图 4-6　6 台感应电动机与综合为 2 台的仿真结果

由图 4-6 可以看出，6 台感应电动机综合为 2 台后，与没有综合时的计算结果相比，差别仍然比较大。与图 4-6 中综合为 1 台感应电动机的计算结果相比，稍有改善。

4.5.3 感应电动机分组方法的改进

不同的电动机具有不同的电磁转矩-滑差特性[6]，电动机的电磁转矩-滑差特性对电动机的动态特性有很大的影响。如果多台电动机与同一条母线直接相连，电动机的电磁转矩-滑差特性相似，其动态特性也比较相似。因此，根据电动机的转矩-滑差特性的相似性对电动机进行分组综合计算能够提高计算的准确性[7]。

表 4-6 中的 6 台电动机对应的电磁转矩-滑差特性曲线如图 4-7 所示，为了便于比较，其中所有曲线的最大电磁转矩都转换为 1。

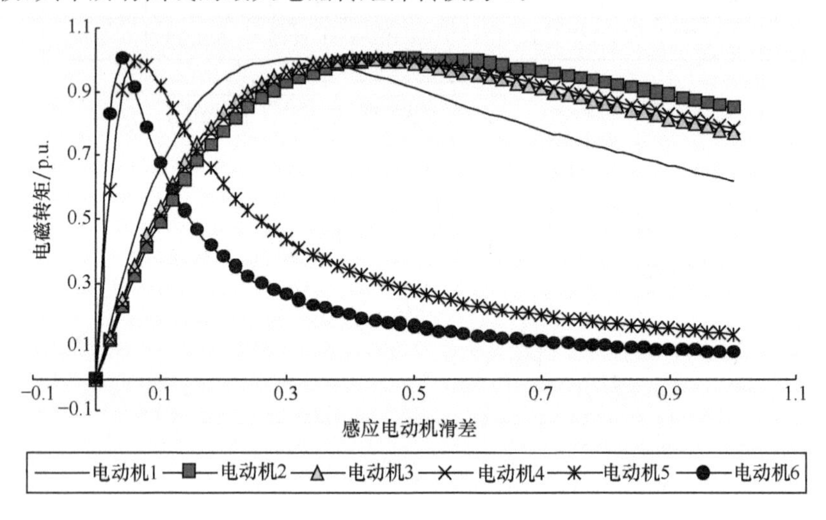

图 4-7　6 台感应电动机的电磁转矩-滑差特性曲线

根据图中的特性曲线，将前 4 台综合为 1 台，后 2 台综合为 1 台，综合后的感应电动机参数如表 4-9 所示，计算结果如图 4-8 所示。

表 4-9　6 台感应电动机综合为 2 台的参数数据表(改进分组方法)

R_s	X_s	X_m	R_r	X_r	H	K_L	A	$P_{per}/\%$
0.0789	0.1089	2.1977	0.0817	0.1001	0.7913	0.4543	0.6417	20.9
0.0211	0.0840	3.4120	0.0141	0.1778	1.0149	0.6787	1.0	29.1

从计算结果可以看出，根据电动机的电磁转矩-滑差特性对 6 台感应电动机进行分组，综合后的计算结果与没有综合时的计算结果相比，差别较小。与根据近似特征值进行分组综合的计算结果相比，计算结果明显改善。

电动机的电磁转矩-滑差特性曲线中最大电磁转矩对应的滑差是一个很重要的参数，为了方便，电动机电磁转矩-滑差特性曲线可以根据该滑差值近似判断。计算最大电磁转矩对应的滑差公式如下[4]：

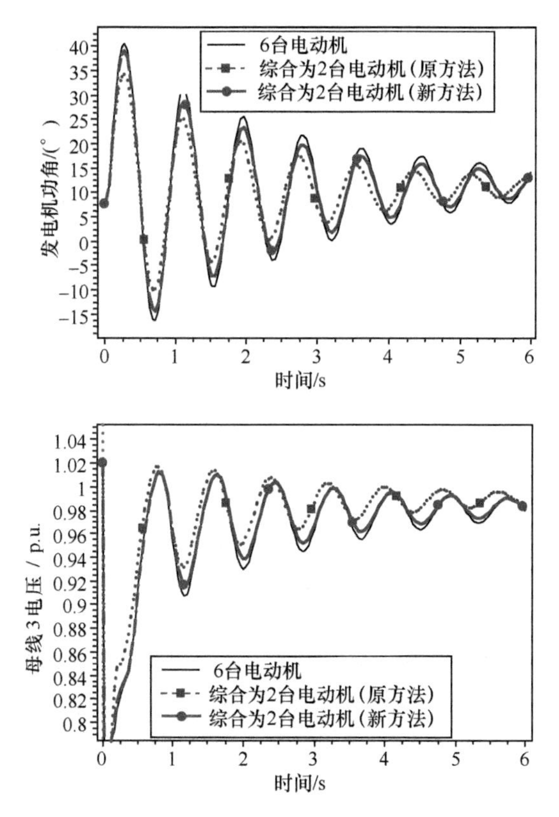

图 4-8　6 台感应电动机采用不同分组方法综合为 2 台的计算结果

$$s_m = \frac{\sigma_1 R_r}{\sqrt{R_s^2 + (X_s + \sigma_1 X_r)^2}} \tag{4-51}$$

$$\sigma_1 = 1 + \frac{X_s}{X_m} \tag{4-52}$$

式中，R_s、X_s、X_m、R_r、X_r 分别为电动机的定子电阻、定子电抗、激磁电抗、转子电阻、转子电抗。

4.5.4　电动机参数综合方法的改进

感应电动机参数对感应电动机动态特性有一定的影响，而 4.5.1 节中的方法只是简单地将感应电动机按照容量统计综合而没有考虑参数的影响，因此在感应电动机特性相差较大时，会带来明显的误差，在电动机统计综合中应该适当考虑电动机参数的影响。

1. 电动机综合方法

感应电动机的微分方程为

$$\frac{\mathrm{d}E_d'}{\mathrm{d}t}=-\frac{1}{T_0'}[E_d'+(X-X')I_q]+\omega_\mathrm{b}sE_q' \tag{4-53}$$

$$\frac{\mathrm{d}E_q'}{\mathrm{d}t}=-\frac{1}{T_0'}[E_q'-(X-X')I_d]-\omega_\mathrm{b}sE_d' \tag{4-54}$$

其中有两个参数对感应电动机的特性具有较大的影响，即转子堵转时的定子等值电抗 X' 和定子开路时间常数 T_0'。这两个变量对应的计算公式如下：

$$X'=X_\mathrm{s}+\frac{X_\mathrm{m}X_\mathrm{r}}{X_\mathrm{m}+X_\mathrm{r}} \tag{4-55}$$

$$T_0'=\frac{R_\mathrm{r}}{X_\mathrm{m}+X_\mathrm{r}} \tag{4-56}$$

通过计算分析表明，在感应电动机的 5 个电气参数中，转子电阻、定子电抗和转子电抗对感应电动机的特性具有较大的影响，随着 X' 或 T_0' 的增大，动态过程中系统振荡的幅值减小。因此，在对多个感应电动机进行统计综合计算时，转子电阻、转子电抗和定子电抗较小的感应电动机占有的比例应适当增加，这样才能更有效模拟感应电动机对系统的影响。

本改进方法是根据感应电动机参数修正综合感应电动机时的加权值，修改的原则是：在感应电动机吸收的有功功率相同的条件下，将其参数转化为同一个基准容量下的参数，增大 T_0' 较小的感应电动机对应的加权值，并且增大 X' 较小的感应电动机对应的加权值。具体过程如下所述。

(1) 在吸收有功功率相同的条件下，将所有感应电动机的电气参数转换为同一基准容量下的参数。

各感应电动机的基准容量可以根据感应电动机吸收的有功功率初值和负载率计算，即

$$S_\mathrm{MVA}=\frac{P_0P_\mathrm{per}}{LF_\mathrm{m}} \tag{4-57}$$

式中，S_MVA 为感应电动机的基准容量；P_per 为吸收的有功功率；P_0 为负荷的初始有功功率；LF_m 为负载率。

由于前提条件是感应电动机吸收的有功功率相同，因此感应电动机电气参数转换为同一容量下的参数，用下面的公式计算：

$$Z_\mathrm{M}=Z_\mathrm{M}LF_\mathrm{m} \tag{4-58}$$

式中，Z_M 代表感应电动机的电气参数：定子电阻 R_s、定子电抗 X_s、转子电阻 R_r、转子电抗 X_r 和激磁电抗 X_m。

这样，相当于将各感应电动机电气参数标幺值的基准容量变为初始吸收的有功功率 $P_0\cdot P_\mathrm{per}$。

(2) 计算综合时各个感应电动机加权因子的修正比例。

同一基准容量下，对于定子开路时间常数 T'_0 较小的感应电动机，应适当增加其比例；同样，X' 较小的感应电动机，也应适当增加其比例。但是确定一个合适的比例是一个比较困难的问题。为了简单方便，本方法将 T'_0 的倒数和 X' 的倒数作计算修正的比例。二者合并在一起，即 $\frac{1}{T'_0X'}$。

$$\mathrm{SUM} = \sum_{i=1}^{k} \frac{1}{T'_{0i}X'_i} \tag{4-59}$$

$$M_{\mathrm{per\_}i} = \frac{\frac{1}{T'_{0i}X'_i}}{\mathrm{SUM}}, \quad i=1,2,\cdots,k \tag{4-60}$$

式中，假定有 k 个感应电动机进行综合计算；T'_{0i} 和 X'_i 分别为第 i 个感应电动机的定子开路时间常数和转子速度为 0 时定子侧的等值电抗；$M_{\mathrm{per\_}i}$ 为第 i 个感应电动机修正的比例。

(3) 计算修正后的感应电动机综合加权因子。

原来的感应电动机综合方法将容量作为加权因子，本方法对该因子进行修正，即

$$S_{\mathrm{MVA\text{-}M}i} = S_{\mathrm{MVA\text{-}}i} M_{\mathrm{per\_}i}, \quad i=1,2,\cdots,k \tag{4-61}$$

式中，$S_{\mathrm{MVA\text{-}}i}$ 为感应电动机 i 的基准容量；$S_{\mathrm{MVA\text{-}M}i}$ 为修正后的加权因子。

为了保证修正后的加权因子之和仍然等于修正前所有感应电动机的容量之和，应对所有的修正后的加权因子按比例修改，即

$$S_{\mathrm{SUM1}} = \sum_{i=1}^{k} S_{\mathrm{MVA\text{-}}i} \tag{4-62}$$

$$S_{\mathrm{SUM2}} = \sum_{i=1}^{k} S_{\mathrm{MVA\text{-}M}i} \tag{4-63}$$

$$S_{\mathrm{MVA\text{-}M}i} = S_{\mathrm{MVA\text{-}M}i} \frac{S_{\mathrm{SUM1}}}{S_{\mathrm{SUM2}}} \tag{4-64}$$

2. 实例分析

(1) 分别采用原来的综合方法和改进的综合方法将上述 6 台感应电动机综合为 1 台，参数如表 4-10 所示，计算结果如图 4-9 所示。

表 4-10　采用不同的综合方法将 6 台感应电动机综合为 1 台的电动机参数表

方法	R_s	X_s	X_m	R_r	X_r	H	K_L	A	P_{per}/%
原方法	0.0422	0.0995	2.6532	0.0566	0.1578	0.8992	0.5626	0.8146	50
新方法	0.0235	0.0827	3.2038	0.0263	0.1708	0.8992	0.5626	0.8146	50

(2) 采用新的分组方法将这 6 台感应电动机分为两组，分别采用原来的综合

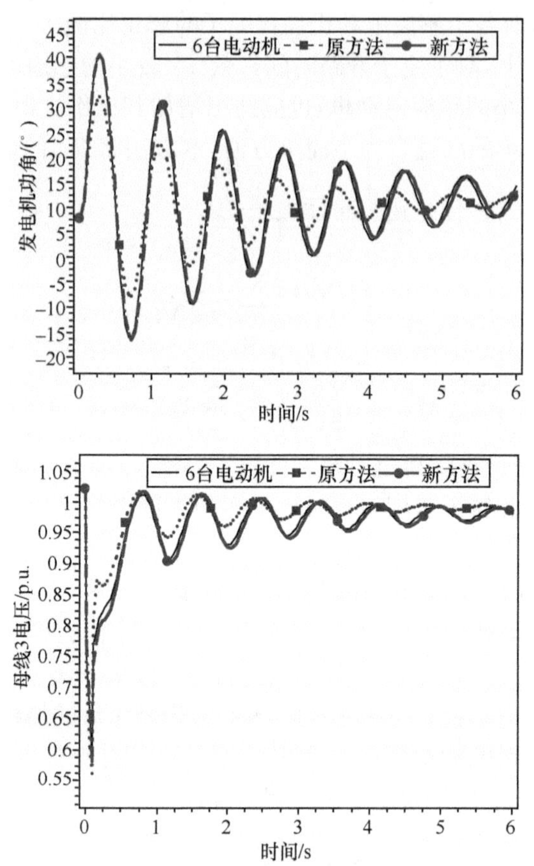

图 4-9　采用不同的综合方法将 6 台感应电动机综合为 1 台的计算结果

方法和改进的综合方法将其综合为 2 台，综合的感应电动机参数如表 4-11 所示，计算结果如图 4-10 所示。

表 4-11　采用不同综合方法将 6 台感应电动机综合为 2 台的电动机参数表

方法		R_s	X_s	X_m	R_r	X_r	H	K_L	A	P_{per}/%
原方法	1	0.0789	0.1089	2.1977	0.0817	0.1001	0.7913	0.4543	0.6417	20.9
	2	0.0211	0.0840	3.4120	0.0141	0.1778	1.0149	0.6787	1.0	29.1
新方法	1	0.0661	0.0971	2.3058	0.0662	0.0895	0.7913	0.4543	0.6417	20.9
	2	0.0181	0.0782	3.5188	0.0125	0.1759	1.0149	0.6787	1.0	29.1

对于本算例的 6 台感应电动机，从计算结果可以看出：综合成 1 台，采用改进的综合方法，计算结果与没有综合时基本一致，明显好于原来的综合方法；综合成 2 台时，采用改进的综合方法的计算结果，与没有综合时的结果基本一致，也好于采用原综合方法的计算结果。

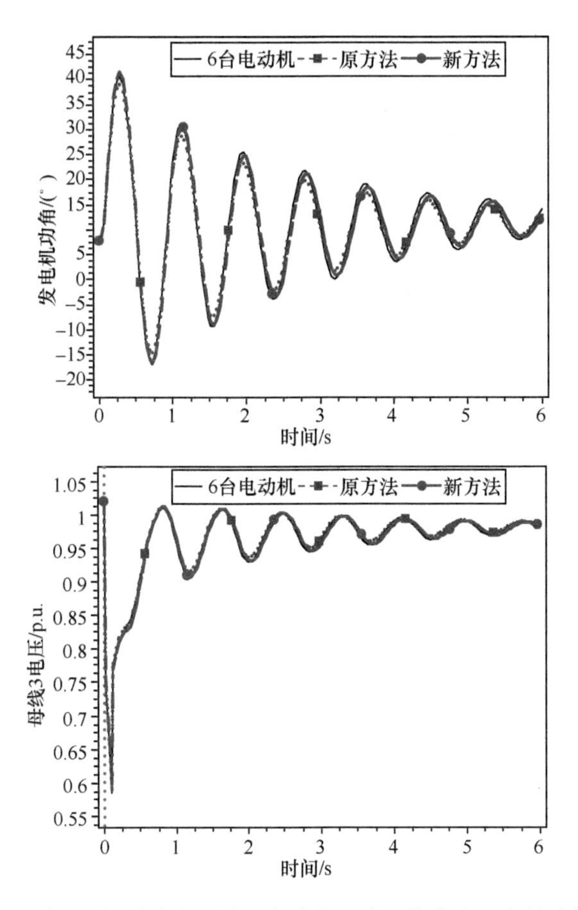

图 4-10　采用不同综合方法将 6 台感应电动机综合为 2 台的计算结果

4.6　统计综合法负荷建模软件的基本流程

统计综合法负荷模型综合软件基本上是按照 4.1 节的基本原理进行开发的[8]。软件的基本流程如图 4-11 所示。

软件主要包括三个部分：

(1) 建立负荷数据，包括负荷类型的组成、各负荷类型中用电设备组成和各用电设备的特性；

(2) 将负荷数据综合成一般形式的负荷特性参数，包括静态负荷参数和动态负荷参数；

(3) 将一般形式的负荷特性参数转化为 PSD 电力系统分析软件包或 PSASP 电力系统综合程序的负荷模型。

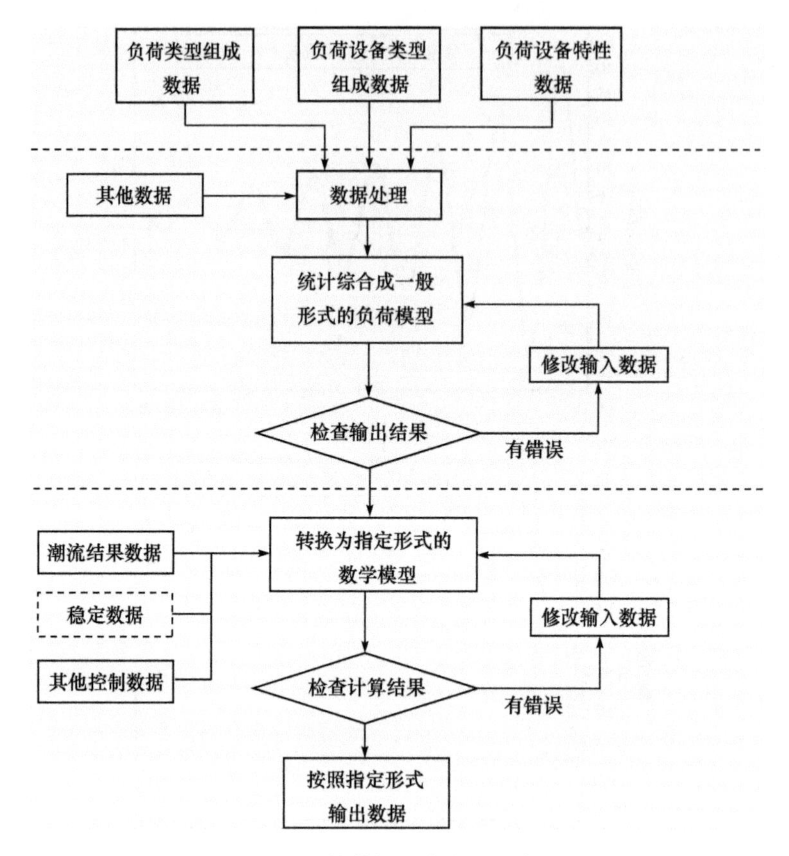

图 4-11　软件的基本流程示意图

参 考 文 献

[1] General Electric Company. Load modeling for power flow and transient stability computer studies[R]. EPRI,1987.

[2] Price W W, Wirgau K A,Murdoch A,et al. Load modeling for power flow and transient stability computer studies[J]. IEEE Transactions on Power Systems, 1988,3(1): 180～187.

[3] Vaahedi E, El-Din H M Z, Price W W. Dynamic load modeling in large scale stability studies [J]. IEEE Transactions on Power Systems, 1988,3(3): 1039～1045.

[4] Abdel H M M,Berg G J. Dynamic single-unit representation of induction motor groups[J]. IEEE Transactions on Power Apparatus and Systems, 1976,95(1):155～165.

[5] Franklin D C,Morelato A. Improving dynamic aggregation of induction motor models[J]. IEEE Transactions on Power Systems, 1994,9(4):1934～1941.

[6] 周顺荣. 电机学[M]. 北京:科学出版社,2002.

[7] 侯俊贤,汤涌,张红斌,等. 感应电动机的综合方法研究[J]. 电网技术,2007,31(4):36～41.

[8] 侯俊贤,汤涌,张东霞,等. 统计综合法负荷建模技术与软件开发[R]. 北京:中国电力科学研究院,2005.

第5章　考虑配电网络的综合负荷模型的建模

5.1　配电网络对统计综合法负荷建模的影响

5.1.1　配电网络

第4章的负荷统计综合法的基本原理中指出，统计综合法负荷建模的实现基于以下两点假设：

（1）所有元件的端电压和频率是相同的。

（2）无功损耗和无功补偿模拟为节点电压的函数。

但是，实际系统中配电网络是很复杂的，如：

（1）在稳态和动态过程中，配电网络中各个负荷元件的端电压和频率并不相同；不同的电压和频率条件下，各元件的负荷特性也有所不同，吸收的有功、无功功率也有差别。

（2）配电网络中的有功、无功损耗主要决定于线路和变压器支路中的电流，与各节点电压、各负荷功率也有一定的关系，很难用一个确定的函数关系式来表示。

因此，基于上述假设对负荷进行的统计综合计算，与实际情况会有一定的差别。

文献[1]通过几个时域仿真算例分析了负荷模型中是否考虑配电网络对仿真计算结果的影响。以下是文献[1]的主要结论。

5.1.2　负荷模型中配电网络的影响分析

（1）动态过程中，负荷母线总的有功负荷的变化相差较小，但是无功负荷的变化相差较大。

通常进行的稳定计算中，总无功负荷同时包含负荷的无功功率、配电网络的无功补偿、线路和变压器的无功损耗等。在动态过程中，各节点的电压不同，配电网络各负荷的无功功率、无功补偿和支路的无功损耗都随之发生变化，是一个复杂的过程，因此，在动态过程中无功功率的变化很大，很难用一个负荷点来准确模拟。

有功功率通过配电网络传输到负荷点，有功损耗相对于无功损耗较小，有功损耗相对于传输的有功功率也比较小，因此，有功功率的变化主要决定于负荷吸收的有功的变化，即主要决定于负荷点电压的变化，所以采用综合的有功负荷特性可以近似模拟有功功率的变化。

（2）配电网络无功补偿对总无功负荷的影响很大；负荷综合到230kV母线

时，无功负荷的变化趋势与不进行综合的变化趋势可能是完全相反的。

若配电网络中存在无功补偿设备，由于无功补偿的输出无功功率与电压的平方成正比，因此，当配电网络电压降低时，无功补偿设备输出的无功功率迅速降低，配电网络电压迅速下降，使部分配电网络支路的电压差增大；但负荷的特性与无功补偿的特性可能有所不同，当电压下降时，负荷功率可能不随之迅速下降，因此会从系统吸收更多的无功功率；由于部分支路电压差增大、负荷向系统吸收更多的无功功率等原因，使部分支路的电流升高，导致线路的无功损耗增加。因此，配电网络总无功功率在电压降低时会增大。

(3) 在忽略配电网络进行负荷综合计算时，负荷母线的电压等级越高，计算结果与实际相差越大。

对于通常采用的静态无功负荷特性，负荷无功功率随电压的降低而降低。配电网络的动态特性比较复杂，负荷综合到的母线电压等级越高，则忽略的配电网络支路越多，配电网络特性的影响就越大，与实际相差的也就越大。

5.1.3 配电网络的模拟方法

配电网络的特性比较复杂，包括各负荷点的电压和频率变化、无功负荷变化、配电网络支路的无功损耗变化、无功补偿设备的无功功率变化等，很难用一个确定的代数模型或感应电动机模型比较准确地模拟配电网络的动态过程，因此，在对配电网络支路进行简化时，综合电压等级越高，简化的越多，配电网络特性与实际偏差越大，仿真计算结果误差也就越大。

对负荷进行综合后，无功特性相差最大，也是导致其他特性，如有功功率、电压、功角等出现误差的主要原因。在对负荷进行综合时，应充分考虑配电网络的无功特性。因此，在对配电网络进行综合后，可以在连接综合负荷的位置增加一个配电网络支路，即综合的负荷不是直接连接在系统中，而是经过一个阻抗与系统相连，通过该阻抗近似模拟配电网络的影响。

文献[1]通过算例仿真分析表明，通过增加一个阻抗来模拟配电网络，即使将配电网络负荷综合到较高的电压等级，仍然能够比较准确地模拟整个配电网络负荷的动态变化过程。增加该阻抗后，仿真计算中增加的数据量和计算量都很小，因此在实际应用中该方法是一种模拟配电网络的较好的方法[2,3]。

5.1.4 配电网络等值电抗的近似计算方法

配电网络的等值电抗可以根据配电网络的结构、负荷的大小和分布、线路和变压器支路的参数等近似计算。

1. 算例 1

配电网络各支路阻抗和负荷大小如图 5-1 所示。

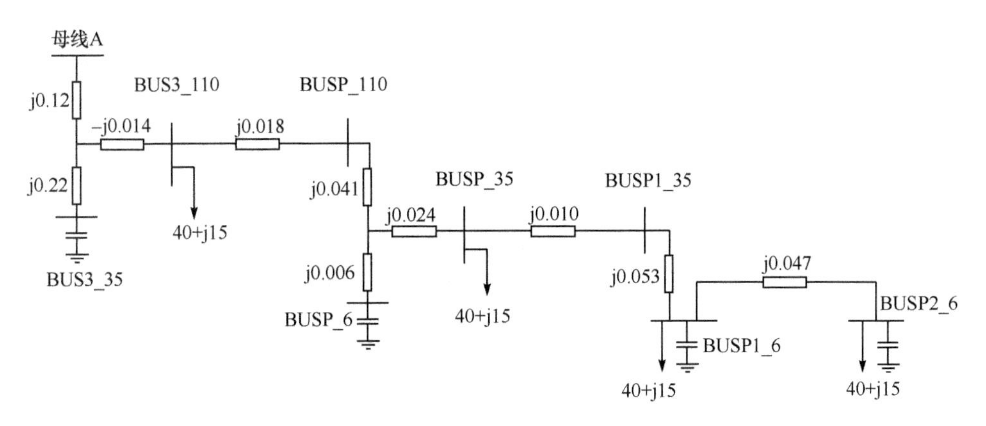

图 5-1　配电网络支路阻抗和负荷示意图

对于图 5-1 中的配电网络，配电网络电抗主要包括以下几个部分：

(1) 230kV 三绕组变压器的 230kV 侧和 110kV 侧电抗，$X_1=0.12$p. u.，$X_2=-0.014$p. u.；

(2) 110kV 线路电抗，$X_3=0.018$p. u.；

(3) 110kV 三绕组变压器的高压侧电抗和中压侧电抗，$X_4=0.041$p. u.，$X_5=0.024$p. u.；

(4) 35kV 线路电抗，$X_6=0.01$p. u.；

(5) 35kV 两绕组变压器电抗，$X_7=0.053$p. u.；

(6) 6kV 线路电抗，$X_8=0.047$p. u.。

实际计算中，配电网络的等值电抗选择 0.15p. u. 时，模拟的效果比较好。

如果考虑 230kV 变压器电抗、110kV 线路电抗和 110kV 变压器高压侧电抗，则需要对电抗值进行修正。由于各支路负荷功率大小不同，采用各支路负荷功率占总负荷功率百分比对电抗进行修正，可以计算出总电抗：

$$X=X_1+X_2+X_3\times 75\%+X_4\times 75\%=0.15025(\text{p. u.})$$

该值与实际使用的数值相差不大。

2. 算例 2

配电网络支路阻抗和负荷大小如图 5-2 所示。

同样可以根据算例 1 的方法计算配电网络的等值电抗，即

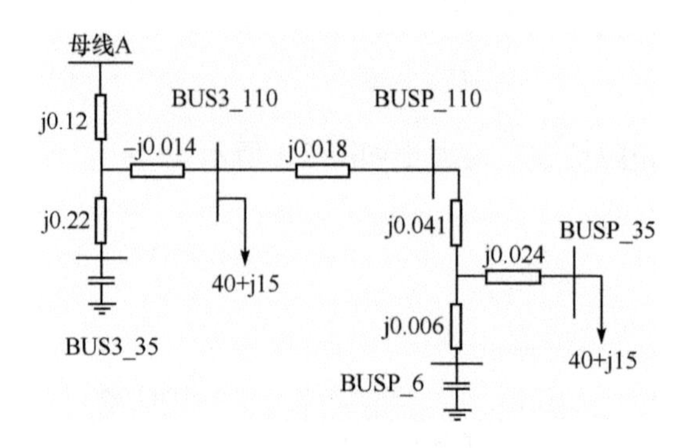

图 5-2　配电网络支路阻抗和负荷示意图

(1) 230kV 三绕组变压器 230kV 侧和 110kV 侧的电抗，$X_1=0.12\text{p.u.}$，$X_2=-0.014\text{p.u.}$；

(2) 110kV 线路电抗，$X_3=0.018\text{p.u.}$；

(3) 110kV 三绕组变压器的高压侧电抗和中压侧电抗，$X_4=0.041\text{p.u.}$，$X_5=0.024\text{p.u.}$。

实际计算中，配电网络的等值电抗选择 0.12p.u. 左右时，模拟的效果比较好。

同样，如果考虑 230kV 变压器电抗、110kV 线路电抗和 110kV 变压器高压侧电抗，应采用各支路负荷功率占总负荷功率百分比对电抗进行修正，可以计算出总电抗：

$$X=X_1+X_2+X_3\times 50\%+X_4\times 50\%=0.1355(\text{p.u.})$$

该值与实际使用的数值相差不大。

通过以上两个算例可以看出，根据配电网络的参数、负荷功率大小，可近似计算出配电网络的等值电抗。计算等值电抗时，只需要考虑较高电压等级的变压器和线路参数，同时根据负荷功率的大小进行必要的修正。

5.2　配电网络及无功补偿等值方法

实际系统中的负荷并不是同时直接连接在同一母线上的，而是依地理位置分布在配电网络中，如图 5-3 所示。对于负荷区域，各负荷主要是通过配电网络耦合在一起的。

在进行电气计算时，配电网络中的静态元件如配电变压器、配电线路、并联补偿电容器等可以用 R、L、C 所组成的等值电路来模拟，甚至是一些静态负荷也可以用它们或其组合电路来代替。针对如图 5-3 所示的实际配电网络，图 5-4 描述了综合负荷模型对配电网络等值情况。

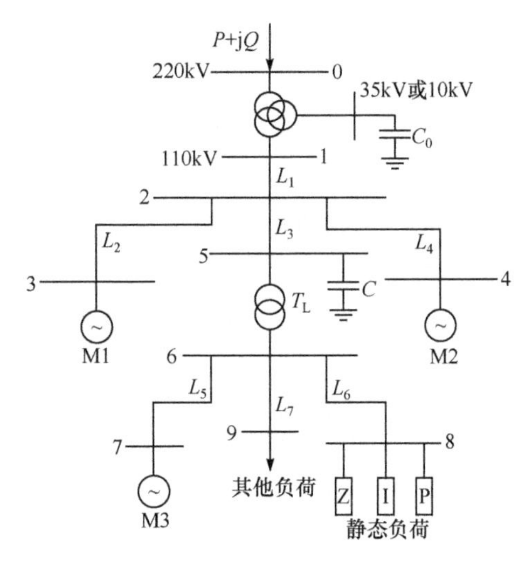

图 5-3 实际负荷区域配电网络结构图

对比图 5-3 和图 5-4,综合负荷模型除了保留 110kV 网络的第 1 个节点(即 220kV/110kV 主变的 110kV 母线节点)外,其他 110kV 节点全部都被等值了,其中,用 Z_{eq}描述被等值的配电网络线路和变压器,用 C_{eq}描述被等值的配电网无功功率补偿。在配电网络等值阻抗后增加了虚拟母线,被等值的负荷和无功补偿直接接在该虚拟母线上。负荷的总功率为 P_L+jQ_L,包括所有的静态负荷和动态负荷(主要为感应电动机负荷)。

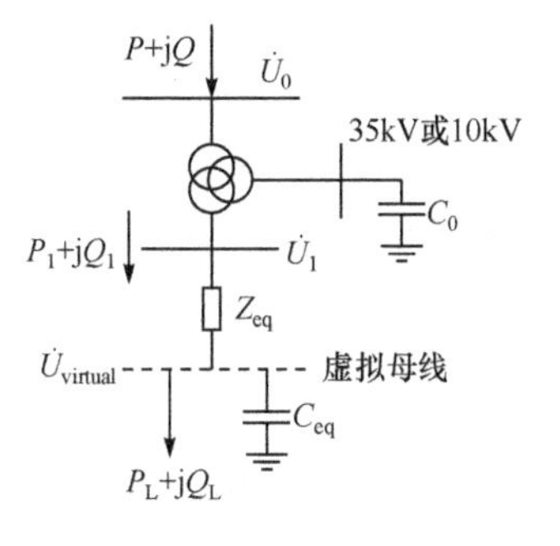

图 5-4 配电网络等值图

为求取配电网络等值阻抗 Z_{eq}和等值无功补偿 C_{eq},需要的已知量包括保留母线 1 的电压 $\dot{U}_1$ 和注入功率 P_1+jQ_1,计算步骤如下所述。

(1) 保留母线 1 的注入电流为

$$\dot{I}_1=\frac{P_1-jQ_1}{\dot{U}_1^*} \tag{5-1}$$

(2) 配电网络的功率损耗为

$$S_{loss}=(P_1-P_L)+j(Q_1-Q_L) \tag{5-2}$$

(3) 配电网络等值阻抗 Z_{eq}为

$$Z_{eq}=\frac{S_{loss}}{I_1^2} \tag{5-3}$$

(4) 负荷电流 $\dot{I}_L$ 为

$$\dot{I}_L=\frac{P_L-jQ_L}{\dot{U}_{virtual}^*} \tag{5-4}$$

（5）等值无功补偿电流 $\dot{I}_c$ 为

$$\dot{I}_c = \dot{I}_1 - \dot{I}_L \tag{5-5}$$

（6）等值无功补偿 Q_c 为

$$Q_c = \mathrm{Im}\left[\sqrt{3}\dot{U}_{\mathrm{virtual}}(\dot{I}_1 - \dot{I}_L)\right] \tag{5-6}$$

5.3　配电网络等值阻抗成分分析

综合负荷模型中的等值阻抗是根据配电网络有功、无功损耗计算得到的。实际 220kV 或 330kV 负荷站点的配电网络功率损耗主要集中在 110kV 线路、35kV 线路(或 10kV 线路)，以及 110kV 变压器和 35kV 变压器。

表 5-1 为华北、华中和西北电网详细调查的 25 个 220kV 或 330kV 变电站的损耗分布及计算得到的配电网络等值阻抗。

表 5-1　各区域负荷站点配电网有功无功损耗分布及配电网络等值阻抗

站名	负荷/MW	线路 P_{loss}	线路 Q_{loss}	变压器 P_{loss}	变压器 Q_{loss}	$\frac{\sum Q_{\mathrm{loss}}}{\sum P_{\mathrm{loss}}}$	等值阻抗
华北电网 220kV 变电站							
知春里 220	395	1.04	4.1	0	41.5	43.8	0.0023+j0.0961
长椿街 220	369	7.31	13.2	0	27.8	6.98	0.0170+j0.0978
龙河站 220	136	1.01	2.8	0	4.6	7.4	0.0088+j0.0691
延吉道 220	134	0.267	1.4	0	7.1	26.59	0.0020+j0.0532
杨家堡 220	120	0.124	0.5	0	6.5	56.45	0.0011+j0.0787
临晋 220	307	5.58	14.5	0	35.3	8.92	0.0094+j0.0762
德州 220	132	0.273	0.6	0	8.1	31.87	0.0014+j0.0459
台阁牧 220	163	1.53	3.8	0	27.0	20.12	0.0093+j0.1065
华中电网 220kV 变电站							
漯河变 220	108	0.203	0.6	0	5.0	27.59	0.0020+j0.0534
榔梨变 220	164	2.77	10.2	0	12.7	8.27	0.0192+j0.1007
武展变 220	280	0.139	0.7	0	19.8	147.5	0.0005+j0.0855
淮阳变 220	84.4	1.24	2.1	0	7.1	7.42	0.0151+j0.1273
茅家岭 220	66	0.344	0.6	0	3.8	12.79	0.0053+j0.0784
西北电网 330kV 或 220kV 变电站							
和平 330	232	0.372	1.6	0	14.3	38.44	0.0015+j0.0474
石城 330	411	4.737	9.5	0	41.8	10.83	0.0104+j0.0978
天水 330	137	1.069	4.0	0	12.7	15.62	0.0104+j0.0978

续表

站名	负荷/MW	线路 P_{loss}	线路 Q_{loss}	变压器 P_{loss}	变压器 Q_{loss}	$\frac{\sum Q_{loss}}{\sum P_{loss}}$	等值阻抗
东郊 330	552	4.963	18.9	0	47.3	13.34	0.0082+j0.1086
古城 220	39	0.18	0.4	0	1.2	8.89	0.0024+j0.0357
候桥 330	219	1.165	3.3	0	19.6	19.66	0.0055+j0.1075
惠农 220	360	1.597	4.7	0	24.3	18.16	0.0048+j0.1377
龙川 220	104	1.364	3.2	0	9.2	9.09	0.0104+j0.0990
南郊 330	319	0.521	1.8	0	17.9	37.8	0.0015+j0.0599
银川 220	210	2.758	4.0	0	36.6	14.72	0.0114+j0.1042
迎水桥 220	148	0.559	1.5	0	4.1	9.84	0.0035+j0.0537
朱家 330	64	0.493	1.7	0	4.4	12.37	0.0040+j0.0517

对于配电网络的线路参数而言，110kV 线路的 X/R 比值基本上保持在 2～3，而对于低压 35kV 线路 X/R 比值比较小，$X/R<1.0$ 的情况比较普遍。但是从整个配电网络的损耗而言，无功损耗远远大于有功损耗，而且无功损耗主要集中在配电网络变压器上(变压器有功损耗忽略不计)。所以，根据损耗计算得到的等值阻抗的 X/R 比值会很大。

因此，在配电网络的无功损耗中，配电网络变压器的无功损耗占有最大比例，绝大多数的负荷站点的变压器无功损耗占总损耗的比例超过 70%。

5.4　静态负荷等值

多项式负荷模型(polynomial load model)是将负荷功率与电压之间的关系描述为多项式方程形式的静态负荷模型，该模型的一般形式如式(5-7)和式(5-8)所示。多项式负荷模型是 IEEE Task Force 推荐采用的静态负荷模型结构。

$$P=P_0\left[a\left(\frac{U}{U_0}\right)^2+b\left(\frac{U}{U_0}\right)+c\right] \tag{5-7}$$

$$Q=Q_0\left[\alpha\left(\frac{U}{U_0}\right)^2+\beta\left(\frac{U}{U_0}\right)+\gamma\right] \tag{5-8}$$

多项式有功功率负荷模型系数为 a、b、c，无功功率负荷模型系数为 α、β、γ 和负荷的功率因数。该模型用于描述特定的负荷设备或负荷元件，U_0 表示负荷的额定电压，P_0 和 Q_0 则分别表示在额定电压 U_0 下负荷的额定有功功率和无功功率。但是如果用该模型来描述母线的综合负荷时，U_0、P_0 和 Q_0 通常用来表示系统初始运行工况下的数值。

对静态负荷的等值主要是对系数 P_0、a、b、c 和 Q_0、α、β、γ 的等值。对多项式负荷模型的等值是基于负荷功率对负荷端电压的灵敏度，即

$$\left.\frac{\partial P}{\partial U}\right|_{U=U_0}=\left.\frac{\partial P_1}{\partial U}\right|_{U=U_0}+\left.\frac{\partial P_2}{\partial U}\right|_{U=U_0}+\cdots+\left.\frac{\partial P_n}{\partial U}\right|_{U=U_0} \tag{5-9}$$

$$\left.\frac{\partial Q}{\partial U}\right|_{U=U_0}=\left.\frac{\partial Q_1}{\partial U}\right|_{U=U_0}+\left.\frac{\partial Q_2}{\partial U}\right|_{U=U_0}+\cdots+\left.\frac{\partial Q_n}{\partial U}\right|_{U=U_0} \tag{5-10}$$

式中，$P_1,P_2,\cdots,P_n$ 以及 $Q_1,Q_2,\cdots,Q_n$ 为各静态负荷的有功功率和无功功率，对应的多项式负荷模型系数分别为 $P_{01},P_{02},\cdots,P_{0n},a_1,a_2,\cdots,a_n,b_1,b_2,\cdots,b_n,c_1,c_2,\cdots,c_n$ 以及 $Q_{01},Q_{02},\cdots,Q_{0n},\alpha_1,\alpha_2,\cdots,\alpha_n,\beta_1,\beta_2,\cdots,\beta_n,\gamma_1,\gamma_2,\cdots,\gamma_n$。当 $U=U_0$ 时，有

$$\begin{cases}P_0=P_{01}+P_{02}+\cdots+P_{0n}\\ Q_0=Q_{01}+Q_{02}+\cdots+Q_{0n}\end{cases} \tag{5-11}$$

$$\begin{cases}a=\dfrac{P_{01}a_1+P_{02}a_2+\cdots+P_{0n}a_n}{P_0}\\ b=\dfrac{P_{01}b_1+P_{02}b_2+\cdots+P_{0n}b_n}{P_0}\\ c=1-a-b\end{cases} \tag{5-12}$$

$$\begin{cases}\alpha=\dfrac{Q_{01}\alpha_1+Q_{02}\alpha_2+\cdots+Q_{0n}\alpha_n}{Q_0}\\ \beta=\dfrac{Q_{01}\beta_1+Q_{02}\beta_2+\cdots+Q_{0n}\beta_n}{Q_0}\\ \gamma=1-\alpha-\beta\end{cases} \tag{5-13}$$

5.5 感应电动机的分群[4~8]

感应电动机的动态特性一般由 5 阶的磁链和转速微分方程来描述。根据标准的标幺制表述[9]，以同步旋转磁场为参照系，交直轴的定子和转子绕组的磁链方程为

$$\begin{cases}\dfrac{\mathrm{d}\psi_{ds}}{\mathrm{d}t}=-\dfrac{r_{\mathrm{s}}x_{\mathrm{rr}}}{D}\psi_{ds}+\psi_{qs}+\dfrac{r_{\mathrm{s}}x_{\mathrm{m}}}{D}\psi_{d\mathrm{r}}+U_{ds}\\ \dfrac{\mathrm{d}\psi_{qs}}{\mathrm{d}t}=-\psi_{ds}-\dfrac{r_{\mathrm{s}}x_{\mathrm{rr}}}{D}\psi_{qs}+\dfrac{r_{\mathrm{s}}x_{\mathrm{m}}}{D}\psi_{q\mathrm{r}}+U_{qs}\\ \dfrac{\mathrm{d}\psi_{d\mathrm{r}}}{\mathrm{d}t}=\dfrac{r_{\mathrm{r}}x_{\mathrm{m}}}{D}\psi_{ds}-\dfrac{r_{\mathrm{r}}x_{\mathrm{ss}}}{D}\psi_{d\mathrm{r}}+s\psi_{q\mathrm{r}}\\ \dfrac{\mathrm{d}\psi_{q\mathrm{r}}}{\mathrm{d}t}=\dfrac{r_{\mathrm{r}}x_{\mathrm{m}}}{D}\psi_{qs}-s\psi_{d\mathrm{r}}-\dfrac{r_{\mathrm{r}}x_{\mathrm{ss}}}{D}\psi_{q\mathrm{r}}\end{cases} \tag{5-14}$$

式中，ψ 表示电动机定转子绕组的磁链，而 ds、qs、dr 和 qr 分别表示 d-q 坐标下定子直轴、定子交轴、转子直轴和转子交轴；$D=x_{\mathrm{ss}}x_{\mathrm{rr}}-x_{\mathrm{m}}^2$；$x_{\mathrm{ss}}=x_{\mathrm{s}}+x_{\mathrm{m}}$；$x_{\mathrm{rr}}=$

x_r+x_m；r_s、x_s、r_r、x_r 和 x_m 则分别表示电动机的定子电阻、定子电抗、转子电阻、转子电抗和激磁电抗；U_{qs}和 U_{ds}为机端电压的交直轴分量。

感应电动机的机械动态方程为

$$\frac{\mathrm{d}s}{\mathrm{d}t}=\frac{1}{2H\omega_s}\left[T_m-\frac{x_m}{D}(\psi_{qs}\psi_{dr}-\psi_{ds}\psi_{qr})\right] \tag{5-15}$$

式中，ω_s 为同步电角速度；H 为电动机总的惯性时间常数。设机械转矩 T_m 与转速之间的关系为

$$T_m=(a\omega_r^2+b\omega_r+c)T_{m0} \tag{5-16}$$

式中，ω_r 为转子的电角速度，$\omega_r=1-s$；T_{m0}、a、b 和 c 为常系数，有$(a\omega_{rn}^2+b\omega_{rn}+c)\cdot T_{m0}=T_n$，其中，$\omega_{rn}=1-s_n$ 和 T_n 为额定角速度和额定电磁转矩。

对式(5-14)和式(5-15)进行线性化就可得到感应电动机动态方程的系统矩阵，如式(5-17)所示：

$$\mathbf{A}=\begin{bmatrix} -\dfrac{r_s x_{rr}}{D} & 1 & \dfrac{r_s x_m}{D} & 0 & 0 \\ -1 & -\dfrac{r_s x_{rr}}{D} & 0 & \dfrac{r_s x_m}{D} & 0 \\ \dfrac{r_r x_m}{D} & 0 & -\dfrac{r_r x_{ss}}{D} & s_0 & \psi_{qri0} \\ 0 & \dfrac{r_r x_m}{D_i} & -s_0 & -\dfrac{r_r x_{ss}}{D_i} & -\psi_{dr0} \\ k\psi_{qr0} & -k\psi_{dr0} & -k\psi_{qs0} & k\psi_{ds0} & \tau \end{bmatrix} \tag{5-17}$$

式中，s_0 为电动机的实际运行滑差；k 和 τ 为

$$\begin{cases} k=\dfrac{x_m}{2\omega_s HD} \\ \tau=\dfrac{1}{2\omega_s H}\Delta T_m=\dfrac{T_{m0}}{2\omega_s H}[-2a(1-s_0)-b] \end{cases} \tag{5-18}$$

电动机的动态过程由 5 个状态变量来描述，因此，也就有 5 个特征值与之相对应，包括 2 对共轭复特征值和 1 个实特征值。对于虚部接近于同步旋转角速度 ω_s（标幺制下 $\omega_s=1.0$）的共轭复特征值，与定子绕组的电磁暂态过程密切相关，将其定义为定子特征值；另一对共轭特征值主要与电动机转子绕组电路的电磁暂态特性密切相关，将其定义为转子特征值；实特征值表示的是一种指数响应特性，反映了感应电动机的机械特性，将其定义为机械特征值。

电动机的复特征值对应着电动机的两种动态振荡模式。复特征模式的振荡频率为

$$\omega=\beta \tag{5-19}$$

阻尼比为

$$\xi=\frac{-\alpha}{\sqrt{\alpha^2+\beta^2}} \tag{5-20}$$

式中，$\alpha \pm \mathrm{j}\beta$ 是互为共轭的复特征值。

当电动机运行点处的 $\frac{\partial T_{\mathrm{em}}}{\partial s}>0$ 时，实特征值才为负实数，当运行点越过图 5-5 的 C 点后实特征值变为正实数。电动机的实特征值对应着非振荡模式，它描述了一种衰减模式，一方面它反映了电磁暂态中的直流分量的衰减特性，这在三相对称系统的机电暂态稳定分析中并不重要；另一方面，它部分地反映了电动机的机械阻尼特性。经过大量计算和仿真分析，针对实特征值，提出衰减率的概念，定义为

$$\zeta=-\frac{H}{\omega_{\mathrm{s}}}\lambda \tag{5-21}$$

式中，λ 为对应的实特征值；标幺制条件下，$\omega_{\mathrm{s}}=1.0$。

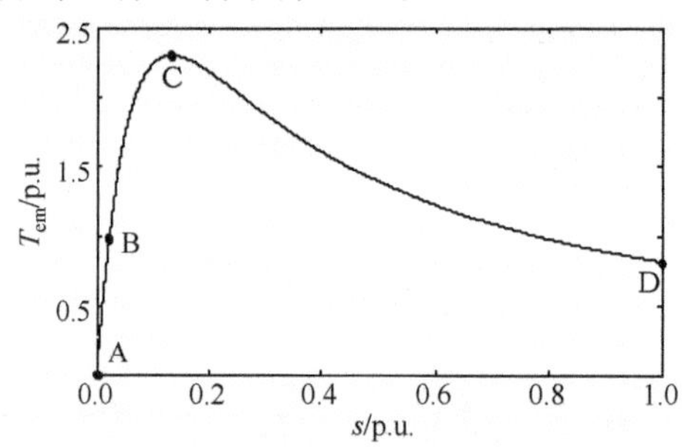

图 5-5　感应电动机的机械特性曲线

研究表明，在对电力系统进行机电暂态稳定分析时，考虑感应电动机的定子绕组电路的电磁暂态过程既没有必要也不实际。因此，电力系统仿真计算中采用的感应电动机模型只考虑其转子绕组电路的电磁暂态和机械暂态过程。

感应电动机的特征值一般用于小扰动振荡分析，即小扰动条件下电动机的动态特性。即使如此，特征值中也隐含着电动机在大扰动条件下的一些重要动态信息。本节应用感应电动机转子特征模式的阻尼比 ξ 和机械特征模式的衰减率 ζ 来表征感应电动机的动态特性。

采用聚类方法对电动机进行分群。聚类(clustering)是一个寻找数据集的自然结构的过程，在这个过程中将数据对象划分到不同的簇(cluster)，使得同一个簇中的对象是相似的，不同簇中的对象是相异的。K-均值算法是解决聚类问题的一种经典算法。

K-均值聚类是指：输入一个数据集 X 和一个整数 K(簇或类的个数)，输出 X 的 K 个簇集 $C_i=\{\boldsymbol{X}_1,\cdots,\boldsymbol{X}_{ni}\}$。$K$-均值聚类问题定义为：设 N 个数据集合 $X=\{\boldsymbol{X}_1,\cdots,\boldsymbol{X}_N\}$ 是待聚类数据，其中，$\boldsymbol{X}_j=(x_{j1},\cdots,x_{jq})\in\mathbf{R}^q$ 为数据项，$j=1,\cdots,N$。K-均值聚类方法就是要找到 X 集合的 K 簇集，对于每个簇集 $C_i=\{\boldsymbol{X}_1,\cdots,\boldsymbol{X}_{ni}\}$，都能使其所对应目标函数

$$f(C_i)=\sum_{j}^{n_i} d(\boldsymbol{X}_j,\boldsymbol{M}_i),\quad \boldsymbol{X}_j\in C_i \tag{5-22}$$

最小，其中

$$\boldsymbol{M}_i = \frac{1}{n_i} \sum_{\boldsymbol{X}_j \in C_i} \boldsymbol{X}_j \tag{5-23}$$

为第 i 个簇的中心位置，$i=1,\cdots,K$；$(\boldsymbol{X}_j, \boldsymbol{M}_i)$ 为 C_i 的数据项个数；$d(\boldsymbol{X}_j, \boldsymbol{M}_i)$ 为 $\boldsymbol{X}_j$ 到 $\boldsymbol{M}_i$ 的欧几里得距离。

对于一群电动机来说，N 为该群电动机的总数。关键是以什么标准来判断感应电动机之间的相似性，即如何确定聚类的数据项 $\boldsymbol{X}_j$。

前面的结果表明，转子绕组特征模式和机械特征模式的阻尼比(ξ,ζ)能够反映电动机的稳定特性，以数据项 $\boldsymbol{x}_j=(\xi_j,\zeta_j)$ 为分类标准，能够将电动机群分为稳定性较好和稳定性较差的两个子群，簇或类的个数 $K=2$。电动机群分类流程如图 5-6 所示。

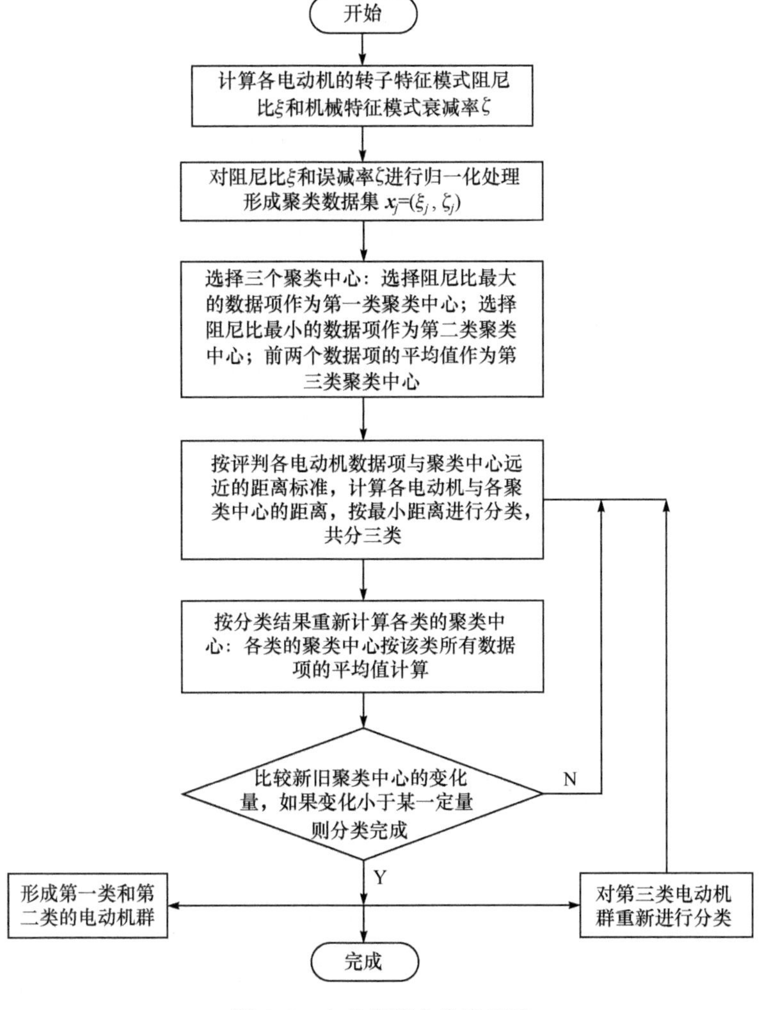

图 5-6　电动机群分类流程图

由于一群电动机中可能有两部分电动机之间的差异比较大，而还有一部分电动机介于两者之间，纯粹靠距离判据可能难以将这些电动机划分到哪个子群中。为了使任意电动机群可分，且分类结果合理，首先将电动机群分为三类，前两类代表最终需要的两个子群，中间一类为临时电动机子群，代表着部分保持中立的电动机，然后再将这部分电动机分为三个子群，依此类推，直至所有的电动机分类完成，这样每一步得到的对应稳定性较好和稳定性较差的电动机群分别合并起来就是最终的分群结果。具体的分类过程如图 5-7 所示，可以看出，采用该方法进行分群使得每一群电动机总是可分的。

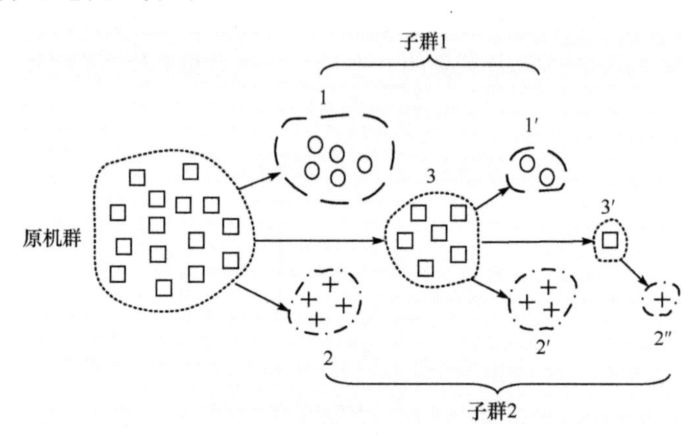

图 5-7　电动机群的具体分群过程

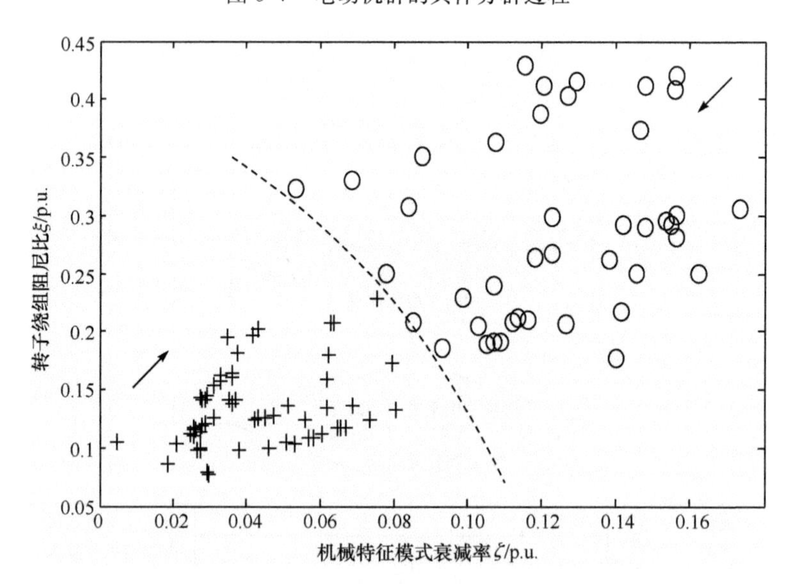

“o”表示第一群电动机；“+”表示第二群电动机

图 5-8　对 103 台电动机进行分类的结果

图 5-8 是对表 5-2 所列的 103 台感应电动机的分群结果，其中，“o”代表稳定性好的电动机群，而“＋”则代表稳定性差的电动机群。从图中可以看出，越靠近图 5-8右上角的电动机，其稳定特性越好，反之，越靠近左下角的电动机其稳定性越差。图中的箭头方向代表各电动机按先后被分类完成的顺序，也就是说，越靠近右上角或左下角的电动机越容易被先分类到对应的子群中去；而越是靠近平面的中心，电动机之间的稳定性能的差异就相对越小。图中的虚线将最终的两群电动机分隔开，可以看出，虚线附近的几台电动机的稳定特性比较接近。因为，在两台不同的电动机中，总有一台电动机的稳定性能好，而另一台稳定性能较差，所以采用本节所提算法对一群电动机进行分类总是可行的。

表 5-2　103 台感应电动机参数

编号	额定功率/MW	额定电压/kV	R_s/p. u.	X_s/p. u.	R_r/p. u.	X_r/p. u.	X_m/p. u.	H/s
1	0.013	0.380	0.0836	0.0634	0.0203	0.0634	1.9818	1.6141
2	0.025	0.380	0.0728	0.0761	0.0173	0.0761	2.3504	1.4572
3	0.033	0.380	0.0671	0.0793	0.0144	0.0793	2.4316	1.6440
4	0.049	0.380	0.0604	0.0829	0.0087	0.0829	2.5297	1.3700
5	0.081	0.380	0.0485	0.0886	0.0116	0.0886	2.4915	1.1508
6	0.118	0.380	0.0421	0.0918	0.0116	0.0918	2.8138	1.1770
7	0.169	0.380	0.0334	0.0957	0.0117	0.0957	2.9580	1.5721
8	0.200	0.380	0.0324	0.1156	0.0158	0.1156	1.4747	0.5776
9	0.211	0.380	0.0328	0.0959	0.0117	0.0959	2.9669	1.4179
10	0.173	0.380	0.0379	0.1139	0.0079	0.1139	1.4411	0.6593
11	0.215	0.380	0.0398	0.1147	0.0067	0.1147	1.7643	0.6905
12	0.268	0.380	0.0348	0.1168	0.0135	0.1168	1.9143	0.8680
13	0.298	0.380	0.0318	0.1183	0.0109	0.1183	2.0672	0.6936
14	0.353	0.380	0.0615	0.1070	0.0135	0.1070	1.6906	0.8142
15	0.376	0.380	0.0360	0.1196	0.0084	0.1196	3.2765	0.8181
16	0.423	0.380	0.0352	0.1199	0.0084	0.1199	3.2930	0.7946
17	0.476	0.380	0.0368	0.1203	0.0085	0.1203	4.1244	0.8494
18	0.529	0.380	0.0342	0.1219	0.0115	0.1219	4.8743	0.8138
19	0.591	0.380	0.0340	0.1208	0.0085	0.1208	3.7067	0.8220
20	0.665	0.380	0.0351	0.1215	0.0086	0.1215	4.8387	0.9786
21	0.749	0.380	0.0359	0.1218	0.0086	0.1218	5.7336	0.9204
22	0.843	0.380	0.0351	0.1221	0.0086	0.1221	5.7783	0.8939
23	0.213	6.0	0.0299	0.1172	0.0107	0.1172	1.6506	0.7706
24	0.232	6.0	0.0314	0.1198	0.0083	0.1198	2.5652	0.7846
25	0.292	6.0	0.0222	0.1215	0.0123	0.1215	2.1642	0.7234

续表

编号	额定功率/MW	额定电压/kV	R_s/p. u.	X_s/p. u.	R_r/p. u.	X_r/p. u.	X_m/p. u.	H/s
26	0.294	6.0	0.0215	0.1203	0.0107	0.1203	1.8088	0.6936
27	0.335	6.0	0.0512	0.0759	0.0106	0.0759	2.5758	2.5632
28	0.326	6.0	0.0132	0.1250	0.0124	0.1250	2.4212	0.8698
29	0.370	6.0	0.0176	0.1220	0.0108	0.1220	1.9507	0.7294
30	0.375	6.0	0.0229	0.0963	0.0094	0.0963	2.7919	2.9113
31	0.408	6.0	0.0426	0.0846	0.0093	0.0846	2.1343	2.1091
32	0.416	6.0	0.0158	0.1225	0.0108	0.1225	1.9662	0.7013
33	0.468	6.0	0.0397	0.0906	0.0094	0.0906	3.0795	2.8023
34	0.461	6.0	0.0098	0.1266	0.0083	0.1266	2.6542	0.8646
35	0.495	6.0	0.0450	0.0963	0.0130	0.0963	3.1205	2.7400
36	0.486	6.0	0.0099	0.1192	0.0078	0.1192	2.3451	2.1415
37	0.527	6.0	0.0549	0.0908	0.0142	0.0908	2.1439	2.0961
38	0.519	6.0	0.0159	0.1230	0.0109	0.1230	2.0896	0.9001
39	0.591	6.0	0.0313	0.1198	0.0083	0.1198	2.5660	0.8220
40	0.589	6.0	0.0166	0.1113	0.0079	0.1113	2.3368	2.7039
41	0.674	6.0	0.0124	0.1264	0.0084	0.1264	2.8373	0.8524
42	0.672	6.0	0.0141	0.0983	0.0133	0.0983	2.8931	2.7822
43	0.721	6.0	0.0395	0.0834	0.0071	0.0834	2.6684	3.0825
44	0.734	6.0	0.0129	0.1245	0.0109	0.1245	2.2618	0.9334
45	0.826	6.0	0.0378	0.0971	0.0088	0.0971	3.6435	2.8103
46	0.841	6.0	0.0282	0.1210	0.0083	0.1210	2.6088	1.1714
47	0.897	6.0	0.0354	0.0825	0.0071	0.0825	2.7693	3.0462
48	0.945	6.0	0.0276	0.1212	0.0083	0.1212	2.6178	1.2178
49	1.050	6.0	0.0271	0.1214	0.0083	0.1214	2.6251	1.1782
50	1.10	6.0	0.0294	0.0895	0.0071	0.0895	3.0081	2.9357
51	1.16	6.0	0.0208	0.1252	0.0057	0.1252	3.5993	1.3211
52	1.28	6.0	0.0127	0.1281	0.0057	0.1281	3.7853	1.3810
53	1.44	6.0	0.0152	0.1272	0.0057	0.1272	3.7273	1.3211
54	1.70	6.0	0.0280	0.1165	0.0084	0.1165	1.4303	9.4787
55	1.89	6.0	0.0239	0.1225	0.0111	0.1225	2.6691	5.7026
56	1.91	6.0	0.0275	0.1167	0.0084	0.1167	1.4336	8.8408
57	2.09	6.0	0.0232	0.1227	0.0111	0.1227	2.6789	5.3327
58	2.12	6.0	0.0269	0.1168	0.0084	0.1168	1.4369	8.6156
59	2.34	6.0	0.0226	0.1229	0.0111	0.1229	2.6883	4.7751
60	2.38	6.0	0.0278	0.1166	0.0063	0.1166	1.4318	7.6546

续表

编号	额定功率/MW	额定电压/kV	R_s/p. u.	X_s/p. u.	R_r/p. u.	X_r/p. u.	X_m/p. u.	H/s
61	2.61	6.0	0.0216	0.1233	0.0111	0.1233	2.7017	6.9048
62	2.65	6.0	0.0272	0.1167	0.0063	0.1167	1.4351	7.4288
63	2.96	6.0	0.0267	0.1169	0.0063	0.1169	1.4384	7.4035
64	3.29	6.0	0.0209	0.1235	0.0111	0.1235	2.7120	5.8616
65	3.22	6.0	0.0099	0.1249	0.0065	0.1249	2.1490	6.3933
66	3.69	6.0	0.0231	0.1239	0.0056	0.1239	3.2025	2.5320
67	3.60	6.0	0.0057	0.1261	0.0049	0.1261	2.1909	6.2287
68	4.15	6.0	0.0223	0.1241	0.0056	0.1241	3.2169	2.3057
69	4.03	6.0	0.0011	0.1294	0.0056	0.1294	2.7738	5.9628
70	4.04	6.0	0.0027	0.1270	0.0049	0.1270	2.2220	6.1650
71	4.11	6.0	0.0144	0.1269	0.0056	0.1269	3.3695	4.8241
72	4.67	6.0	0.0223	0.1241	0.0056	0.1241	3.2159	2.0961
73	4.55	6.0	0.0039	0.1267	0.0049	0.1267	2.2097	6.3324
74	4.53	6.0	0.1177	0.0793	0.1577	0.0793	1.5247	3.6807
75	4.56	6.0	0.0045	0.1296	0.0056	0.1296	3.2348	8.2816
76	5.80	6.0	0.1023	0.0882	0.0055	0.0882	2.1727	2.0714
77	5.05	6.0	0.0024	0.1303	0.0056	0.1303	3.2739	4.2169
78	5.21	6.0	0.0255	0.1214	0.0041	0.1214	2.4490	4.5256
79	5.80	6.0	0.0221	0.1248	0.0057	0.1248	3.5702	2.1798
80	5.52	6.0	0.0213	0.1251	0.0057	0.1251	3.5895	2.1137
81	7.34	6.0	0.0220	0.1248	0.0040	0.1248	3.5724	2.6397
82	7.37	6.0	0.0228	0.1234	0.0045	0.1234	2.9228	3.7989
83	8.29	6.0	0.0221	0.1237	0.0045	0.1237	2.9349	3.3715
84	1.29	10.0	0.0122	0.1199	0.0062	0.1199	1.3879	6.7075
85	1.43	10.0	0.0065	0.1213	0.0062	0.1213	1.4198	7.3760
86	1.64	10.0	0.0092	0.1212	0.0063	0.1212	1.4719	7.2728
87	1.85	10.0	0.0123	0.1230	0.0048	0.1230	1.8840	8.1972
88	2.04	10.0	0.0082	0.1242	0.0048	0.1242	1.9184	7.4254
89	2.13	10.0	0.0287	0.1159	0.0063	0.1159	1.3608	6.9742
90	2.55	10.0	0.0099	0.1243	0.0032	0.1243	2.0193	6.1924
91	2.65	10.0	0.0276	0.1162	0.0063	0.1162	1.3668	8.1686
92	3.19	10.0	0.0049	0.1258	0.0033	0.1258	2.0657	6.7413
93	4.16	10.0	0.0249	0.1227	0.0033	0.1227	2.8892	5.3978
94	4.68	10.0	0.0252	0.1226	0.0033	0.1226	2.8846	5.2852
95	5.20	10.0	0.0254	0.1225	0.0033	0.1225	2.8810	5.4362

续表

编号	额定功率/MW	额定电压/kV	R_s/p. u.	X_s/p. u.	R_r/p. u.	X_r/p. u.	X_m/p. u.	H/s
96	5.82	10.0	0.0256	0.1224	0.0033	0.1224	2.8775	4.9222
97	6.54	10.0	0.0242	0.1229	0.0033	0.1229	2.9003	4.6363
98	7.36	10.0	0.0231	0.1233	0.0033	0.1233	2.9178	4.7468
99	8.30	10.0	0.0236	0.1231	0.0033	0.1231	2.9099	4.2128
100	9.31	10.0	0.0220	0.1242	0.0034	0.1242	3.2227	3.7020
101	9.31	10.0	0.0225	0.1241	0.0034	0.1241	3.2137	2.3290
102	10.40	10.0	0.0213	0.1245	0.0034	0.1245	3.2353	11.6176
103	10.40	10.0	0.0218	0.1243	0.0034	0.1243	3.2272	2.3427
等值机	248.3	110	0.0240	0.1212	0.0092	0.1212	2.5846	1.5478

对于一群电动机负荷，因系统故障导致母线电压跌落，进而使一部分电动机堵转，而另一部分仍旧能够低压运行，因此，可将堵转的那部分电动机划分到稳定性差的一个子群中，而将没有堵转的部分划分到稳定性好的一个子群中。

从负荷母线角度看，如仅考虑母线电气参量的暂态变化特性，到底在这一群电动机中是稳定性差的一群电动机的影响大还是稳定性好的一群电动机的影响大呢？对此，需要引入主导电动机群的概念。

首先将所有电动机分为两个子群，然后分别计算两个子群中所有电动机的总动能，总动能大的子群就称为主导电动机群。

实际负荷区域中的电动机构成千差万别，可分为三种情况：一是虽然存在一些容易堵转的电动机，但不起主导作用，稳定性较好的电动机负荷起主导作用；二是主导电动机群为稳定性差的那部分比较容易堵转的电动机群；第三种情况比较折中，就是稳定性差的电动机群的总动能与稳定性好的电动机群的总动能相差不大，这种情况下即不存在主导电动机群。

5.6　感应电动机群等值算法[4~8]

5.6.1　单机等值算法

电动机的额定电磁功率 P_{emn}、转子的运行滑差 s 和最大电磁功率 P_{em_max} 或最大电磁转矩倍数 κ_m 是能代表电动机机械特性的几个重要的运行参数。本节给出基于这些参数的一种具有明确物理机理的感应电动机群的单机等值方法。

感应电动机等值方法的基本原则是等值模型和参数必须保持与原电动机群具有相同的总的吸收有功功率与无功功率(或功率因数)、总的电磁功率、总的转子铜耗、总的最大电磁功率和总动能。

将 n 台电动机等值为 1 台电动机模型的具体步骤如下所述。

(1) 计算所有电动机总的吸收有功功率与无功功率、总的电磁功率、总的转子绕组铜耗和总的最大电磁功率，计算公式如下：

$$
\begin{aligned}
P_{\Sigma} &= \sum_{i=1}^{n} P_i \\
Q_{\Sigma} &= \sum_{i=1}^{n} Q_i \\
P_{\Sigma\mathrm{em}} &= \sum_{i=1}^{n} P_{\mathrm{em}i} \\
P_{\Sigma\mathrm{cu2}} &= \sum_{i=1}^{n} P_{\mathrm{cu2}i} \\
P_{\Sigma\mathrm{em\_max}} &= \sum_{i=1}^{n} P_{\mathrm{em\_max}i}
\end{aligned}
\tag{5-24}
$$

式中，P_i、Q_i、$P_{\mathrm{em}i}$、$P_{\mathrm{cu2}i}$ 和 $P_{\mathrm{em\_max}i}$ 分别表示第 i 台电动机的有功功率、无功功率、电磁功率、转子铜耗和最大电磁功率。

(2) 计算定子绕组铜耗以及等值电动机的滑差：

$$P_{\Sigma\mathrm{cu1}} = P_{\Sigma} - P_{\Sigma\mathrm{em}} \tag{5-25}$$

$$s = \frac{P_{\Sigma\mathrm{cu2}}}{P_{\Sigma\mathrm{em}}} \tag{5-26}$$

初始化 $P_{\mathrm{emt\_max}}$，使其等于 $P_{\Sigma\mathrm{em\_max}}$。

(3) 计算等值机定子绕组的电流：

$$\dot{I}_{\Sigma} = -\left(\frac{P_{\Sigma} + \mathrm{j}Q_{\Sigma}}{\sqrt{3}\dot{U}_1}\right)^* \tag{5-27}$$

式中，“*”表示复数的共轭。根据已计算得到的定子绕组铜耗和定子电流就可计算出定子绕组电阻：

$$R_{\mathrm{s}} = \frac{P_{\Sigma\mathrm{cu1}}}{3I_{\Sigma}^2} \tag{5-28}$$

(4) 等值机模型的等值阻抗为

$$Z_{\mathrm{deq}} = \frac{U_1^2}{P_{\Sigma} - \mathrm{j}Q_{\Sigma}} \tag{5-29}$$

$R_{\mathrm{deq}} = \mathrm{Re}(Z_{\mathrm{deq}})$ 和 $X_{\mathrm{deq}} = \mathrm{Im}(Z_{\mathrm{deq}})$ 为相应的等值电阻和等值电抗。

(5) 按式(5-30)计算等值机定子绕组和转子绕组漏抗：

$$
\begin{aligned}
X &= -\sqrt{\left(\frac{U_1^2}{2P_{\mathrm{emt\_max}}} - R_{\mathrm{s}}\right)^2 - R_{\mathrm{s}}^2} \\
X_{\mathrm{s}} &= X_{\mathrm{r}} = \frac{X}{2}
\end{aligned}
\tag{5-30}
$$

算法始终假设感应电动机定子绕组漏抗与转子绕组漏抗相等。由于根据式(5-30)计算得到的 X_s 和 X_r 一般偏小，所以需要经过迭代对其进行修正。

(6) 根据已得到的 R_s、X_s、X_r 和 Z_{deq}，设

$$\begin{aligned} K_r &= R_{deq} - R_s \\ K_x &= X_{deq} - X_s \end{aligned} \tag{5-31}$$

然后计算等值转子电阻和等值激磁电抗：

$$\begin{aligned} R_r &= \frac{\left[K_r + \dfrac{K_x^2}{K_r} - \sqrt{\left(K_r + \dfrac{K_x^2}{K_r}\right)^2 - 4X_s^2}\right]s}{2} \\ X_m &= \frac{K_r X_s + K_x \dfrac{R_r}{s}}{\dfrac{R_r}{s} - K_r} \end{aligned} \tag{5-32}$$

这种计算 R_r 和 X_m 的方法始终能够保证 P_{em} 为给定值。

(7) 重新计算 P_{emt_max}：

$$P_{emt\_maxk} = \frac{U_1^2}{2(R_s + \sqrt{R_s^2 + X^2})} \tag{5-33}$$

式中，下标“k”表示迭代计算的次数。

(8) 基于戴维南定理，等值电动机模型的戴维南等值阻抗为

$$Z_{dp} = jX_r + \frac{jX_m(R_s + jX_s)}{R_s + j(X_s + X_m)} \tag{5-34}$$

$R_{dp} = \mathrm{Re}(Z_{dp})$ 和 $X_{dp} = \mathrm{Im}(Z_{dp})$ 为戴维南等值电阻和等值电抗，开路电压为

$$\dot{U}_0 = \frac{\dot{U}_1}{\sqrt{3}} \frac{jX_m}{R_s + j(X_s + X_m)} \tag{5-35}$$

第 k 次迭代中的最大电磁功率为

$$P_{em\_maxk} = \frac{3U_0^2 R_{pm}}{(R_{dp} + R_{pm})^2 + X_{dp}^2} \tag{5-36}$$

(9) 按式(5-37)修正 P_{emt_max} 的大小：

$$\begin{aligned} \tau_{maxk} &= \frac{P_{emt\_maxk}}{P_{em\_maxk}} \\ P_{emt\_max} &= \tau_{maxk} P_{em\_max} \end{aligned} \tag{5-37}$$

(10) 以 P_{emt_max} 与 P_{emt_maxk} 的绝对误差

$$\mathrm{Err}_{Pem\_max} = |P_{em\_max} - P_{em\_maxk}| \tag{5-38}$$

为迭代收敛标准，如果 $\mathrm{Err}_{Pem\_max} > 1.0 \times e^{-6}$，则返回第(5)步重新计算 X_s、R_r、X_r 和 X_m。

(11) 计算等值惯性时间常数：

$$H = \frac{\sum_{i=1}^{n} P_{ni} H_i}{\sum_{i=1}^{n} P_{ni}} \tag{5-39}$$

式中，P_{ni}和 H_i 为第 i 台电动机的额定功率和惯性时间常数。

5.6.2 等值算法对机械负载转矩-滑差特性的考虑

对于不同的感应电动机，拖动的机械负载的类型也有所差异。电动机的机械负载的转矩-滑差特性按式(5-40)给定：

$$T_m = T_0 [a(1-s)^2 + b(1-s) + c] \tag{5-40}$$

式中，T_0、a、b 和 c 为负载转矩的常系数。在稳定运行条件下，有

$$T_0 [a(1-s_n)^2 + b(1-s_n) + c] = T_{emn} \tag{5-41}$$

式中，s_n 为稳定运行滑差；T_{emn}为稳定条件下与 s_n 对应的电磁转矩。

稳定运行条件下 n 台电动机负荷的负载机械功率与其等值机的负载机械功率相等，即

$$\begin{aligned} & T_0 [a(1-s)^3 + b(1-s)^2 + c(1-s)] \\ &= \sum_{i=1}^{n} T_{0i} [a_i (1-s_i)^3 + b_i (1-s_i)^2 + c_i (1-s_i)] \end{aligned} \tag{5-42}$$

式中，s_i 表示第 i 台电动机稳定运行条件下的转子滑差；T_{0i}、a_i、b_i 和 c_i 为其负载转矩的常系数。设 $\lim s \Big|_{\substack{s_i \to 0 \\ i=1,\cdots,n}} = 0$，且根据式(5-42)，则有

$$T_0 = \sum_{i=1}^{n} T_{0i} \tag{5-43}$$

因此，等值机械负载转矩的常系数 a、b 和 c 为

$$\begin{aligned} a &= \frac{\sum_{i=1}^{n} T_{0i} a_i (1-s_i)^3}{T_0 (1-s)^3} \\ b &= \frac{\sum_{i=1}^{n} T_{0i} b_i (1-s_i)^2}{T_0 (1-s)^2} \\ c &= \frac{\sum_{i=1}^{n} T_{0i} c_i (1-s_i)}{T_0 (1-s)} \end{aligned} \tag{5-44}$$

5.6.3 双机等值算法

为获得更精确的仿真结果，可以采用双机等值模型。与单机等值不同之处在

于对电动机群的分类上，采用双机等值模型时，首先将电动机群分为两个子群，第一个群包含不容易发生堵转的电动机，第二个群包含容易发生堵转的电动机。对这两个电动机子群，分别进行单机等值算法。对表 5-3 的 25 台电动机进行等值计算得到的双机等值模型如表 5-4 所示。这样两机模型既保持了原电动机群的部分细节特性，又突出了主导电动机群的机械特性。

表 5-3　25 台电动机模型参数

编号	额定功率/MW	R_s/p. u.	X_s/p. u.	R_r/p. u.	X_r/p. u.	X_m/p. u.	H/s	负载率/%
1	10.0	0.0379	0.1139	0.0079	0.1139	1.4411	0.6593	40
2	10.0	0.0176	0.1220	0.0108	0.1220	1.9507	0.7294	70
3	10.0	0.0299	0.1172	0.0107	0.1172	1.6506	0.7706	50
4	10.0	0.0351	0.1221	0.0086	0.1221	5.7783	0.8939	70
5	10.0	0.0159	0.1230	0.0109	0.1230	2.0896	0.9001	60
6	10.0	0.0129	0.1245	0.0109	0.1245	2.2618	0.9334	40
7	10.0	0.0485	0.0886	0.0116	0.0886	2.4915	1.1508	50
8	10.0	0.0127	0.1281	0.0057	0.1281	3.7853	1.3810	80
9	10.0	0.0728	0.0761	0.0173	0.0761	2.3504	1.4572	60
10	10.0	0.0334	0.0957	0.0117	0.0957	2.9580	1.5721	70
11	10.0	0.0836	0.0634	0.0203	0.0634	1.9818	1.6141	60
12	10.0	0.0671	0.0793	0.0144	0.0793	2.4316	1.6440	60
13	10.0	0.0213	0.1251	0.0057	0.1251	3.5895	2.1137	40
14	10.0	0.0236	0.1231	0.0033	0.1231	2.9099	2.2128	80
15	10.0	0.0252	0.1226	0.0033	0.1226	2.8846	2.2852	70
16	10.0	0.0232	0.1227	0.0111	0.1227	2.6789	2.3327	50
17	10.0	0.0218	0.1243	0.0034	0.1243	3.2272	2.3427	90
18	10.0	0.0231	0.1239	0.0056	0.1239	3.2025	2.5320	90
19	10.0	0.0242	0.1229	0.0033	0.1229	2.9003	2.6363	70
20	10.0	0.0239	0.1225	0.0111	0.1225	2.6691	2.7026	40
21	10.0	0.0209	0.1235	0.0111	0.1235	2.7120	2.8616	40
22	10.0	0.0099	0.1243	0.0032	0.1243	2.0193	3.1924	80
23	10.0	0.0123	0.1230	0.0048	0.1230	1.8840	3.1972	60
24	10.0	0.0082	0.1242	0.0048	0.1242	1.9184	3.4254	60
25	10.0	0.0049	0.1258	0.0033	0.1258	2.0657	3.7413	80
等值机	250.0	0.0277	0.115	0.0079	0.115	2.3681	1.9807	62.4

表 5-4　双机等值模型参数

编号	额定功率/MW	R_s/p. u.	X_s/p. u.	R_r/p. u.	X_r/p. u.	X_m/p. u.	H/s	负载率/%
1	80.0	0.0516	0.0943	0.0144	0.0943	2.5	1.846	54
2	170.0	0.02	0.1227	0.0058	0.1227	2.3307	2.1106	66

5.6.4 等值算法仿真验证

所采用的算例系统如图 5-9 所示的 IEEE 14 节点测试系统。图中，母线 BUS 9 的负荷全部为感应电动机负荷。表 5-3 给出了 25 台感应电动机负荷的参数以及根据单机等值算法计算得到的 25 台感应电动机的等值模型参数。设这 25 台电动机的额定功率均为 10MW，额定电压为 110kV。

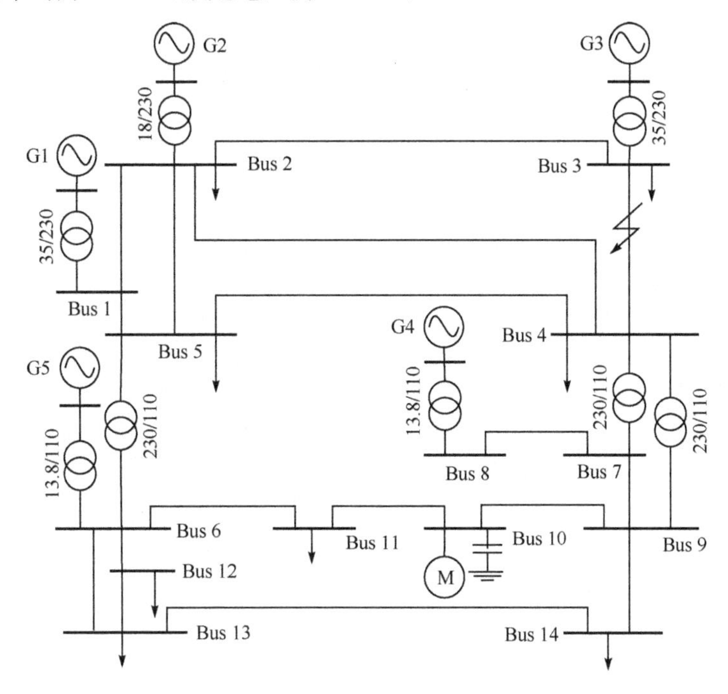

图 5-9 IEEE 14 节点系统

为验证感应电动机群单机等值模型和双机等值模型的有效性，针对图 5-9 的测试系统，设计两种扰动方式：

(1) 0.2s 在线路 BUS 3—BUS 4 上 BUS 3 侧发生三相短路故障，0.1s 后切除故障线路；

(2) 0.2s 在线路 BUS 3—BUS 4 上 BUS 4 侧发生三相短路故障，0.1s 后切除故障线路。

1. 单机等值模型仿真对比

图 5-10 和图 5-11 分别是在扰动方式(1)和扰动方式(2)条件下单机等值模型与原电动机群仿真结果的对比情况。

在扰动(1)条件下，IEEE 14 系统故障后可稳定运行，但故障后靠近负荷区域的母线电压恢复速度较慢，如图 5-10(a)的母线电压曲线。图 5-10(b)和图 5-10(c)为故障后线路 Bus 2—Bus 4 的有功功率和无功功率的仿真对比结果。可以看出，采用单机等值模型能够较好地模拟原电动机群对电网的影响特性。

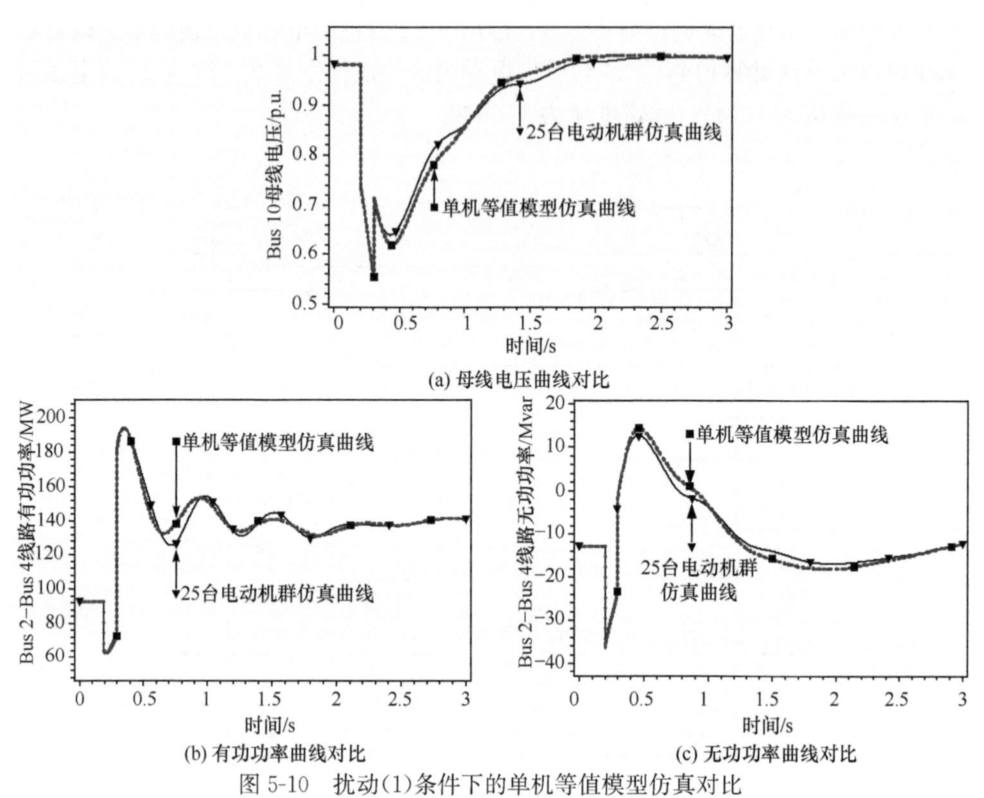

图 5-10　扰动(1)条件下的单机等值模型仿真对比

在扰动(2)条件下，IEEE 14 系统故障后电压失稳，母线电压无法恢复起来。这种情况下用单机等值模型模拟 25 台电动机对电网的影响结果如图 5-11 所示，可以看出，除了在线路 Bus 2—Bus 4 上有些微小误差外，用单机模型整体上能够比较好地模拟原电动机群的机电动态响应特性。

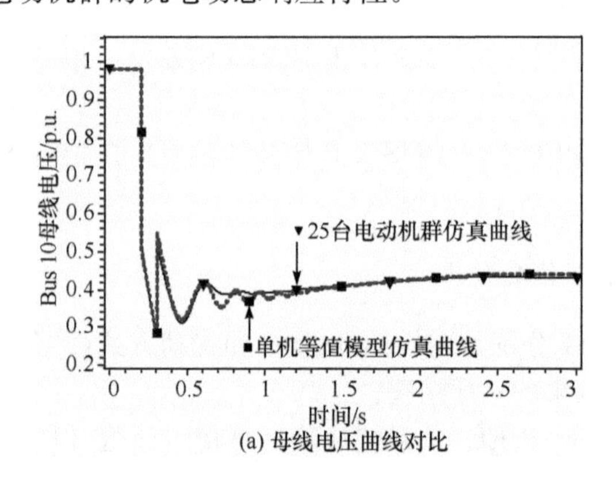

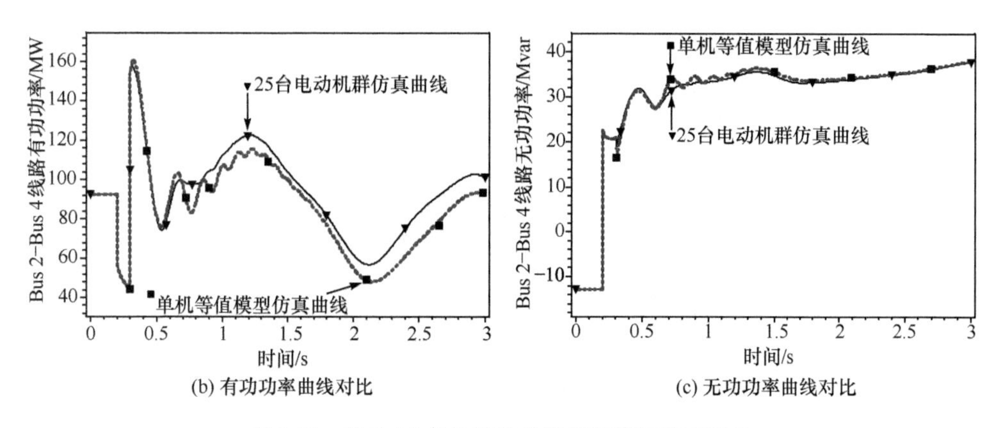

(b) 有功功率曲线对比　　(c) 无功功率曲线对比

图 5-11　扰动(2)条件下的单机等值模型仿真对比

2. 双机等值模型仿真对比

图 5-12 和图 5-13 为双机等值模型与原电动机群仿真结果的对比情况。

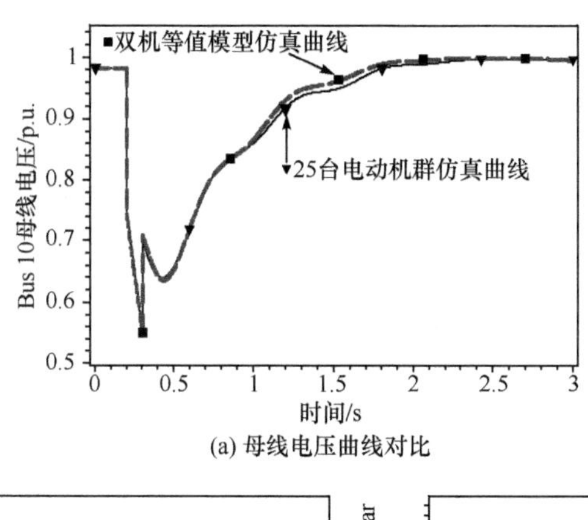

(a) 母线电压曲线对比

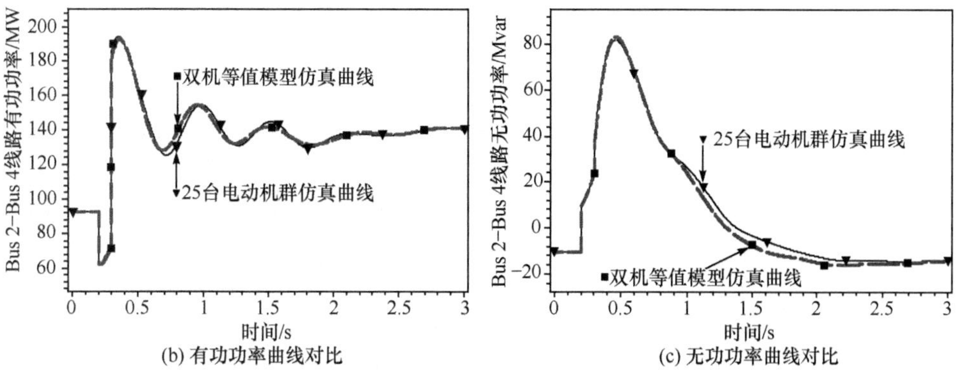

(b) 有功功率曲线对比　　(c) 无功功率曲线对比

图 5-12　扰动(1)条件下的双机等值模型仿真对比

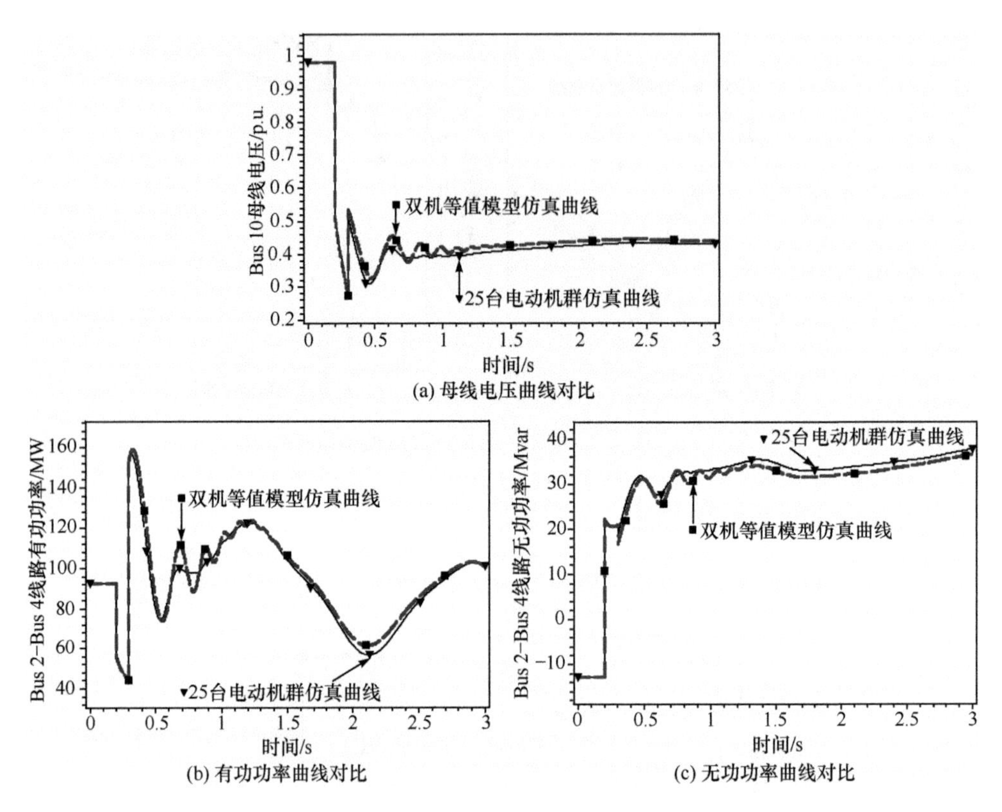

(a) 母线电压曲线对比

(b) 有功功率曲线对比

(c) 无功功率曲线对比

图 5-13 扰动(2)条件下的双机等值模型仿真对比

从图 5-12 和图 5-13 的对比情况可以看出,采用双机等值模型无论是在扰动后系统能够保持稳定的运行工况下[扰动方式(1)],或是在更为严重的系统稳定被破坏的运行工况下[扰动方式(2)],均能比较好地模拟原电动机群对系统的动态响应特性。

5.7 考虑配电网络的感应电动机负荷模型聚合方法

文献[10]和[11]基于三阶感应电动机数学模型和等值电路,给出了一种由感应电动机的两种特殊工况(空载和转子堵转)计算聚合感应电动机电气参数的方法,文献[12]在此基础上,提出了考虑配电网络的感应电动机负荷模型聚合方法。通过仿真验证了该方法是一种有效的、实用的、计算精度较高的感应电动机聚合方法。

5.7.1 考虑暂态的感应电动机模型及典型参数

在电力系统机电暂态仿真中,感应电动机的稳态等值电路如图 5-14 所示,感应电动机的暂态等值电路如图 5-15 所示。在电力系统机电暂态仿真中一般采用考虑机电

暂态过程的感应电动机模型,不考虑定子绕组的电磁暂态过程,其转子电压方程为

$$\frac{\mathrm{d}E'_d}{\mathrm{d}t}=-\frac{1}{T'_0}[E'_d+(X-X')I_q]-\omega_\mathrm{b}(\omega_\mathrm{t}-1)E'_q \tag{5-45}$$

$$\frac{\mathrm{d}E'_q}{\mathrm{d}t}=-\frac{1}{T'_0}[E'_q-(X-X')I_d]+\omega_\mathrm{b}(\omega_\mathrm{t}-1)E'_d \tag{5-46}$$

式(5-45)和式(5-46)中,定子漏抗 $X_\mathrm{s}=\omega L_\mathrm{s}$;转子漏抗 $X_\mathrm{r}=\omega L_\mathrm{r}$;激磁电抗 $X_\mathrm{m}=\omega L_\mathrm{m}$;暂态开路时间常数 $T'_0=\dfrac{X_\mathrm{r}+X_\mathrm{m}}{\omega_0 R_\mathrm{r}}$;转子开路电抗 $X=X_\mathrm{s}+X_\mathrm{m}$;转子不动时短路电抗 $X'=\dfrac{X_\mathrm{s}+X_\mathrm{m}X_\mathrm{r}}{X_\mathrm{m}+X_\mathrm{r}}$;$E'=E'_d+E'_q$ 表示感应电动机暂态电势;ω_b 表示同步角速度;I_d 和 I_q 表示感应电动机直轴和交轴电流;U_d 和 U_q 表示感应电动机直轴和交轴电压。

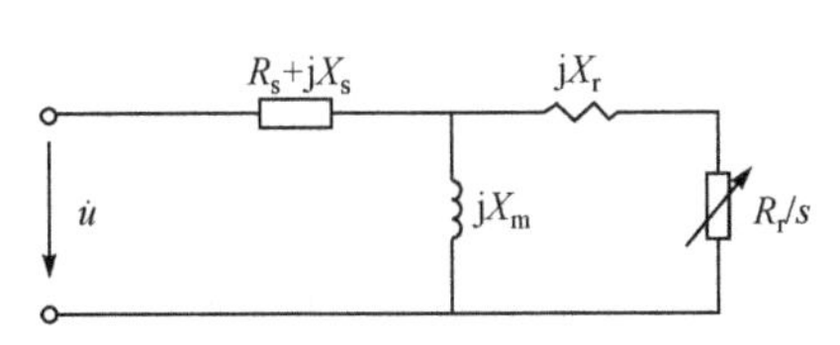

图 5-14　感应电动机稳态等值电路

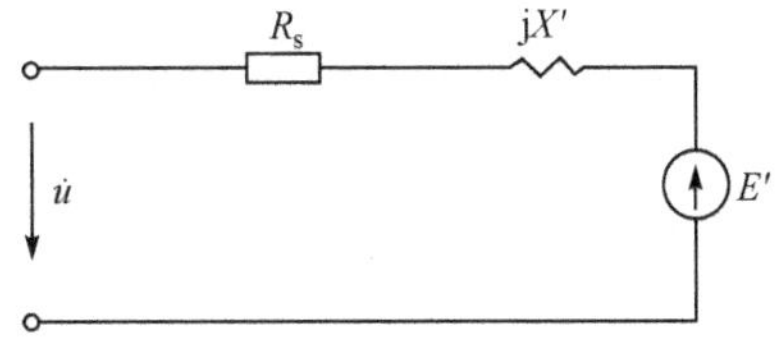

图 5-15　感应电动机暂态等值电路

其定子电流方程为

$$I_d=\frac{R_\mathrm{s}(U_d-E'_d)+X'(U_q-E'_q)}{R_\mathrm{s}^2+X'^2} \tag{5-47}$$

$$I_q=\frac{R_\mathrm{s}(U_q-E'_q)-X'(U_d-E'_d)}{R_\mathrm{s}^2+X'^2} \tag{5-48}$$

转子运动方程为

$$T_\mathrm{e}=E'_dI_d+E'_qI_q \tag{5-49}$$

$$T_\mathrm{m}=(A\omega_\mathrm{t}^2+B\omega_\mathrm{t}+C)T_0 \tag{5-50}$$

$$\frac{\mathrm{d}\omega_\mathrm{t}}{\mathrm{d}t}=\frac{T_\mathrm{e}-T_\mathrm{m}}{2H} \tag{5-51}$$

式(5-49)～式(5-51)中,$\omega_\mathrm{t}=1-s$,s 为转子滑差;T_e 表示感应电动机电磁转矩;T_m 表示感应电动机机械转矩,其中,A、B 和 C 表示转矩系数,C 由下列算式确定:

$$\begin{cases}A\omega_0^2+B\omega_0+C=1.0\\ \omega_0=1-s_0\end{cases} \tag{5-52}$$

感应电动机等值电路的典型参数(以本机容量为基准的标幺值)如下:

$$R_\mathrm{s}=0,\quad X_\mathrm{s}=0.12,\quad X_\mathrm{m}=3.5,\quad R_\mathrm{r}=0.02$$

$$X_\mathrm{r}=0.12,\quad H=1.0,\quad A=0.85,\quad B=0$$

5.7.2　聚合感应电动机电气参数计算

图 5-16 表示接入不同电压等级母线的感应电动机群示意图[10,11]。下面根据

感应电动机两种特殊运行工况(空载和转子堵转)确定聚合感应电动机参数。

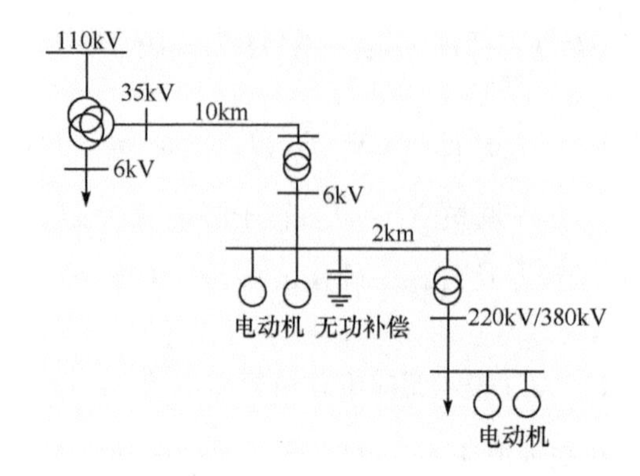

图 5-16　接入不同电压等级母线的感应电动机群示意图

(1) 转子堵转状态下,m 台感应电动机运行滑差全部近似为 1。此时,转子电阻$\frac{R_r}{s}$最小,转子阻抗远远小于激磁电抗,激磁回路可近似认为开路。聚合感应电动机满足

$$\frac{U_{lk}\cos\varphi_{lk}+jU_{lk}\sin\varphi_{lk}}{(R_s+R_r)+j\omega(L_s+L_r)}=I_{lkR}+jI_{lkI} \tag{5-53}$$

式中,下标“lk”表示感应电动机转子堵转状态。下文中,R_s、R_r、L_s、L_r、L_m 表示聚合感应电动机的定子绕组电阻、转子绕组电阻、定子绕组漏感、转子绕组漏感、激磁电感;ω 表示频率;R_{si}、R_{ri}、L_{si}、L_{ri}、L_{mi} 表示参加聚合各感应电动机的定子绕组电阻、转子绕组电阻、定子绕组漏感、转子绕组漏感、激磁电感;U_{lk}表示聚合感应电动机端电压;φ_{lk}表示聚合感应电动机功率因数角。

将式(5-53) 采用矩阵形式表示为

$$\begin{bmatrix} I_{lkR} & -\omega I_{lkI} \\ I_{lkI} & \omega I_{lkR} \end{bmatrix}\begin{bmatrix} R_s+R_r \\ L_s+L_r \end{bmatrix}=\begin{bmatrix} U_{lk}\cos\varphi_{lk} \\ U_{lk}\sin\varphi_{lk} \end{bmatrix} \tag{5-54}$$

式中,I_{lkR}和 I_{lkI}分别表示聚合感应电动机电流实部和虚部,其值可表示为

$$I_{lkR}=\frac{\sum_{i=1}^{m}\left[(R_{si}+R_{ri})U_{lki}\cos\varphi_{lki}+\omega(L_{si}+L_{ri})\,U_{lki}\sin\varphi_{lki}\right]}{(R_{si}+R_{ri})^2+\omega^2(L_{si}+L_{ri})^2} \tag{5-55}$$

$$I_{lkI}=\frac{\sum_{i=1}^{m}\left[(R_{si}+R_{ri})U_{lki}\sin\varphi_{lki}-\omega(L_{si}+L_{ri})U_{lki}\cos\varphi_{lki}\right]}{(R_{si}+R_{ri})^2+\omega^2(L_{si}+L_{ri})^2} \tag{5-56}$$

其中,U_{lki}表示参加聚合各感应电动机端电压;φ_{lki}表示参加聚合各感应电动机功率因数角。

通过式(5-53)可以求出

$$R_s+R_r=\frac{I_{lkR}U_{lk}\cos\varphi_{lk}+I_{lkI}U_{lk}\sin\varphi_{lk}}{I_{lkR}^2+I_{lkI}^2} \tag{5-57}$$

$$L_s+L_r=\frac{-I_{lkI}U_{lk}\cos\varphi_{lk}+I_{lkR}U_{lk}\sin\varphi_{lk}}{\omega(I_{lkR}^2+I_{lkI}^2)} \tag{5-58}$$

(2) 感应电动机空载状态下，m 台感应电动机的运行滑差近似为 0。在这种运行工况下，转子回路可以认为开路。角标“nl”表示感应电动机空载状态，采用与上述感应电动机转子堵转状态相同的计算方法，可以得到

$$R_s=\frac{I_{nlR}U_{nl}\cos\varphi_{nl}+I_{nlI}U_{nl}\sin\varphi_{nl}}{I_{nlR}^2+I_{nlI}^2} \tag{5-59}$$

$$L_s+L_m=\frac{-I_{nlI}U_{nl}\cos\varphi_{nl}+I_{nlR}U_{nl}\sin\varphi_{nl}}{\omega(I_{nlR}^2+I_{nlI}^2)} \tag{5-60}$$

式中，I_{nlR} 和 I_{nlI} 分别表示聚合感应电动机电流实部和虚部；U_{nl} 表示聚合感应电动机端电压；φ_{nl} 表示聚合感应电动机功率因数角；ω 表示频率。

联合式(5-57)～式(5-60)以及式(5-61)可以求出聚合感应电动机所有电气参数：

$$\frac{L_r}{L_s}\approx\sum_{i=1}^{m}\frac{\dfrac{S_i}{S}}{\dfrac{L_{ri}}{L_{si}}} \tag{5-61}$$

式中，S_i 表示参加聚合的各感应电动机容量；S 表示聚合感应电动机容量。

5.7.3 聚合感应电动机滑差计算

聚合感应电动机运行滑差 s 可根据输出功率等于所有参与聚合的感应电动机输出功率之和计算：

$$P_0=\sum_{i=1}^{m}P_{0i} \tag{5-62}$$

根据聚合感应电动机功率 P_0、激励 U 以及等值电气参数计算聚合感应电动机运行滑差 s。

5.7.4 聚合感应电动机惯性时间常数计算

假定聚合感应电动机以同步转速旋转的动能等于各台感应电动机以同步转速旋转的动能之和，即

$$HP_n=\sum_{i=1}^{m}H_iP_{ni} \tag{5-63}$$

式中，H 表示感应电动机惯性时间常数；P_n 表示感应电动机额定输出功率，聚合感应电动机额定输出功率满足下式：

$$P_n=\sum_{i=1}^{m}P_{ni} \tag{5-64}$$

综合式(5-63)和式(5-64)，可以求出聚合感应电动机惯性时间常数 H。

5.7.5 配电网络系统阻抗计算

根据配电网系统阻抗消耗功率与配电网各变压器、各配电线路消耗功率之和相等，可以计算系统阻抗值为

$$Z_{\text{sys}} = \frac{\sum_{j=1}^{m} U_j^2 \left(\frac{1}{Z_j}\right)^*}{\left(\sum_{i=1}^{n} I_i\right)^2} \tag{5-65}$$

式中，Z_{sys} 表示配电网系统阻抗；U_j 表示母线电压；Z_j 表示变压器和配电线路阻抗；I_i 表示负荷电流。

5.7.6 计算实例

湖南长沙 220kV 榔梨变电站有主变 2 台，变电总容量 2×120MVA，负荷水平 120MW＋j36Mvar，其主要线路阻抗和潮流分别如图 5-17 和图 5-18 所示，图中标注均为标幺值。

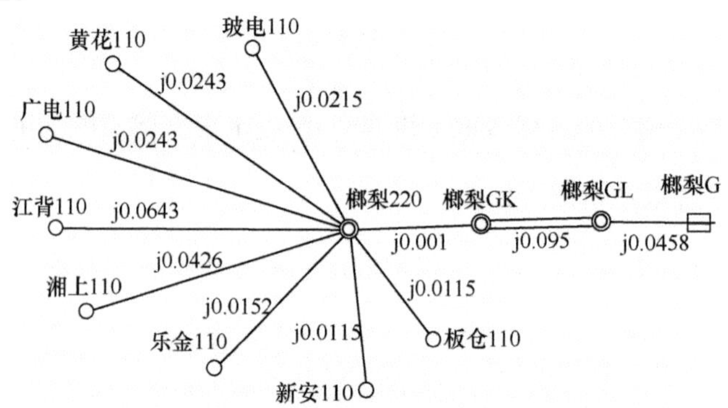

图 5-17 220kV 榔梨变电站主要线路阻抗图

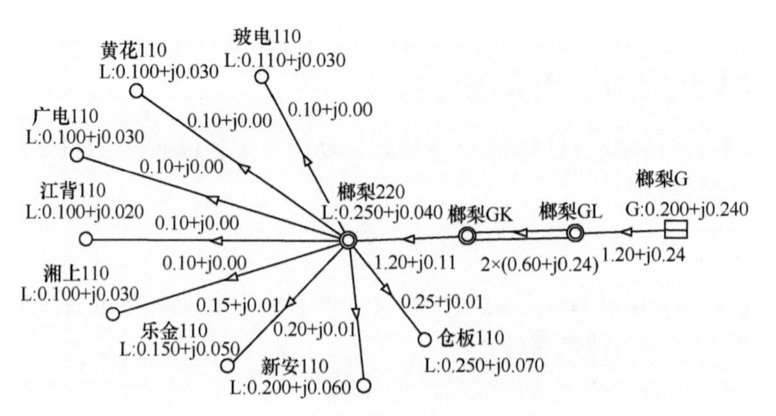

图 5-18 220kV 榔梨变电站主要线路潮流图

对于图5-17所示的简单网络，选择榔梨GL—榔梨GK的一回220kV线路三相短路故障，0.1s跳线路，负荷模型采用65%感应电动机+35%恒定阻抗，玻电110、黄花110、广电110和江背110负荷节点采用感应电动机Ⅰ，湘上110、乐金110、新安110和板仓110负荷节点采用感应电动机Ⅱ，其参数如表5-5所示。

采用考虑配电网络的感应电动机聚合方法，对湖南长沙榔梨220kV变电站的配电网络进行聚合分析，得到考虑配电网络的感应电动机聚合模型如表5-6所示。湖南长沙榔梨220kV变电站的等值系统潮流如图5-19所示。同样选择榔梨GL—榔梨GK的一回220kV线路三相短路故障，0.1s跳线路，仿真计算结果如图5-20～图5-22所示。

表5-5　感应电动机参数

感应电动机	参数							
	R_s	X_s	X_m	R_r	X_r	$2H$	A	B
Ⅰ	0.05	0.19	3.0	0.09	0.23	1.0	0.85	0.0
Ⅱ	0.08	0.25	4.0	0.12	0.12	0.8	0.85	0.0

表5-6　考虑配电网络的感应电动机聚合模型参数

R_s	X_s	X_m	R_r	X_r	$2H$	A	B	Z_{sys}
0.052	0.195	3.2	0.097	0.12	0.97	0.85	0.0	j0.05

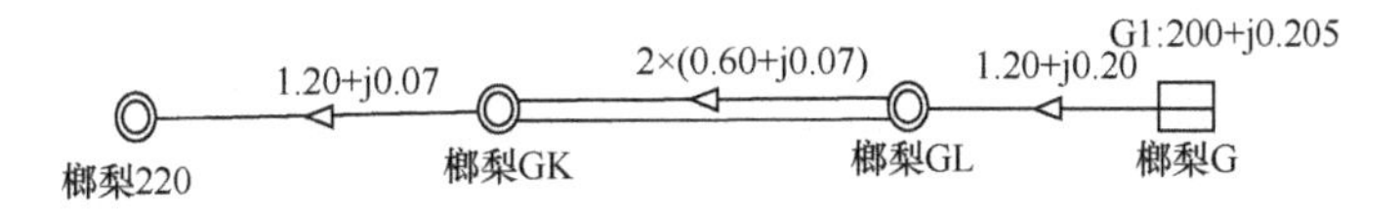

图5-19　湖南长沙榔梨220kV变电站等值系统潮流图

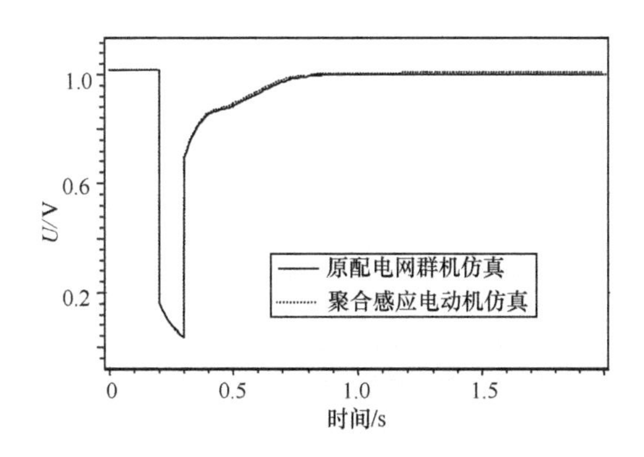

图5-20　长沙榔梨220kV母线电压

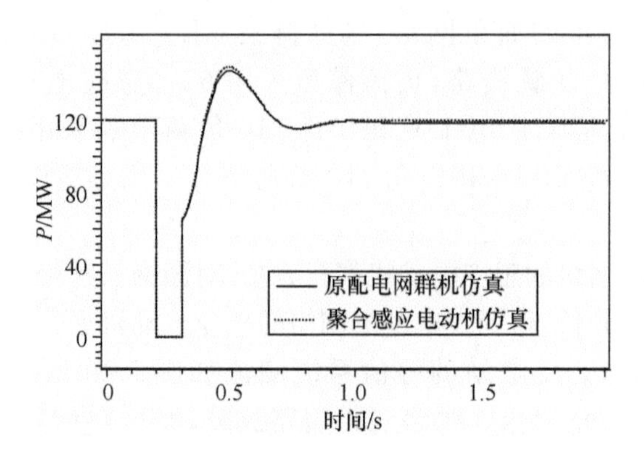

图 5-21 长沙榔梨 220kV 主变有功功率

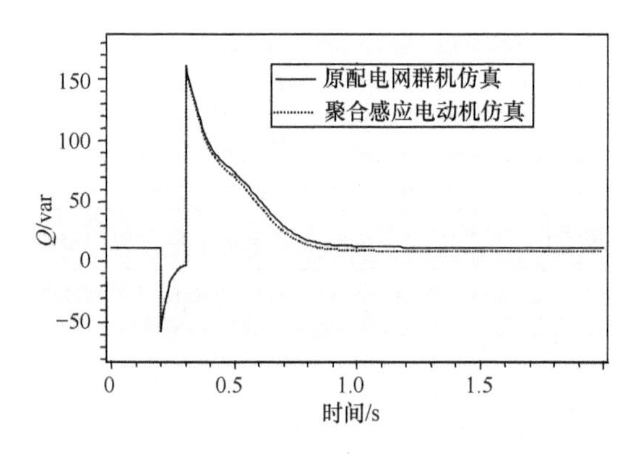

图 5-22 长沙榔梨 220kV 主变无功功率

图 5-20～图 5-22 表明：对于湖南长沙榔梨 220kV 变电站的配电网络以及等值网络，选择相同的故障类型和故障地点，榔梨 220kV 母线电压、主变有功功率响应和无功功率响应曲线非常逼近。这表明上述考虑配电网络的感应电动机聚合方法是有效的、可行的。

5.8 实际负荷站点综合负荷模型仿真对比

5.8.1 综合负荷模型建模的数据基础

对 220kV 或 330kV 变电站负荷特性的详细调查数据是综合负荷模型建模的数据基础。对负荷站点的详细调查内容包括：

(1) 220kV/330kV 变电站所供负荷区域的变压器、输电线路、无功补偿等参数；

(2) 220kV/330kV 变电站所供配电网络拓扑结构数据；

(3) 220kV/330kV 变电站所供配电网络所有负荷馈电支路所供的负荷设备类型、各设备类型占有的比例和设备类型参数。

表 5-7 为长椿街 220kV 变电站夏季大方式时所供负荷相对应的用电设备类型及各类用电设备功率占所有负荷的比例的详细数据。

图 5-23 为对长椿街实际 220kV 负荷站点的模拟系统，其中虚线框中为该 220kV 变电站的网络接线图。图 5-24 为对该 220kV 变电站等值系统的模拟，图中虚线框是对图 5-23 中虚线框中配电网的等值。等值系统保留了该 220kV 负荷变电站的三绕组主供变压器，将主变中压侧(110kV)母线所供的所有负荷(低压侧 10kV 母线不带负荷)一起等值到了中压侧 110kV 母线上。表 5-7 所给的负荷详细构成是对所有 110kV 馈电支路负荷详细构成的综合，反映了该 220kV 变电站整体的负荷构成情况。

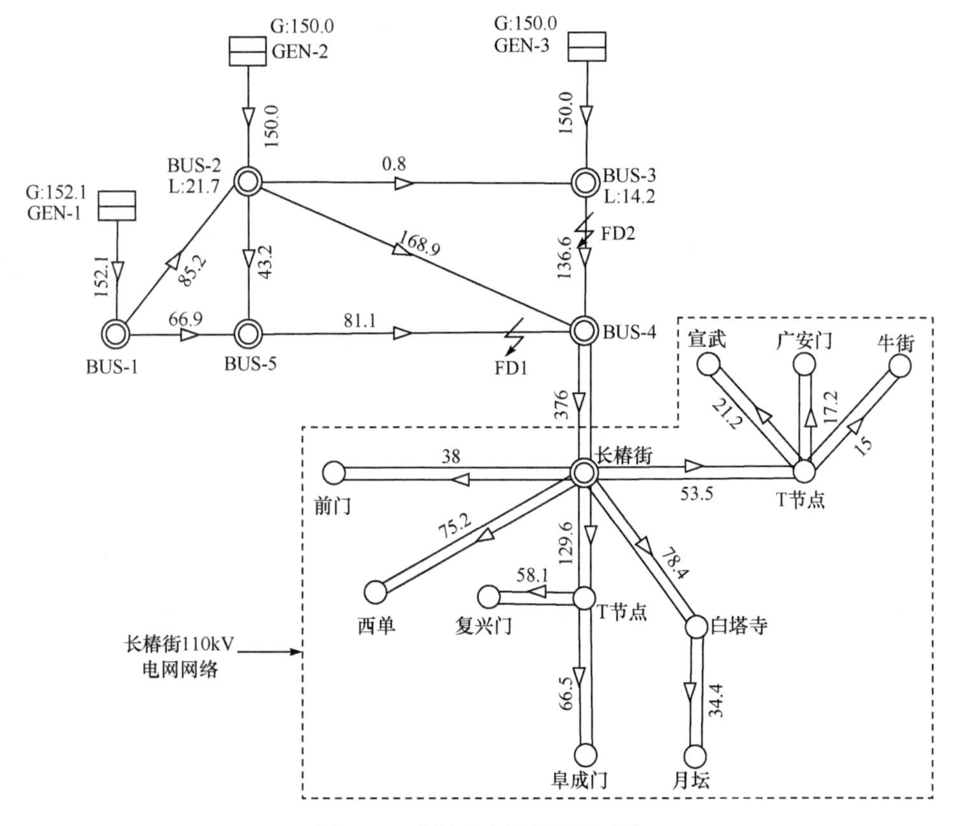

图 5-23　实际配电网络模拟系统

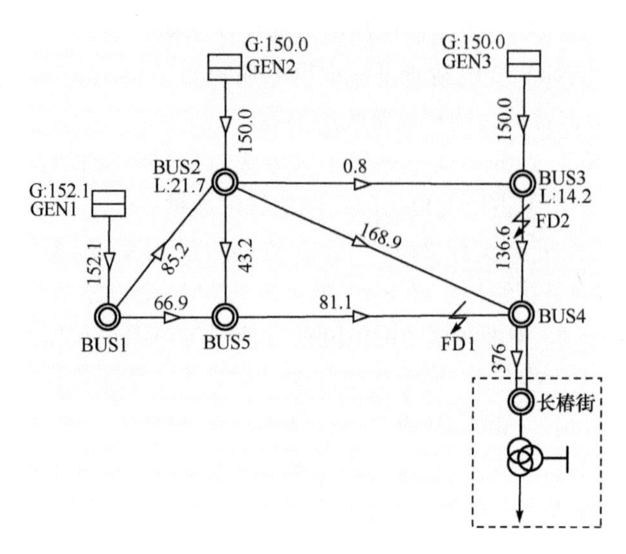

图 5-24　等值配电网模拟系统

表 5-7　长椿街 220kV 变电站夏季大方式的负荷设备类型组成情况

序号	负荷类型	该负荷类型所占比例/%
1	工业大电动机	0.16
2	工业小电动机	0.25
3	制冷式空调	28.23
4	荧光灯	43.06
5	热水器	4.11
6	计算机	9.56
7	彩电	6.92
8	冷藏设备	4.37
9	洗衣机	0.39
10	恒定阻抗	2.94

从表 5-7 可以看出，由于长椿街 220kV 变电站所供负荷主要为商业负荷和居民负荷，所以工业负荷所占的比例非常少，而照明负荷和空调负荷所占的比例最高，占所有负荷的 43%和 28%。

5.8.2　综合负荷模型仿真分析

根据综合负荷模型建模方法，对 220kV 变电站的详细调查数据进行综合计算，可以得到该站的综合负荷模型参数，见表 5-8 和表 5-9。

表 5-8 和表 5-9 是长椿街 220kV 变电站的综合负荷模型建模结果，其中，表 5-8为综合负荷模型的电动机参数，而表 5-9 为综合负荷模型的静态负荷构成

(ZIP 模型)和配电网络等值阻抗 Z_{eq} 等参数。

表 5-8　综合负荷模型电动机参数

R_s	X_s	X_m	R_r	X_r	A	B	$2H$
0.0925	0.0882	1.945	0.0787	0.0882	0.85	0	0.7243

表 5-9　综合负荷模型静态负荷构成及配电网络等值阻抗

Z_P/%	Z_Q/%	I_P/%	I_Q/%	P_P/%	P_Q/%	Z_{eq}		电动机比例/%
11	11	64	64	25	25	0.017	0.0978	33

以图 5-23 的模拟系统为对象，对其 110kV 以下的网络进行等值可得到其等值系统如图 5-24 所示。通过仿真对比验证用综合负荷模型模拟实际配电网络动态响应特性的有效性。

选择两种故障方式进行仿真分析：

(1) FD1 点三永故障，故障持续 0.10s 后跳开故障线路；

(2) FD2 点三永故障，故障持续 0.10s 后跳开故障线路。

仿真结果如图 5-25 和图 5-26 所示。

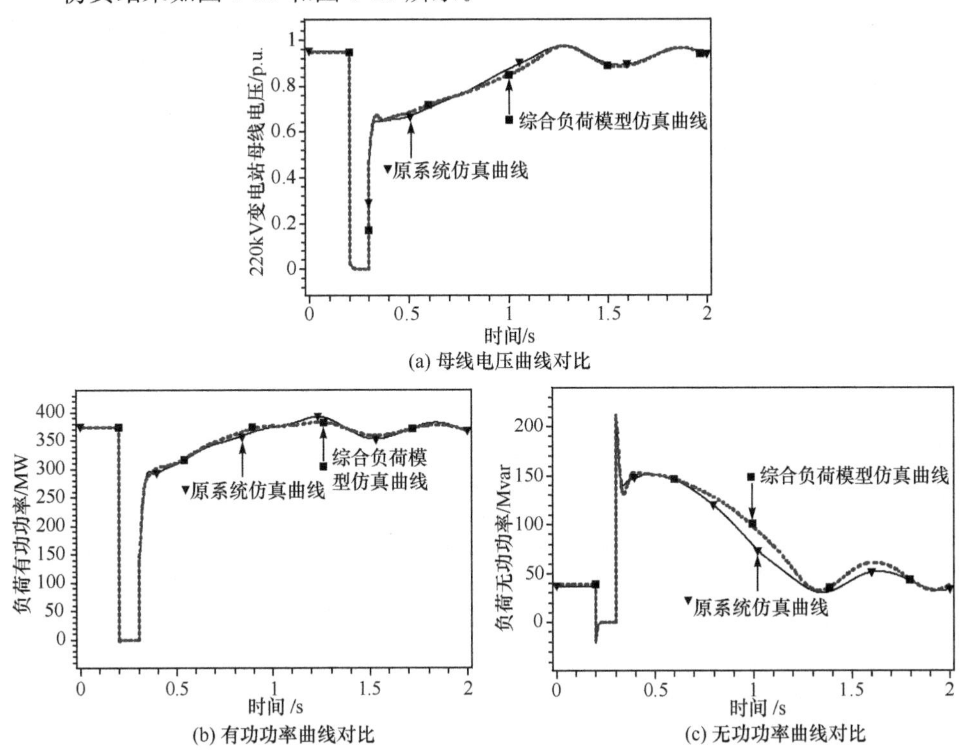

图 5-25　扰动(1)条件下的综合负荷模型仿真对比

从图 5-25 可以看出，扰动(1)对系统的冲击比较小，属于小扰动方式，这种条件下，采用综合负荷模型能够比较准确地模拟原 220kV 变电站对系统的动态响应特性。

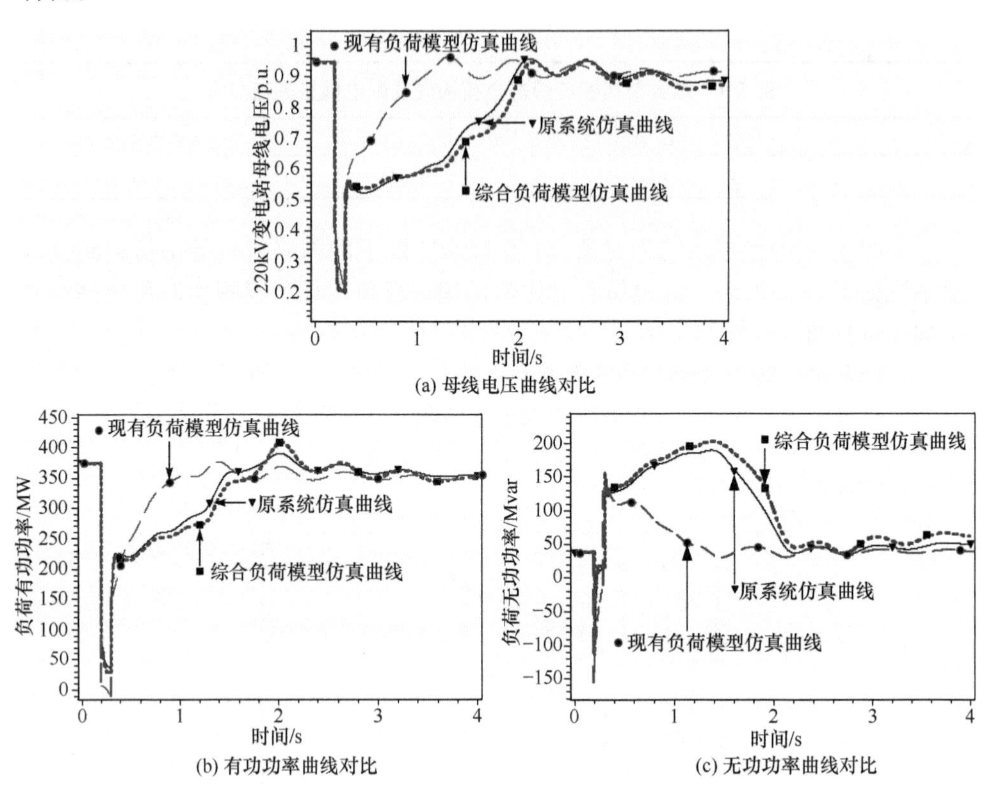

图 5-26　扰动(2)条件下的综合负荷模型仿真对比

扰动(2)对系统的冲击比较大，属于大扰动方式，故障后系统母线电压恢复速度比较慢。在这种条件下，采用综合负荷模型依然能够比较准确地模拟原 220kV 变电站对系统的动态响应特性。而采用现有负荷模型(40%恒定阻抗+60%感应电动机)得到的仿真结果，与原系统相比，则会产生很大的误差，如图 5-26 所示。

参 考 文 献

[1] 侯俊贤，汤涌，张东霞，等. 统计综合法负荷建模技术与软件开发[R]. 北京：中国电力科学研究院，2005.

[2] 汤涌，张红斌，侯俊贤，等. 考虑配电网络的综合负荷模型[J]. 电网技术，2007，31(5)：33～38.

[3] Tang Y，Zhang H B，Zhang D X，et al. A synthesis load model with distribution network for power system simulation and its validation[C]. IEEE/PES General Meeting，Calgary，2009.

[4] 赵兵.电力系统负荷建模理论研究[D].北京:中国电力科学研究院博士学位论文,2009.

[5] 赵兵,汤涌.感应电动机负荷的动态特性分析[J].中国电机工程学报,2009,29(7):71~77.

[6] 赵兵,汤涌,张文朝.感应电动机单机等值算法研究[J].中国电机工程学报,2009,29(19):43~49.

[7] 赵兵,汤涌.感应电动机群单机等值建模机理研究[C].2008年中国电机工程学会年会,西安,2008.

[8] Zhao B, Tang Y, Zhang W C. Model representations of induction motor group in power system stability analysis[C]. International Conference on Computer Application and System Modeling (ICCASM), Taiyuan, 2010: V4-166~V4-176.

[9] Kundur P. 电力系统稳定与控制[M].北京:中国电力出版社,2001:51~52.

[10] Louie K W. Aggregation of induction motors based on their equivalent circuits under some special operating conditions[C]. Canadian Conference on Electrical and Computer Engineering, Sasktoon, 2005: 1966~1969.

[11] Louie K W, Marti J R, Dommel H W. Aggregation of induction motors in a power system based on some special operating conditions[C]. Canadian Conference on Electrical and Computer Engineering, Vancouver, 2007: 1429~1432.

[12] 张红斌,汤涌,张东霞,等.考虑配电网络的感应电动机负荷模型聚合方法研究[J].中国电机工程学报,2006,26(24):3~4.

第 6 章　总体测辨法负荷建模

6.1　电力系统负荷模型辨识原理

20 世纪 80 年代以来，随着系统辨识理论的日趋丰富与完善，加之计算机数据采集与处理技术的发展，一种新的负荷建模方法——总体测辨法以其简单、实用、基于实测数据等优点受到广大电力负荷建模学者的关注。该方法的基本思想是将综合负荷作为一整体，先从现场采集测量数据，然后根据这些数据辨识负荷模型结构和参数，最后，用大量的实测数据验证模型的外推、内插效果。

按系统辨识理论的思想，总体测辨法负荷建模就是：根据负荷站点的实测数据来确定负荷的模型结构和参数，使得模型响应能最好地拟合负荷站点的实测数据，并且要求通过模型验证，确保所建模型在仿真计算要求范围内具备良好的外推、内插能力，使模型既能突出本质又能简化地描述负荷的行为特征。显然，基于实测负荷特性数据的模型结构与参数的辨识是总体测辨法负荷建模的核心，围绕这两个问题，国内外学者经过长期不懈的努力，在理论与应用方面都取得了一些可喜成果[1~4]，但该方法的进一步发展还有许多具体工作亟待解决。

就一般系统建模而言，虽然模型结构辨识已提出一些有价值的方法，但它至今仍是困扰人们的难题，还没有很好解决，它不是一项单纯的数值计算问题，目前确定模型结构还基本上是定量计算辅之以定性分析的方法。而模型结构确定之后的参数辨识则主要是一项定量化的数值计算问题，常用的方法有最小二乘法、极大似然法、最小方差法、随机逼近法、正交逼近法。其中，最小二乘法是一种基本的方法，该方法容易理解和掌握，利用最小二乘原理所拟定的辨识方法在实施上比较简单，并且许多用于辨识和系统估计参数的算法也往往解释为最小二乘法。

6.1.1　静态负荷模型辨识原理

设待辨识系统的静态负荷模型的显式形式如下：

$$\begin{cases} P=F_P(P_0,U,\theta_P) \\ Q=F_Q(Q_0,U,\theta_Q) \end{cases} \tag{6-1}$$

式中，θ_P、θ_Q 为负荷的有功功率和无功功率特性参数，在这里为待辨识参数；P_0、Q_0 为负荷有功和无功功率的基准值。

如果通过实测获得了输入、输出数据 P_i、Q_i、$U_i(i=1,2,\cdots,N)$，则参数辨识问题可叙述如下。

根据输入、输出数据 P_i、Q_i、$U_i(i=1,2,\cdots,N)$，寻求参数 θ_P、θ_Q 的估计值，使得目标函数极小化：

$$J=\sum_{i=1}^{N}[P_i-F_P(P_0,U_i,\theta_P)]^2 \tag{6-2}$$

$$J=\sum_{i=1}^{N}[Q_i-F_Q(Q_0,U_i,\theta_Q)]^2 \tag{6-3}$$

对于上述优化问题可采用求解非线性最小二乘问题的牛顿法、阻力最小二乘法(Marquart)，也可采用各种非线性优化方法，如最速下降法、共轭梯度法和变尺度法等。

6.1.2　动态负荷模型辨识原理

动态负荷模型又可分为连续动态负荷模型和离散动态负荷模型。对于连续动态负荷模型(如感应电动机负荷模型辨识)可以采取非线性最小二乘法寻优模型参数，使得在给定状态初值和激励情况下模型响应和实测响应最好地拟合。

1. 连续动态负荷模型辨识

设待辨识系统的连续动态模型可以由如下状态方程的一般形式描述：

$$\dot{\boldsymbol{x}}(t)=\boldsymbol{f}(\boldsymbol{x}(t),\boldsymbol{u}(t),\boldsymbol{\theta}) \tag{6-4}$$

$$\boldsymbol{x}(0)=\boldsymbol{x}_0 \tag{6-5}$$

$$\boldsymbol{y}(t)=\boldsymbol{g}(\boldsymbol{x}(t),\boldsymbol{u}(t),\boldsymbol{\theta}) \tag{6-6}$$

式中，$\boldsymbol{x}(t)\in\mathbf{R}^n$，$\boldsymbol{y}(t)\in\mathbf{R}^s$ 分别为状态向量和输出向量；$\boldsymbol{u}(t)\in\mathbf{R}^r$ 为输入向量；$\boldsymbol{\theta}\in\mathbf{R}^k$ 为模型参数向量；$\boldsymbol{f}(\cdot)$、$\boldsymbol{g}(\cdot)$分别为 n 维和 s 维向量函数。

若通过实测获得了输入、输出数据 $\boldsymbol{u}(t)$、$\boldsymbol{y}_m(t)(0\leqslant t\leqslant T)$，则参数辨识问题可叙述如下。

根据输入、输出数据 $\boldsymbol{u}(t)$、$\boldsymbol{y}_m(t)(0\leqslant t\leqslant T)$，寻求 $\boldsymbol{\theta}$ 的估计值，使得目标函数极小化

$$J(\boldsymbol{\theta})=\int_0^T\|\boldsymbol{g}(\boldsymbol{x}(t),\boldsymbol{u}(t),\boldsymbol{\theta})-\boldsymbol{y}_m(t)\|_{\mathbf{R}^s}^2\mathrm{d}t \tag{6-7}$$

式中，$\boldsymbol{x}(t)$、$\boldsymbol{u}(t)$必须满足状态方程(6-4)～(6-6)。

若输入、输出为离散的情况，即 $\boldsymbol{u}(t_i)$、$\boldsymbol{y}_m(t_i)(i=1,2,\cdots,N)$，则极小化目标函数为

$$J(\boldsymbol{\theta})=\sum_{i=l}^{N}\|\boldsymbol{g}(\boldsymbol{x}(t_i),\boldsymbol{u}(t_i),\boldsymbol{\theta})-\boldsymbol{y}_m(t_i)\|_{\mathbf{R}^s}^2 \tag{6-8}$$

显然，参数辨识是一个具有动态约束的最优化问题。

2. 离散动态负荷模型辨识

对于离散动态负荷模型，虽然也广泛采用最小二乘法辨识模型参数，但其辨识

原理与连续动态负荷模型参数辨识原理不同，它是最小二乘法作静态多元函数拟合的推广，对负荷建模来讲是一种间接的方法。离散动态负荷模型通常有两种辨识原理，即系统回响辨识和模型回响辨识，如图 6-1 所示。

1）系统回响辨识

图 6-1 中 K_1 闭合，在辨识过程中，把被辨识系统响应的有关延迟量反馈回模型的输入端，并与系统激励的有关延迟量共同构成模型的广义输入向量，由于在辨识过程中广义输入向量中含有实测的系统响应反馈，故形象地称该辨识方法为系统回响辨识。其形式为

$$\boldsymbol{y}(k)=\hat{\boldsymbol{f}}(\boldsymbol{y}_{\mathrm{m}}(k-1),\cdots,\boldsymbol{y}_{\mathrm{m}}(k-N);\boldsymbol{u}(k),\cdots,\boldsymbol{u}(k-M),\boldsymbol{\theta}) \tag{6-9}$$

式中，$\boldsymbol{y}_{\mathrm{m}}(\cdot)$为系统输出的观测量；$\boldsymbol{y}(\cdot)$为模型输出；$\hat{\boldsymbol{f}}(\cdot)$为模型输入输出映射算子，是 $\boldsymbol{f}(\cdot)$的近似；$\boldsymbol{\theta}$ 为模型参数。

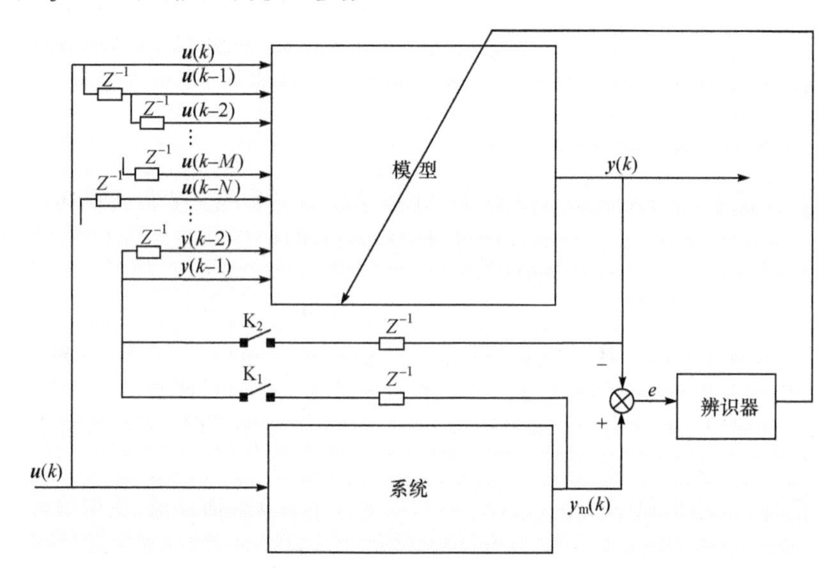

图 6-1　动态系统辨识原理

模型参数辨识为如下问题：

$$\min_{\boldsymbol{\theta}} J(\boldsymbol{\theta})=\sum_{k=L}^{N_{\mathrm{t}}}[\boldsymbol{y}_{\mathrm{m}}(k)-\boldsymbol{y}(k)]^{\mathrm{T}}[\boldsymbol{y}_{\mathrm{m}}(k)-\boldsymbol{y}(k)] \tag{6-10}$$

式中，$L=\max\{N,M\}+1$；N_{t} 为数据个数。

若利用后文 6.1.3 节解析法求解，则梯度由下式计算：

$$\frac{\partial J}{\partial\boldsymbol{\theta}}=-2\sum_{k=L}^{N_{\mathrm{t}}}\left[\frac{\partial\boldsymbol{y}(k)}{\partial\boldsymbol{\theta}}\right]^{\mathrm{T}}[\boldsymbol{y}_{\mathrm{m}}(k)-\boldsymbol{y}(k)] \tag{6-11}$$

因为实测响应 $\boldsymbol{y}_{\mathrm{m}}(\cdot)$不依赖于参数 $\boldsymbol{\theta}$，所以由式(6-9)可得

$$\frac{\partial \boldsymbol{y}(k)}{\partial \boldsymbol{\theta}}=\frac{\partial}{\partial \boldsymbol{\theta}} \hat{\boldsymbol{f}}(\boldsymbol{y}_{\mathrm{m}}(k-1),\cdots,\boldsymbol{y}_{\mathrm{m}}(k-N);\boldsymbol{u}(k),\cdots,\boldsymbol{u}(k-M),\boldsymbol{\theta}) \tag{6-12}$$

2）模型回响辨识

图 6-1 中 K_2 闭合，在辨识过程中，把模型响应的有关延迟量反馈回模型的输入端，并与系统激励的有关延迟量共同构成模型的广义输入向量。由于在辨识过程中广义输入向量中所含响应为模型自身响应的反馈，故形象地称该辨识方法为模型回响辨识。其形式为

$$\boldsymbol{y}(k)=\hat{\boldsymbol{f}}(\boldsymbol{y}(k-1),\cdots,\boldsymbol{y}(k-N);\boldsymbol{u}(k),\cdots,\boldsymbol{u}(k-M),\boldsymbol{\theta}) \tag{6-13}$$

式中，$\boldsymbol{y}(\cdot)$为模型输出；$\hat{\boldsymbol{f}}(\cdot)$为模型输入输出映射算子，是 $\boldsymbol{f}(\cdot)$的近似；$\boldsymbol{\theta}$ 为模型参数。

模型参数辨识为如下问题：

$$\min_{\boldsymbol{\theta}} J(\boldsymbol{\theta})=\sum_{k=L}^{N_{\mathrm{t}}}[\boldsymbol{y}_{\mathrm{m}}(k)-\boldsymbol{y}(k)]^{\mathrm{T}}[\boldsymbol{y}_{\mathrm{m}}(k)-\boldsymbol{y}(k)] \tag{6-14}$$

若利用后文 6.1.3 节解析法求解，则梯度由下式计算：

$$\frac{\partial J}{\partial \boldsymbol{\theta}}=-2\sum_{k=L}^{N_{\mathrm{t}}}\left[\frac{\partial \boldsymbol{y}(k)}{\partial \boldsymbol{\theta}}\right]^{\mathrm{T}}[\boldsymbol{y}_{\mathrm{m}}(k)-\boldsymbol{y}(k)] \tag{6-15}$$

由式(6-13)可知，$\boldsymbol{y}(\cdot)$为在给定状态初值及激励 $\boldsymbol{u}(k)$下的递推值，依赖于模型参数 $\boldsymbol{\theta}$，故$\dfrac{\partial \boldsymbol{y}(k)}{\partial \boldsymbol{\theta}}$需由如下差分方程求得：

$$\frac{\partial \boldsymbol{y}(k)}{\partial \boldsymbol{\theta}}=\frac{\partial \hat{\boldsymbol{f}}}{\partial \boldsymbol{y}(k-1)}\frac{\partial \boldsymbol{y}(k-1)}{\partial \boldsymbol{\theta}}+\frac{\partial \hat{\boldsymbol{f}}}{\partial \boldsymbol{y}(k-2)}\frac{\partial \boldsymbol{y}(k-2)}{\partial \boldsymbol{\theta}}+\cdots+\frac{\partial \hat{\boldsymbol{f}}}{\partial \boldsymbol{y}(k-N)}\frac{\partial \boldsymbol{y}(k-N)}{\partial \boldsymbol{\theta}}+\frac{\partial \hat{\boldsymbol{f}}}{\partial \boldsymbol{\theta}} \tag{6-16}$$

初始值设为$\dfrac{\partial \boldsymbol{y}(L-1)}{\partial \boldsymbol{\theta}}=0,\dfrac{\partial \boldsymbol{y}(L-2)}{\partial \boldsymbol{\theta}}=0,\cdots,\dfrac{\partial \boldsymbol{y}(L-N)}{\partial \boldsymbol{\theta}}=0$。

6.1.3　负荷模型参数辨识方法

辨识原理、模型形式确定后的参数辨识相对来说比较容易，本质上是一个单纯的数值优化问题。参数辨识包括准则和算法两部分。常用的准则有最小二乘法、最大似然法、最小方差法等，其中，最小二乘法是目前广泛采用的准则，该准则容易理解和掌握，利用该准则所确定的辨识算法在实施上比较简单。有了准则，参数的辨识问题就转化为求准则函数达到最优的优化问题，可采用各种非线性优化算法，各种不同算法的差别在于它们找到使准则函数最小的参数值的方式不同，一般可分为直接搜索法和解析法。

直接搜索法指的是在非线性寻优过程中，仅使用目标函数值的多变量搜索方法。它的大体思路是同时选择多组参数值，比较其目标函数的大小，然后淘汰目标

函数值差的点,补充新的点再进行比较,直到得到满意的结果。这类方法可分为两类:一类为启发式方法,另一类为基于理论的方法。启发式方法,顾名思义,是从几何直观上来构造搜索方向,因而它是一种经验的结果,性能指标是没什么保证的,这类方法有坐标轮换法、Hook-Jeeves 模式搜索法、单纯形加速法;而基于理论的方法有一定数学基础,在性能指标上有保证,如收敛性,Powell 共轭法是属于这一类。总的来说,直接搜索法的优点在于不需要计算目标函数对模型参数的梯度,其计算机实现相对来说并不复杂,因而便于实践和调试。它的缺点是在搜索方向上没有用到梯度等有关信息,仅基于探索的结果,因此算法迭代次数过多,计算时间长。直接搜索法一般仅适合于求解寻优变量较少的问题。

解析法,又称梯度法,是相对直接搜索法而言的,它是一种利用梯度信息构造搜索方向的方法。其大体寻优思路是:从一组初始参数出发,每一次迭代满足 $J(\boldsymbol{\theta}_{k+1})<J(\boldsymbol{\theta}_k)$,产生一系列的 $\boldsymbol{\theta}_k$,使逐次逼近真实值。这类方法包括最速下降法、F-R 共轭法、DFP 变尺度法等,各种方法的区别在于利用梯度形成寻优方向的方法不同,各寻优方法的特点如表 6-1 所示。总的来说,解析法的优点在于利用了梯度的信息,因此计算速度较快。

参数辨识方法的选择与目标函数的非线性复杂程度有关,对于电力负荷建模,选择方法时还得考虑负荷模型结构、辨识原理等因素,不同的要求可以采用不同的辨识方法。

表 6-1　各寻优方法特点

方法	特点
最速下降法	开始收敛快,接近最优点收敛很慢
F-R 共轭梯度法	收敛速度介于最速下降法和牛顿法之间
DFP 变尺度法	收敛速度一般快于共轭梯度法,适合于求解高维问题; 对一维搜索要求较高,数值稳定性较差
BFGS 变尺度法	除具有 DFP 变尺度法优点外,数值稳定性好

6.2　感应电动机负荷模型参数辨识

6.2.1　感应电动机负荷模型参数辨识实践中存在的问题

本节通过动模试验的感应电动机负荷模型的参数辨识来说明在辨识中存在的问题。该例取自于文献[4],试验负荷由 4.5kW、2.8kW、1.7kW 三台感应电动机及 4.5kW 的白炽灯并联组成。

通过在动模试验网络某处三相短路和某双回线切除一条线路来模拟大、小扰动。两种扰动在负荷母线处产生的电压变动幅度分别为 80%和 15%。两组数据分别辨识等值三阶感应电动机模型的参数如表 6-2 所示，表中各符号的含义为：r_s 为定子电阻，x_s 为定子自感抗，x' 为等值电抗$\left(x'=x_s-\dfrac{x_m^2}{x_r}\right)$，$x_m$ 为定子转子间互感抗，x_r 为转子自感抗，T'_0 为时间常数，T_L 和 n 为转矩系数，H 为惯性时间常数。

表 6-2　感应电动机模型参数辨识结果

参数	出线三相短路	双回线切除一回线
r_s	0.0878	0.05263
x_s	2.574	2.867
x'	0.2601	0.1998
T'_0	0.2760	0.3374
n	3.121	0.1079
T_L	0.7126	0.8185
H	0.3214	0.9081

由表 6-2 的参数辨识结果可以看出，感应电动机负荷模型中有些参数（如电气参数 r_s、x_s、x'、T'_0）无论在大扰动还是小扰动情况下都比较容易辨识，并且辨识结果也较稳定。而有些参数（如机械参数 n、H）则难以辨识，辨识结果不稳定，大扰动和小扰动情况下辨识结果具有很大的离散性。这一现象或问题经常存在于总体辨识法的建模过程中。因此有必要对其进行深入分析，并在模型参数辨识的实践中确定相应的对策。

6.2.2　系统灵敏度分析理论

灵敏度的概念首先是在电路设计中被提出的。为了达到设计电路整体性最佳，就必须分析电路中各个元件的参数对整体性能的影响，并找出其中对整体性能影响大的那些元件来，即灵敏的那些元件，这就是电路设计中灵敏度分析的概念。以后这个概念又被引入到控制系统中，用来估计数学模型参数改变后的效果。20 世纪 60 年代，随着最优控制和结构优化设计的发展，人们越来越多地遇到梯度的计算问题，这种梯度的概念，从某种意义上讲等同于灵敏度。

1. 求解系统灵敏度问题的直接法

现以系统的状态模型为例说明求解系统灵敏度问题的直接法。设系统的状态方程为

$$\dot{\boldsymbol{x}}(t)=\boldsymbol{f}(\boldsymbol{x}(t),\boldsymbol{u}(t),\boldsymbol{\theta}) \tag{6-17}$$

$$\boldsymbol{x}(0)=\boldsymbol{x}_0 \tag{6-18}$$

$$\boldsymbol{y}(t)=\boldsymbol{g}(\boldsymbol{x}(t),\boldsymbol{u}(t),\boldsymbol{\theta}) \tag{6-19}$$

$$\boldsymbol{h}(\boldsymbol{x}_0, \boldsymbol{u}_0, \boldsymbol{\theta}) = 0 \tag{6-20}$$

式中，$\boldsymbol{x}$ 为状态向量；$\boldsymbol{\theta}$ 为参数向量，$\boldsymbol{\theta}=(\theta_1,\theta_2,\cdots,\theta_r)^{\mathrm{T}}$；$\boldsymbol{u}$ 为系统输入向量；$\boldsymbol{x}_0$ 为初始状态值。

在特定的输入向量 $\boldsymbol{u}(t)$ 的情况下，我们感兴趣的是 $\boldsymbol{x}$ 与 $\boldsymbol{\theta}$ 之间的函数关系。因此，为了表达简洁，可以将上述方程的解

$$\boldsymbol{x}=\boldsymbol{x}(t,\boldsymbol{u},\boldsymbol{\theta})$$

简写成

$$\boldsymbol{x}=\boldsymbol{x}(t,\boldsymbol{\theta}) \tag{6-21}$$

于是，求解系统参数灵敏度的问题就归结为取各种不同的 $\boldsymbol{\theta}$ 值，按式(6-21)计算相应的 $\boldsymbol{x}$ 值，再进行系统灵敏度的分析和讨论。显然，这是最容易想到的方法，然而，它却很不可取，这是因为：

(1) 计算工作量太大；

(2) 计算所得的结果不直观，很难得到有关系统灵敏度的简单明了的结论。

2. 灵敏度函数法

目前工程计算中比较盛行的系统灵敏度计算法是灵敏度函数法。为了一般性讨论，设以变量 $\boldsymbol{z}=[z_1,z_2,\cdots,z_n]^{\mathrm{T}}$ 表示描述系统动态性能的量，系统的参数则用向量 $\boldsymbol{\theta}=(\theta_1,\theta_2,\cdots,\theta_r)^{\mathrm{T}}$ 表示。$\boldsymbol{z}$ 与 $\boldsymbol{\theta}$ 的关系假设如下：

$$z_i(t,\boldsymbol{\theta})=z_i(t,\theta_1,\theta_2,\cdots,\theta_r), \quad i=1,2,\cdots,n \tag{6-22}$$

若在参数的额定值 $\boldsymbol{\theta}_0$ 时，$\boldsymbol{z}$ 的额定值为 $\boldsymbol{z}_0$，则当参数变为

$$\theta_i=\theta_{i0}+\Delta\theta_i, \quad i=1,2,\cdots,r \tag{6-23}$$

时，相应的系统变量变为

$$z_i=z_i(t,\boldsymbol{\theta}_0+\Delta\boldsymbol{\theta}), \quad i=1,2,\cdots,n \tag{6-24}$$

于是，由于参数变化造成的系统偏差为

$$\Delta z_i=z_i(t,\boldsymbol{\theta}_0+\Delta\boldsymbol{\theta})-z_i(t,\boldsymbol{\theta}_0), \quad i=1,2,\cdots,n \tag{6-25}$$

假设在额定值 $\boldsymbol{\theta}_0$ 处，z_i 对诸 θ_j 存在一阶偏导数，则

$$\Delta z_i \approx \left.\frac{\partial z_i(t,\boldsymbol{\theta})}{\partial\theta_1}\right|_{\boldsymbol{\theta}_0}\Delta\theta_1+\left.\frac{\partial z_i(t,\boldsymbol{\theta})}{\partial\theta_2}\right|_{\boldsymbol{\theta}_0}\Delta\theta_2+\cdots+\left.\frac{\partial z_i(t,\boldsymbol{\theta})}{\partial\theta_r}\right|_{\boldsymbol{\theta}_0}\Delta\theta_r, \quad i=1,2,\cdots,n \tag{6-26}$$

式中，$\left.\frac{\partial z_i(t,\boldsymbol{\theta})}{\partial\theta_j}\right|_{\boldsymbol{\theta}_0}$ $(i=1,2,\cdots,n;j=1,2,\cdots,r)$为对应于参数 $\boldsymbol{\theta}$ 各分量的一阶灵敏度函数。

总之，一旦求出系统变量 $z_i(t,\boldsymbol{\theta})(i=1,2,\cdots,n)$ 对参数向量 $\boldsymbol{\theta}=(\theta_1,\theta_2,\cdots,\theta_r)^{\mathrm{T}}$ 的一阶灵敏度函数，便可根据式(6-26)求出系统变量由于参数变化所造成的偏差。该方法仅仅忽略高阶量，所以计算结果可以保证在工程计算要求的精度范围内。

6.2.3　感应电动机负荷模型参数易辨识性及辨识策略

以具有典型参数的三阶感应电动机负荷模型为例进行参数解析灵敏度分析,即参数易辨识性研究。由于求解高阶灵敏度函数比较烦琐,因此采用基于一阶灵敏度函数的近似计算法。

一般来说,连续动态模型可用前面提到的式(6-17)～式(6-20)来描述,式(6-17)为状态方程,式(6-19)为输出方程,式(6-20)为稳态约束方程。具体到感应电动机负荷,忽略定子电磁暂态,同步坐标系下的标幺值状态方程与输出方程分别如式(6-27)和式(6-28)所示:

$$\begin{cases}\dfrac{de_d'}{dt}=-\dfrac{1}{T_0'}[e_d'+(x_s-x')i_{qs}]+s\omega_b e_q' \\ \dfrac{de_q'}{dt}=-\dfrac{1}{T_0'}[e_q'-(x_s-x')i_{ds}]-s\omega_b e_d' \\ \dfrac{ds}{dt}=\dfrac{1}{2H}[T_L(1-s)^n-e_q'i_{qs}-e_d'i_{ds}]\end{cases} \tag{6-27}$$

$$\begin{cases}P=u_{ds}i_{ds}+u_{qs}i_{qs} \\ Q=u_{qs}i_{ds}-u_{ds}i_{qs}\end{cases} \tag{6-28}$$

式中

$$i_{ds}=\frac{R_s(u_{ds}-e_d')+x'(u_{qs}-e_q')}{R_s^2+x^2}$$

$$i_{qs}=\frac{R_s(u_{qs}-e_q')-x'(u_{ds}-e_d')}{R_s^2+x'^2}$$

这里定义状态变量为 $\boldsymbol{x}=(e'_d,e'_q,s)^T$;输入变量为 $\boldsymbol{u}=(u_{ds},u_{qs})^T$;输出变量为 $\boldsymbol{y}=(i_{ds},i_{qs})^T$;待辨识参数为 $\boldsymbol{\theta}=(\boldsymbol{\alpha}^T;\boldsymbol{\beta}^T)^T$,其中,$\boldsymbol{\alpha}=(R_s,x',T'_0,n,H)^T$ 为独立参数,$\boldsymbol{\beta}=(e'_{d0},e'_{q0},s_0,x_s,T_L)^T$ 为非独立参数。

令式(6-27)微分方程组左边导数项为零,再添加输出方程(6-28),可得稳态方程

$$\boldsymbol{h}(\boldsymbol{x}_0,\boldsymbol{u}_0,\boldsymbol{y}_0,\boldsymbol{\alpha},\boldsymbol{\beta})=0 \tag{6-29}$$

其具体形式如下:

$$\begin{cases}R_s(u_{ds}-e_{d0}')+x'(u_{qs}-e_{q0}')-(R_s^2+x'^2)i_{ds0}=0 \\ R_s(u_{qs}-e_{q0}')-x'(u_{ds}-e_{d0}')-(R_s^2+x'^2)i_{qs0}=0 \\ e_{d0}'+i_{qs0}(x_s-x')-s_0T_0'\omega_b e_{q0}'=0 \\ e_{q0}'-i_{ds0}(x_s-x')+s_0T_0'\omega_b e_{d0}'=0 \\ T_L(1-s_0)^n-e_{d0}'i_{ds0}-e_{q0}'i_{qs0}=0\end{cases} \tag{6-30}$$

设参数 $\boldsymbol{\theta}$ 取典型感应电动机参数[5],在激励 $\boldsymbol{u}$ 作用下的电动机响应为 $\boldsymbol{y}_t(t)$,

如果改变参数 $\boldsymbol{\theta}$,则在相同激励 $\boldsymbol{u}$ 下的电动机响应为 $\boldsymbol{y}_{c}(t)$。

定义参数变化引起的响应偏差为

$$J(\boldsymbol{\theta})=J(\boldsymbol{\alpha},\boldsymbol{\beta})=\sum_{i=1}^{N}[\boldsymbol{y}_{c}(t_i)-\boldsymbol{y}_{t}(t_i)]^{T}[\boldsymbol{y}_{c}(t_i)-\boldsymbol{y}_{t}(t_i)] \tag{6-31}$$

响应偏差对独立参数 $\boldsymbol{\alpha}$ 的灵敏度 $\boldsymbol{L}$ 即为响应偏差对 $\boldsymbol{\alpha}$ 的偏导数:

$$\begin{aligned}\boldsymbol{L}=\frac{\partial J}{\partial \boldsymbol{\alpha}}&=\left(\frac{\partial J}{\partial R_s},\frac{\partial J}{\partial x'},\frac{\partial J}{\partial T_0'},\frac{\partial J}{\partial n},\frac{\partial J}{\partial H}\right)^{T}\\&=2\sum_{i=1}^{N}\left[\frac{\partial \boldsymbol{y}_{c}(t_i)}{\partial \boldsymbol{\alpha}}\right]^{T}[\boldsymbol{y}_{c}(t_i)-\boldsymbol{y}_{t}(t_i)]\end{aligned} \tag{6-32}$$

由输出方程式(6-19)得

$$\frac{\partial \boldsymbol{y}}{\partial \boldsymbol{\alpha}}=\frac{\partial \boldsymbol{g}}{\partial \boldsymbol{x}}\frac{\partial \boldsymbol{x}}{\partial \boldsymbol{\alpha}}+\frac{\partial \boldsymbol{g}}{\partial \boldsymbol{\beta}}\left[\frac{\partial \boldsymbol{\beta}}{\partial \boldsymbol{\alpha}}\right]_{\boldsymbol{x}_0,\boldsymbol{u}_0}+\frac{\partial \boldsymbol{g}}{\partial \boldsymbol{\alpha}} \tag{6-33}$$

式中,$\left[\frac{\partial \boldsymbol{\beta}}{\partial \boldsymbol{\alpha}}\right]_{\boldsymbol{x}_0,\boldsymbol{u}_0}$ 由稳态约束方程式(6-20)可得,即

$$\left[\frac{\partial \boldsymbol{\beta}}{\partial \boldsymbol{\alpha}}\right]_{\boldsymbol{x}_0,\boldsymbol{u}_0}=-\left[\frac{\partial \boldsymbol{h}}{\partial \boldsymbol{\beta}}\right]_{\boldsymbol{x}_0,\boldsymbol{u}_0}^{-1}\left[\frac{\partial \boldsymbol{h}}{\partial \boldsymbol{\alpha}}\right]_{\boldsymbol{x}_0,\boldsymbol{u}_0} \tag{6-34}$$

$\frac{\partial \boldsymbol{x}}{\partial \boldsymbol{\alpha}}$由状态方程式(6-17)两边对 $\boldsymbol{\alpha}$ 求取偏导,再求下述数值积分获得,即

$$\begin{cases}\dfrac{\mathrm{d}\left[\dfrac{\partial \boldsymbol{x}}{\partial \boldsymbol{\alpha}}\right]}{\mathrm{d}t}=\dfrac{\partial \boldsymbol{f}}{\partial \boldsymbol{x}}\left[\dfrac{\partial \boldsymbol{x}}{\partial \boldsymbol{\alpha}}\right]+\dfrac{\partial \boldsymbol{f}}{\partial \boldsymbol{\beta}}\left[\dfrac{\partial \boldsymbol{\beta}}{\partial \boldsymbol{\alpha}}\right]_{\boldsymbol{x}_0,\boldsymbol{u}_0}+\dfrac{\partial \boldsymbol{f}}{\partial \boldsymbol{\alpha}}\\\left[\dfrac{\partial \boldsymbol{x}}{\partial \boldsymbol{\alpha}}\right]_{0}=0\end{cases} \tag{6-35}$$

由上述式(6-29)~式(6-35),即可求得响应偏差对电动机独立参数的灵敏度 $\boldsymbol{L}$。灵敏度表示某参数的单位变化所引起的响应变化,即反映了响应对该参数的敏感程度。

为了对各参数灵敏度有一个全面的认识,需要分析各参数灵敏度函数。以独立参数 $\Delta\alpha_i$ 为横坐标、参数灵敏度 L_i $(i=1,2,\cdots,5)$为纵坐标在平面上绘出的曲线称为灵敏度函数曲线。取 $\boldsymbol{\theta}$ 为典型三阶感应电动机参数,激励 $\boldsymbol{u}$ 为阶跃下降然后恢复的形式,计算各参数灵敏度函数曲线。灵敏度函数曲线如图 6-2~图 6-6 所示,它们分别表示独立参数 R_s、x'、T'_0、n 和 H 单独变化(譬如当 R_s 改变时,其他参数均保持典型值不变)的灵敏度函数曲线,其中,1 表示 $\frac{\partial J}{\partial R_s}$ 灵敏度函数曲线,2 表示 $\frac{\partial J}{\partial x'}$ 灵敏度函数曲线,3 表示 $\frac{\partial J}{\partial T_0'}$ 灵敏度函数曲线,4 表示 $\frac{\partial J}{\partial n}$ 灵敏度函数曲线,5 表示 $\frac{\partial J}{\partial H}$ 灵敏度函数曲线。

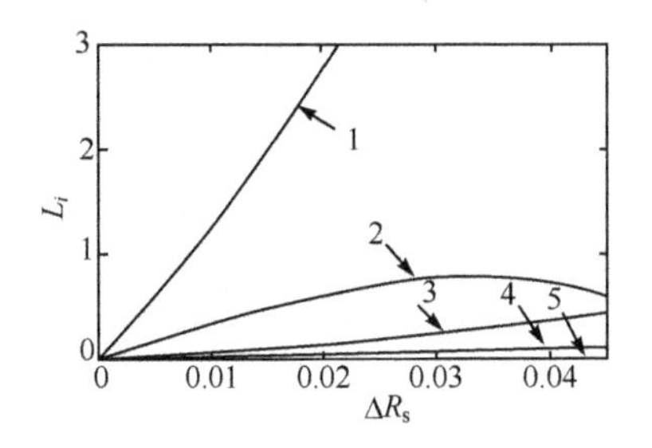

图 6-2　灵敏度函数曲线(R_s 变化)

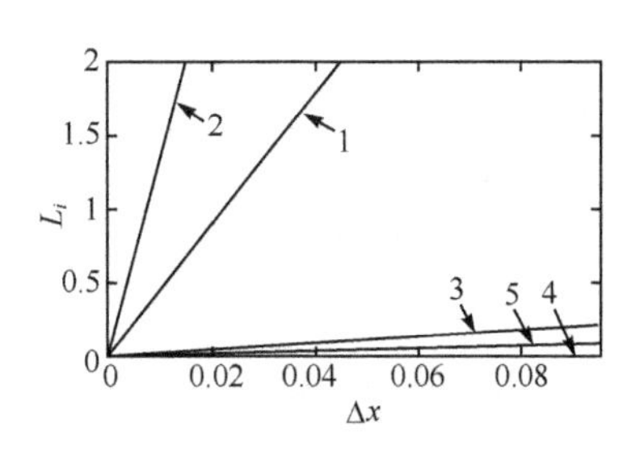

图 6-3　灵敏度函数曲线(x'变化)

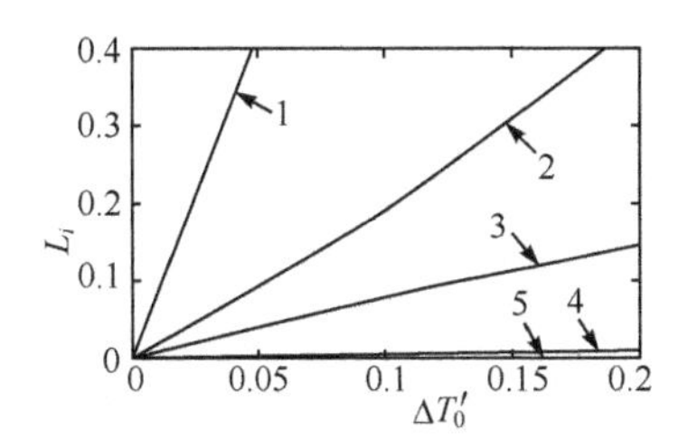

图 6-4　灵敏度函数曲线(T_0'变化)

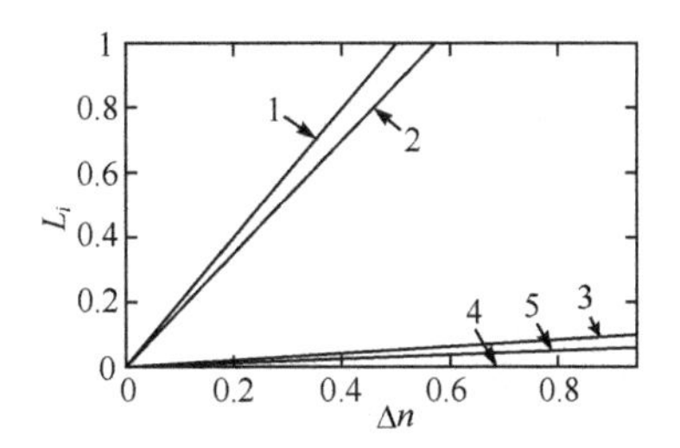

图 6-5　灵敏度函数曲线(n 变化)

由图 6-2～图 6-6 可以看出，无论 R_s 改变，还是 x' 、T_0' 、n 发生改变，各独立参数灵敏度都有较大差异，但它们具有相同的规律：即灵敏度 $\frac{\partial J}{\partial R_s}$ 、$\frac{\partial J}{\partial x'}$ 和 $\frac{\partial J}{\partial T_0'}$ 总是比较大，而灵敏度 $\frac{\partial J}{\partial n}$ 和 $\frac{\partial J}{\partial H}$ 则比较小。也就是说，模型响应对独立参数 R_s 、x' 和 T_0' 取值比较敏感，而对参数 n 和 H 的敏感程度较低。

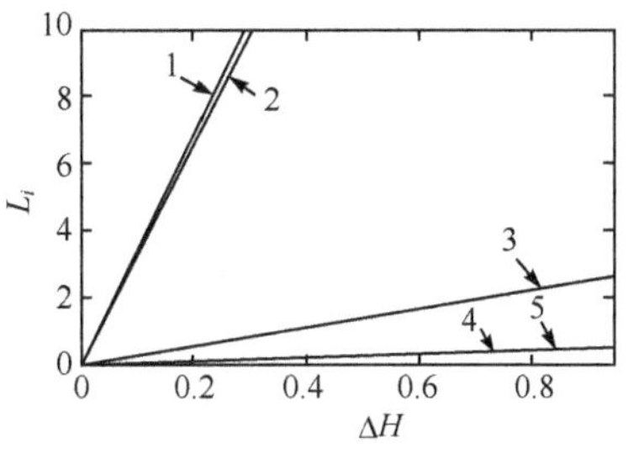

图 6-6　灵敏度函数曲线(H 变化)

进一步研究激励强度对参数灵敏度的影响。为此，对感应电动机负荷模型各参数计算出不同激励强度下（10% U_0 、30% U_0 、50% U_0 和 70% U_0 ）的灵敏度函数曲线。篇幅所限，仅画出参数 R_s 改变时不同激励强度下的灵敏度函数曲线。当参数 R_s 改变时，$\frac{\partial J}{\partial R_s}$ 、$\frac{\partial J}{\partial x'}$ 、$\frac{\partial J}{\partial T_0'}$ 、$\frac{\partial J}{\partial n}$ 和 $\frac{\partial J}{\partial H}$ 灵敏度函数曲线分别如图 6-7～图 6-11 所示。图中，10%、30%、50%和 70%分别表示激励强度为 10% U_0 、30% U_0 、50% U_0 和 70% U_0 的灵敏度函数曲线，U_0 为扰动前的稳态电压。

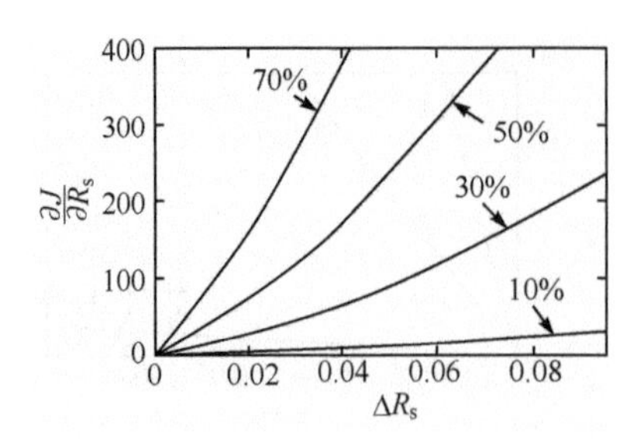

图6-7 $\dfrac{\partial J}{\partial R_s}$灵敏度函数曲线($R_s$ 变化)

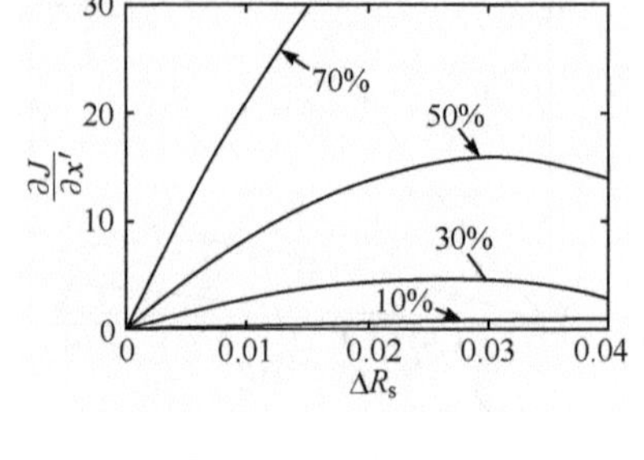

图6-8 $\dfrac{\partial J}{\partial x'}$灵敏度函数曲线($R_s$ 变化)

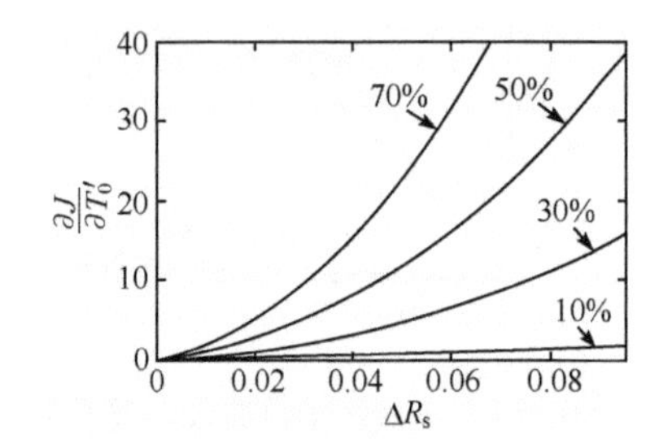

图 6-9 $\dfrac{\partial J}{\partial T_0'}$灵敏度函数曲线($R_s$ 变化)

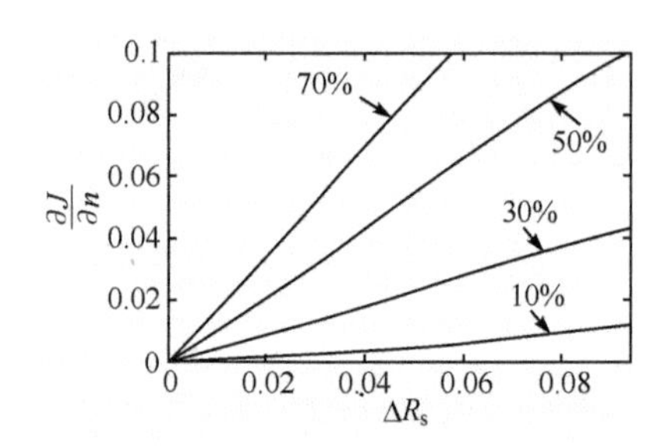

图6-10 $\dfrac{\partial J}{\partial n}$灵敏度函数曲线($R_s$ 变化)

由图 6-7～图 6-11 可以看出，当参数 R_s 改变时，激励强度由 $10\%U_0$ 到 $70\%U_0$ 逐渐增强时，灵敏度函数曲线全部逐渐变陡，即参数灵敏度随激励的增强而增大。显然，这有利于参数的辨识。

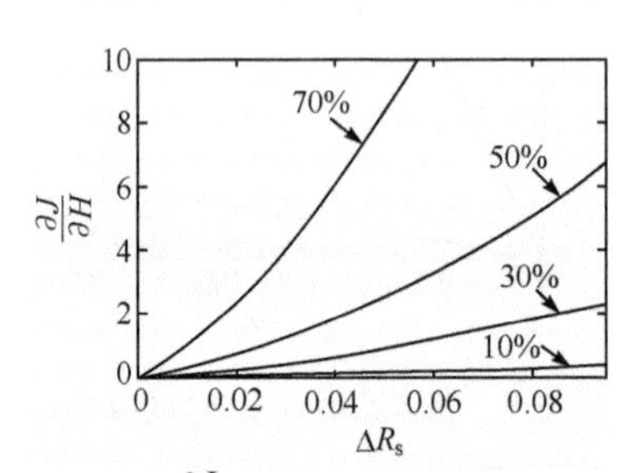

图 6-11 $\dfrac{\partial J}{\partial H}$灵敏度函数曲线($R_s$ 变化)

感应电动机负荷模型中有些参数(如定、转子绕组的电气参数等)无论在大扰动还是小扰动情况下都比较容易辨识，并且辨识结果也较稳定。而有些参数(如惯性时间常数、机械参数等)则难以辨识，辨识结果不稳定，大扰动和小扰动情况下辨识结果具有很大的离散性，有时甚至相差十几倍到百倍。通过上述解析灵敏度分析发现，易辨识参数对应的灵敏度 $\dfrac{\partial J}{\partial R_s}$、$\dfrac{\partial J}{\partial x'}$ 和 $\dfrac{\partial J}{\partial T_0'}$ 一般较大，这说明模型响应对这些参数的取值非常敏感。而难辨识参数灵敏度 $\dfrac{\partial J}{\partial n}$ 和 $\dfrac{\partial J}{\partial H}$ 一般较小，表明模型响应对这些参数的取值感受较为迟钝。

众所周知，总体测辨法负荷建模与统计综合法建模不同，它在建模时仅仅依赖于待辨识对象的外部观测数据，它追求模型对被辨识对象外部的较好等值。在参数辨识过程中，若由于参数灵敏度过小而在模型响应中看不到某参数变化而产生的贡献，则也就很难对该参数进行辨识，反之，若模型响应能很敏锐地感受到某参数变化而带来的贡献，则该参数也就相对容易辨识。

从数值计算方面分析，通常把参数辨识归结为一个优化问题，一般优化问题在寻优过程中往往需要确定目标函数关于寻优变量的梯度，从而由梯度确定寻优方向。显然，较大灵敏度参数所对应的梯度绝对值也较大，相应寻优的方向性也较强，该参数也较容易辨识。若灵敏度相差悬殊的参数同时辨识，则梯度向量中的各分量数值将有很大的差异，在这种情况下要准确辨识全部参数是有困难的，那些有较小灵敏度的参数往往难以辨识。

另外，上述灵敏度分析还说明，感应电动机各参数灵敏度随激励的增强而增大，这意味着各参数都有随激励增强而逐渐容易辨识的趋势。这为强激励情况下辨识那些灵敏度较小、通常难辨识的参数提供了依据。

由于参数辨识过程中各电动机参数灵敏度存在上述较大差异，以及不同扰动强度下激励出的模型特性也不尽相同等原因，感应电动机负荷模型参数辨识需要采取这样的辨识策略：利用足够激励强度的扰动数据辨识灵敏度小的参数，利用较小扰动强度数据辨识灵敏度较大的参数，逐步揭示负荷特性，完成参数辨识。

6.3　考虑配电网络的综合负荷模型的参数辨识

6.3.1　考虑配电网络的综合负荷模型的可辨识性

河海大学鞠平教授领导的研究团队对考虑配电网络的综合负荷模型的建模进行了深入研究。文献[6]通过理论分析和仿真验证，获得了综合负荷模型可辨识性的明确结论。在配电网电阻 R_D 和电抗 X_D 都未知的情况下，综合负荷模型的参数是不可唯一辨识的。但只要已知 R_D 和 X_D 其中一个参数或者两者之间的一个条件时，综合负荷模型的参数都是可以唯一辨识的。在实际的配电网中，电阻 R_D 和电抗 X_D 往往会随着线路的长短等因素发生较大变化，难以准确地确定。但二者之间的比例则变化较小，或者说在相同电压等级情况下是相对固定的，比较容易确定。因此，推荐在辨识过程中采用固定比例 R_D/X_D 为 K 这一条件，辨识 X_D 和其他参数。比例常数 K 可通过其他方法获得，比如统计综合方法。

6.3.2　简化综合负荷模型的参数确定方法

文献[7]以这种负荷模型为研究对象，给出综合负荷模型的参数确定方法，重点研究配电网等值阻抗通过统计综合法确定后，利用参数辨识的方法来确定综合负荷的参数，提出只辨识重要参数的辨识策略，而将其他参数直接用其典型值代替。

1. 参数确定步骤

目前，负荷模型参数的确定方法主要有统计综合法、总体测辨法和故障拟合法。根据已有的可辨识性分析结果[8]，即使对于采用三阶机电暂态模型的感应电动机加静态负荷(用指数形式表示)的综合负荷模型，要唯一辨识出所有的参数，除了需要利用扰动前及动态过程的数据外，还需要增加后稳态条件。而综合负荷模型中又增加了配电网络的等值阻抗，所以仅仅依靠辨识方法来确定出该负荷模型中的所有参数是不可能的。因此，从电力系统的实际情况出发，提出采用统计综合法(或理论等值)与总体测辨法相结合的方法来确定综合负荷模型中的参数。

配电网电抗 X_D 和电动机定子电抗 X_s 是互相关联的，难以分开进行辨识。这里有两个可能的方案：①采用统计综合法确定 X_D，然后采用总体测辨法确定 X_s；②采用统计综合法确定 X_s，然后采用总体测辨法确定 X_D。实际工程中，X_D 相对来说容易通过统计综合法获得，所以可选择前一种方法，即先采用理论等值或统计综合的方法得到配电网的等值阻抗，而对于感应电动机和静态负荷(包括无功补偿)则采用参数辨识的方法来确定其参数。

确定综合负荷模型参数的基本步骤如下：

(1) 根据区域电网结构情况，采用统计综合的方法确定等值配电阻抗参数 R_D+jX_D，文献[9]给出了一种算法。

(2) 根据 110kV 负荷母线测量电压、功率及配电网阻抗，确定虚拟负荷母线的电压和下面所带负荷消耗的总功率。

(3) 如果将无功补偿特性近似用恒定阻抗来表示，则可将无功补偿和静态负荷合并，由此可根据虚拟母线电压及纯负荷功率数据，辨识得到等值电动机和静态负荷的参数。当然如果在静态负荷的功率因数已给定的情况下，也可将静态负荷和无功补偿分开考虑。

2. 感应电动机参数的辨识

在配电网等值阻抗已知的情况下，利用参数辨识的方法来确定低压母线负荷的参数。对于包括感应电动机和静态负荷的负荷模型，采用三阶感应电动机数学模型来描述，其待确定的参数有：X_s、R_s、X_r、R_r、X_m、H、T'_{d0}、K_L、A、B、C，加上感应电动机所占的比例 P_{MP}，共 12 个参数，其中，独立参数有 10 个，即 X_s、R_s、X_r、R_r、X_m、H、K_L、A、B、P_{MP}。而对于静态负荷，在不考虑频率特性的情况下，如果用指数形式来描述，包括有功电压特性和无功电压特性 2 个参数 p_V、q_V，这样，感应电动机综合负荷模型中共有 12 个独立参数待确定。辨识的参数越多,一方面会增加计算量,另一方面也会影响辨识精度,因为参数空间维数越多,搜索到精确解的概率就越小。为此,提出了辨识重要参数的思路,即如果能确定这些参数中哪些是比较重要的,哪些是次要的,则可只对重要参数进行辨识,而将次要参数直接用其典型值固定下来,这样既可确保模型的可辨识性,又能提高辨识速度。

对于电动机本身动态过程来说,灵敏度较高的参数是定子电抗 X_s 和初始负载率 K_L。对于电力系统来说,感应电动机比例 P_{MP} 对电力系统暂态稳定计算影响显著,定子电抗 X_s 对电压稳定影响较大。所以,需重点辨识的参数至少为 X_s、K_L、P_{MP}。另外,电动机惯性时间常数 H 对于电动机和电力系统的振荡周期等可能会有一些影响,所以也可考虑辨识。其他参数则可取典型值,根据文献[10]给出的我国实际电网稳定计算时的推荐参数,各参数可取典型值如下:$R_s=0$,$R_r=0.02$p. u. ,$X_r=0.12$p. u. ,$H=1$s,$X_m=3.5$p. u. ,$A=0.85$,$B=0.0$。对于感应电动机综合负荷模型中的静态负荷成分,我国电网调度和规划部门一般是直接用恒定阻抗来表示。

3. 应用实例

按前面介绍的参数确定方法,根据某电网的实际负荷测量数据,获得了负荷参数辨识结果。这里仅给出最有代表性的 2003 年 2 月 9 日的参数辨识结果,当天有 21 组数据能有效辨识出综合负荷模型参数。在参数辨识过程中,参数的初始搜索范围如下:①P_{MP}:0.1～0.8;②X_s:0.07～0.18p. u. ;③K_L:0.25～0.8;④H:0.6～1.6s。

文献[10]中给出了计及 110kV 线路阻抗时的配电网电抗为 0.085,不计及 110kV 线路阻抗时的配电网电抗为 0.061。文献[11]的调查结果表明,我国大型感应电动机的定子电抗一般为 0.09～0.12p. u. ,定子和转子电抗之和一般为 0.19～0.25p. u. 。为了便于比较,下面配电网阻抗分别取 0+j0.061p. u.(不计及 110kV 线路阻抗)和 0+j0.085p. u.(计及 110kV 线路阻抗)。该阻抗值是以配电网支路初始负荷容量为基值的。另外,将无功补偿并入静态负荷处理。一般来说,应该将 110kV 网络阻抗并入配电网阻抗而不是电动机定子阻抗。

依据以上条件,利用蚁群算法辨识重要参数,结果见表 6-3～表 6-5。其中,E 表示负荷模型的误差,为有功功率和无功功率模型计算结果与测量结果的误差平方和。

表 6-3　某电网负荷参数实测结果 1(固定 $X_D=0.061$,辨识 P_{MP}、X_s、K_L)

数据号	变电站号	时/分/秒	P_{MP}/%	X_s	K_L	E
1	1	18/21/57	62.0848	0.141288	0.596399	0.239008
2	2	17/48/29	26.5918	0.145071	0.661854	0.032717

续表

数据号	变电站号	时/分/秒	P_{MP}/%	X_s	K_L	E
3	3	20/04/05	57.9350	0.140048	0.579772	0.436378
4	3	20/12/45	59.8579	0.142080	0.577398	0.131744
5	3	20/18/32	57.6665	0.141362	0.406543	0.326655
6	3	20/24/15	39.7285	0.130229	0.570322	0.129613
7	3	21/37/36	31.7131	0.142233	0.629611	0.123709
8	3	22/33/30	62.3795	0.140013	0.388898	0.219483
9	3	22/56/51	55.2008	0.129616	0.582602	0.097520
10	4	18/32/41	33.3687	0.150933	0.693261	0.042661
11	5	22/33/58	57.5113	0.141039	0.659492	0.054833
12	6	16/51/28	40.2127	0.145294	0.678137	0.022648
13	6	17/38/57	21.0975	0.150100	0.682302	0.000263
14	6	18/26/27	66.1056	0.146965	0.701377	0.040979
15	6	18/53/23	19.4570	0.152471	0.697195	0.000759
16	7	16/53/04	38.8765	0.144712	0.615121	0.489259
17	7	20/08/21	18.6105	0.151724	0.690016	0.127916
18	7	20/37/29	24.5323	0.147986	0.664730	0.355629
19	8	18/53/32	65.8108	0.125216	0.446054	0.812868
20	8	19/31/11	67.3729	0.127651	0.562873	0.343311
21	8	19/45/55	50.3771	0.130827	0.653054	0.215529
平均值			45.5472	0.141279	0.606524	0.202071

表 6-4　某电网负荷参数实测结果 2(固定 $X_D=0.061$，辨识 P_{MP}、X_s、K_L、H)

数据号	变电站号	时/分/秒	P_{MP}/%	X_s	K_L	$2H$/s	E
1	1	18/21/57	60.2886	0.141919	0.578571	2.326062	0.239147
2	2	17/48/29	26.8924	0.145107	0.654102	1.441926	0.032589
3	3	20/04/05	54.4936	0.140747	0.566078	2.886495	0.436753
4	3	20/12/45	57.9771	0.142597	0.565236	2.341131	0.131732
5	3	20/18/32	57.9954	0.142101	0.414926	2.955105	0.324908
6	3	20/24/15	39.7333	0.129169	0.567516	2.892935	0.129395
7	3	21/37/36	32.4346	0.142756	0.619308	2.880818	0.123715
8	3	22/33/30	61.8229	0.140963	0.397653	1.517515	0.219797
9	3	22/56/51	53.4252	0.128668	0.573316	1.497834	0.097351

续表

数据号	变电站号	时/分/秒	P_{MP}/%	X_s	K_L	$2H$/s	E
10	4	18/32/41	32.7799	0.150009	0.684889	1.261904	0.040002
11	5	22/33/58	46.3321	0.141585	0.642529	1.487240	0.054985
12	6	16/51/28	38.8190	0.145305	0.666934	1.378125	0.022373
13	6	17/38/57	21.4351	0.149557	0.676551	1.415109	0.000261
14	6	18/26/27	64.1560	0.147193	0.690583	1.428989	0.041026
15	6	18/53/23	19.7920	0.151679	0.691332	1.412235	0.000754
16	7	16/53/04	38.3696	0.144810	0.609270	2.137400	0.489428
17	7	20/08/21	19.1294	0.151199	0.683917	2.892231	0.128336
18	7	20/37/29	24.8456	0.147772	0.658707	2.160777	0.355843
19	8	18/53/32	64.7802	0.124830	0.445584	1.370934	0.799639
20	8	19/31/11	65.9599	0.126949	0.552734	1.429292	0.341865
21	8	19/45/55	48.0207	0.129850	0.639087	1.393474	0.213420
平均值			44.26108	0.141179	0.598992	1.92893	0.201110

表 6-5　某电网负荷参数实测结果 3(固定 X_D=0.085,辨识 P_{MP}、X_s、K_L、H)

数据号	变电站号	时/分/秒	P_{MP}/%	X_s	K_L	$2H$/s	E
1	1	18/21/57	56.4014	0.121565	0.597397	2.919154	0.253524
2	2	17/48/29	23.7789	0.122771	0.661645	1.445035	0.033786
3	3	20/04/05	47.1340	0.121123	0.578997	2.886877	0.449634
4	3	20/12/45	54.0429	0.121846	0.587928	2.344415	0.139872
5	3	20/18/32	56.8806	0.121706	0.441074	2.929781	0.354226
6	3	20/24/15	33.5312	0.109815	0.590413	2.878102	0.134375
7	3	21/37/36	28.2188	0.121996	0.634458	1.525028	0.126263
8	3	22/33/30	58.8744	0.121198	0.440968	1.471802	0.244812
9	3	22/56/51	43.6657	0.109709	0.602643	1.489199	0.106269
10	4	18/32/41	30.7183	0.124674	0.685624	1.262583	0.040765
11	5	22/33/58	45.1032	0.121667	0.652548	1.470580	0.050315
12	6	16/51/28	35.8631	0.122881	0.668099	1.378858	0.022583
13	6	17/38/57	19.9149	0.124597	0.681505	1.416678	0.000269
14	6	18/26/27	60.5616	0.124083	0.691246	1.430799	0.042369
15	6	18/53/23	18.7335	0.125382	0.694246	1.401232	0.000761
16	7	16/53/04	35.9650	0.122483	0.615310	2.238793	0.510682

续表

数据号	变电站号	时/分/秒	P_{MP}/%	X_s	K_L	$2H$/s	E
17	7	20/08/21	18.1789	0.125364	0.687720	2.896226	0.131405
18	7	20/37/29	23.2864	0.123830	0.663064	2.242328	0.362436
19	8	18/53/32	64.5141	0.107790	0.453847	1.360858	0.830054
20	8	19/31/11	65.6905	0.108641	0.553617	1.427046	0.354048
21	8	19/45/55	42.0130	0.110095	0.641648	1.398356	0.222598
平均值			41.0986	0.119677	0.610667	1.895892	0.210050

从负荷参数辨识结果可看出：

(1) 对比表 6-3 和表 6-4，是否辨识惯性时间常数 H 对其他参数影响不明显，辨识所得 H 在典型值 1.0s 左右。

(2) 对比表 6-4 和表 6-5，改变 X_D 对 X_s 影响显著，但对其他参数影响不很明显。而且，两个表中 X_s 对应栏目辨识结果的差异基本上就是 X_D 的差异。

(3) X_s 在不同时段、不同变电站情况下，都比较平稳。表 6-5 中，辨识结果为 0.108～0.125p.u.，平均值为 0.120p.u.，恰好等于文献[10]推荐的典型值。

(4) K_L 在不同时段、不同变电站情况下，也比较平稳。表 6-5 中，辨识结果为 0.441～0.694，平均值为 0.611，比典型值 0.468 大，但都在正常范围之内。我国大型的感应电动机初始负载率的典型值为 0.55，但随感应电动机制造工艺及效率的提高，初始负载率也有增大的趋势，逐渐向国外靠拢，如 IEEE 负荷建模工作组推荐的参数一般为 0.6～0.8，所以辨识出的感应电动机的初始负载率也是合理的。

(5) P_{MP} 和 H 在同一站点、相同时段时基本一致，但在不同站点、不同时段时的差别比较明显，原因可能是感应电动机所在的虚拟负荷母线与 110kV 母线之间通过配电网阻抗相连后，感应电动机与 110kV 母线的电气距离变远了，从而导致感应电动机比例的分散性加大。

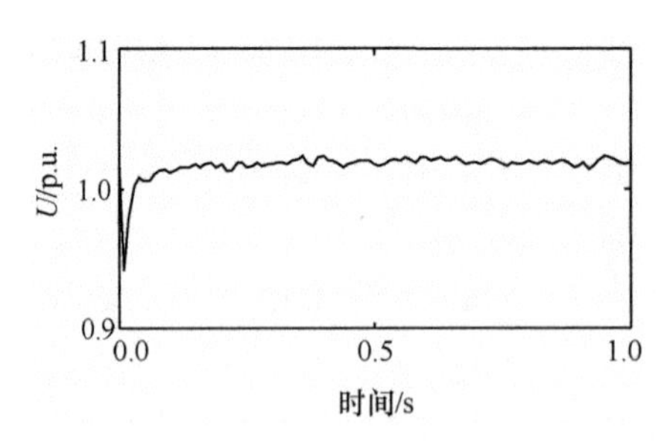

图 6-12 电压变化曲线

应该指出，3 个表中的平均值是所有 21 组数据的平均值，这仅仅是提供一个对比的参考。实际应用时，应该将相同类型变电站在相同时间段的参数取平均值。当然，对于比较平稳的参数 X_s 和 K_L 差别不大。

这里以 6 号变 18:53:23 为例，给出电压变化曲线及有功、无功的拟合曲线如图 6-12～图 6-14 所示。

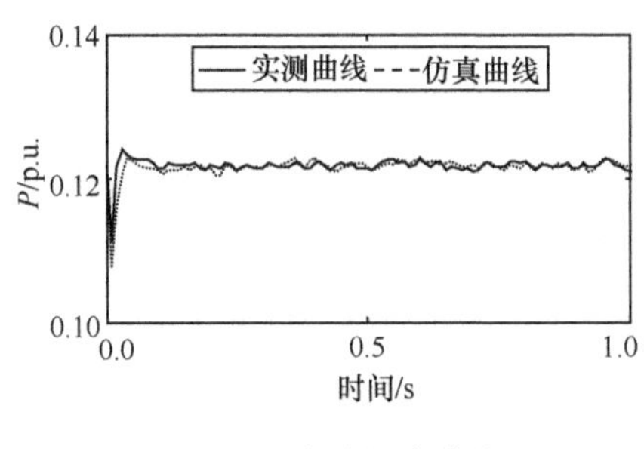

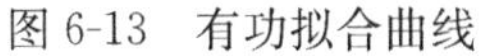
图 6-13　有功拟合曲线

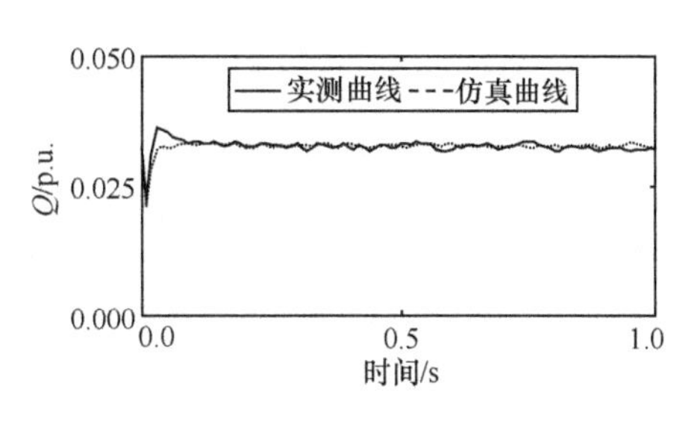

图 6-14　无功拟合曲线

由图 6-12～图 6-14 可以看出，功率计算值与实测数据均拟合得较好，这表明在参数辨识过程中突出重要参数、提高辨识速度的同时，也保证了辨识精度，也说明考虑配电网支路的综合负荷模型的参数确定方法是有效的。当然，误差依然存在，其中无功误差大于有功误差，可能是由于实际负荷及配电网中的各种无功因素比较复杂。

6.3.3　计及配电网阻抗和无功补偿的完整综合负荷模型的参数辨识

文献[12]针对计及配电网阻抗、电动机、静态负荷（ZIP）和无功补偿的完整综合负荷模型，给出了考虑频率影响的模型方程，提出了参数辨识方法，包括辨识策略、初始化计算过程以及辨识过程。

1. 完整综合负荷模型的方程

完整考虑配电网阻抗、电动机、静态负荷（ZIP）和电容补偿的综合负荷模型结构如图 6-15 所示[13]，不妨称之为完整综合负荷模型，比简化综合负荷模型多了 I、P 和 C 三项。图中，U_S 为实际负荷母线电压，U_L 为虚拟母线电压，实际负荷母线和虚拟母线之间的部分便是等值的配电网阻抗。

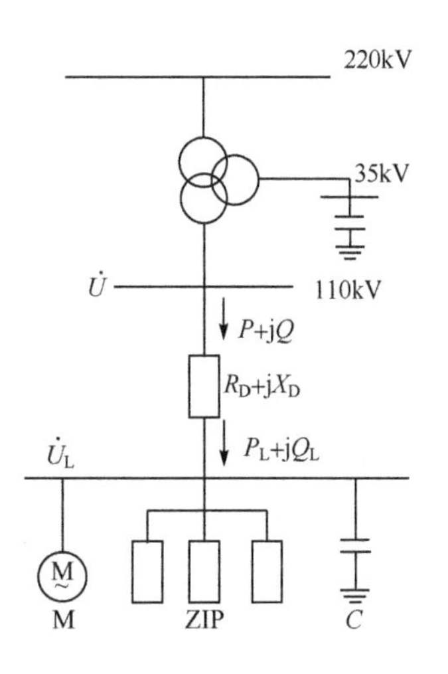

图 6-15　综合负荷模型结构图

下列模型方程中考虑了频率变化，当采用标幺值时，$\omega=f$，$X=fL$。假设正常运行频率为额定频率，则 $f_0=1$，$X=L$，所以下列方程中电抗实质上是电感，也就是正常额定频率下电抗的标幺值，为了和习惯一致仍然采用电抗符号表示。

1）配电网阻抗部分

令 $\dot{U}=U\angle 0°$，由图 6-15 可知

$$\dot{U}_L = \left(U - \frac{PR_D + QfX_D}{U}\right) - \mathrm{j}\,\frac{PfX_D + QR_D}{U} \tag{6-36}$$

$$P_D = \frac{P^2 + Q^2}{U^2}R_D, \quad Q_D = \frac{P^2 + Q^2}{U^2}fX_D \tag{6-37}$$

$$P_L = P - P_D, \quad Q_L = Q - Q_D \tag{6-38}$$

式中，f 为频率，其余变量的含义请见图 6-15。

2）电动机部分

感应电动机采用计及机电暂态的三阶模型，dq 坐标系有两种，一种是以转子转速旋转的坐标系[14]，另一种是以同步转速旋转的坐标系[2]，电动机状态方程在不同 dq 坐标系下是有差别的，但和电网联网求解时需转换为系统公共的 xy 坐标系，此时状态方程是一致的，即

$$\begin{cases} \dfrac{\mathrm{d}E_x'}{\mathrm{d}t} = -\dfrac{1}{T_{d0}'}[E_x' + f(X - X')I_y] - (\omega_r - f)E_y' \\ \dfrac{\mathrm{d}E_y'}{\mathrm{d}t} = -\dfrac{1}{T_{d0}'}[E_y' - f(X - X')I_x] + (\omega_r - f)E_x' \\ \dfrac{\mathrm{d}\omega_r}{\mathrm{d}t} = \dfrac{1}{2H}(T_e - T_m) \end{cases} \tag{6-39}$$

式中

$$X = X_s + X_m \tag{6-40}$$

$$X' = X_s + \frac{X_m X_s}{X_m + X_s} \tag{6-41}$$

$$T_{d0}' = \frac{X_m + X_r}{R_r} \tag{6-42}$$

定子电流方程

$$\dot{I} = \frac{\dot{U}_L - \dot{E}'}{R_s + \mathrm{j}fX'} \tag{6-43}$$

与此对应的暂态等值电路如图 6-16 所示。

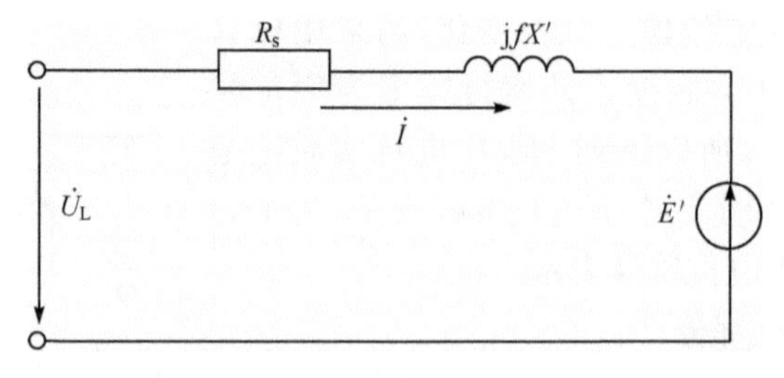

图 6-16　电动机暂态等值电路

转子运动方程

$$2H\frac{\mathrm{d}\omega_{\mathrm{r}}}{\mathrm{d}t}=T_{\mathrm{m}}-T_{\mathrm{e}} \tag{6-44}$$

电磁功率

$$T_{\mathrm{e}}=\frac{P_{\mathrm{e}}}{\omega_{\mathrm{r}}}=\frac{\mathrm{Re}(\dot{E}'\dot{I}^{*})}{\omega_{\mathrm{r}}}=\frac{E_x'I_x+E_y'I_y}{\omega_{\mathrm{r}}} \tag{6-45}$$

机械功率

$$T_{\mathrm{m}}=(A\omega_{\mathrm{r}}^{2}+B\omega_{\mathrm{r}}+C)T_{\mathrm{m0}} \tag{6-46}$$

且满足

$$A\omega_{\mathrm{r0}}^{2}+B\omega_{\mathrm{r0}}+C=1.0 \tag{6-47}$$

式中，ω_{r} 为转子角速度；E_x'、E_y' 分别为同步坐标下的直轴、交轴暂态电势；X 为稳态电抗；X' 为暂态电抗；X_{m} 为激磁电抗；R_{s} 为定子电阻；X_{s} 为定子电抗；R_{r} 为转子电阻；X_{r} 为转子电抗；T_{d0}' 为转子绕组时间常数；H 为惯性时间常数；A、B、C 为机械转矩系数；T_{m0} 为初始机械转矩。

3）ZIP 部分

$$\begin{cases}P_{\mathrm{ZIP}}=P_{\mathrm{ZIP0}}\left[Z_{\mathrm{p}}\left(\dfrac{U_{\mathrm{L}}}{U_{\mathrm{L0}}}\right)^{2}+I_{\mathrm{p}}\left(\dfrac{U_{\mathrm{L}}}{U_{\mathrm{L0}}}\right)+P_{\mathrm{p}}\right](1+L_{\mathrm{DP}}\Delta f)\\ Q_{\mathrm{ZIP}}=Q_{\mathrm{ZIP0}}\left[Z_{\mathrm{q}}\left(\dfrac{U_{\mathrm{L}}}{U_{\mathrm{L0}}}\right)^{2}+I_{\mathrm{q}}\left(\dfrac{U_{\mathrm{L}}}{U_{\mathrm{L0}}}\right)+P_{\mathrm{q}}\right](1+L_{\mathrm{DQ}}\Delta f)\end{cases} \tag{6-48}$$

式中，Z_{p}、I_{p}、P_{p}、Z_{q}、I_{q}、P_{q} 分别为有功恒定阻抗系数、有功恒定电流系数、有功恒定功率系数、无功恒定阻抗系数、无功恒定电流系数和无功恒定功率系数，且满足

$$\begin{cases}Z_{\mathrm{p}}+I_{\mathrm{p}}+P_{\mathrm{p}}=1\\ Z_{\mathrm{q}}+I_{\mathrm{q}}+P_{\mathrm{q}}=1\end{cases} \tag{6-49}$$

L_{DP}、L_{DQ} 为有功和无功频率特性系数。

4）补偿电容器部分

由于在标幺值下

$$X_{\mathrm{C}}=\frac{1}{\omega C}=\frac{X_{\mathrm{C0}}}{f},\quad X_{\mathrm{C0}}=\frac{1}{C} \tag{6-50}$$

所以补偿电容器容量

$$Q_{\mathrm{C}}=-\frac{U_{\mathrm{L}}^{2}}{X_{\mathrm{C}}}=-\frac{U_{\mathrm{L}}^{2}}{X_{\mathrm{C0}}}f \tag{6-51}$$

式中，X_{C0} 为正常运行时的电容器容抗。进一步可求得补偿电容器的电容

$$C=\frac{1}{X_{\mathrm{C0}}}=-\frac{Q_{\mathrm{C0}}}{U_{\mathrm{L0}}^{2}} \tag{6-52}$$

至此，便得到了考虑频率特性的完整综合负荷模型方程，它由式(6-36)～式(6-52)构成。

2. 完整综合负荷模型的待辨识重点参数

第1小节介绍了完整综合负荷模型的方程，其中一共有22个参数(R_D、X_D、K_L、X_m、R_s、X_s、R_r、X_r、H、A、B、C、Z_p、I_p、P_p、Z_q、I_q、P_q、L_{DP}、L_{DQ}、X_{C0}和电动机比例P_{MP})，考虑到式(6-47)和式(6-49)，则独立参数有19个(R_D、X_D、P_{MP}、K_L、X_m、R_s、X_s、R_r、X_r、H、A、B、I_p、P_p、I_q、P_q、X_{C0}、L_{DP}、L_{DQ})，若不计及ZIP部分的频率变化，仍然有17个参数。要想全部通过辨识得到这些参数，一是存在参数不可唯一辨识问题，二是计算量大，另一方面也会影响辨识精度。

采用6.3.2节中综合负荷模型的辨识策略，只辨识重点参数，其他参数采用典型值。灵敏度分析表明，灵敏度较大的参数是电动机参数P_{MP}、K_L、X_s和静态负荷参数I_p、P_p、I_q、P_q。

对于配电网阻抗，文献[6]指出：R_D和X_D都未知时，简化综合负荷模型参数不可唯一辨识，但已知其中一个或者它们之间的某一关系时，简化综合负荷模型参数才是唯一可辨识的，并且认为$X_D/R_D=K$相对容易通过其他方法(如统计综合法)确定，且比较平稳，因此只需要将X_D参与辨识。K可根据实际统计情况确定，对于含有配电变压器的配电网支路，由于变压器中的电抗远大于电阻，所以K较大。这里继续采用这一辨识策略，虽然难以进行理论验证，但后面的仿真算例和应用实例验证了这一策略。

对于补偿电容X_C，从电路关系上是和静态负荷中的Z合并在一起的，所以在以往文献中都是不分开确定的。实际应用表明，如果不单独确定X_C，可能会造成ZIP静态负荷的功率因数不正常，I、P系数为负，这相当于负荷中有虚假电源，给计算带来不合理的结果。但是，要将X_C与Z区分开来，需要附加条件。为了保证ZIP静态负荷具有正常的功率因数，设定已知该负荷功率因数$PF_s=\cos\varphi$，则在辨识获得I_q、P_q之后，X_C就可以随之确定。

综上所述，待辨识的重点参数有：P_{MP}、K_L、X_s、X_D、I_p、P_p、I_q、P_q。其他参数采用典型值，参照文献[10]的推荐值，如表6-6所示。

表6-6　非重点参数典型值

R_s	X_m	R_r	X_r	H/s	A	B	X_D/R_D	PF_s
0.0	3.5	0.02	0.12	1.0	0.85	0.0	15	0.85

在确定了重点参数之后，还需要确定的便是其搜索范围。参数搜索范围的选取对辨识结果具有较大的影响，范围太小有可能将真值排除在外，而搜索范围过大又会影响搜索的速度和精度。考虑到参数的合理性(如I、P系数必须为正)，参考国内外负荷参数的典型值，并结合电力负荷建模经验，参数的搜索范围如下：

P_{MP}：0.1～0.8；　K_L：0.3～0.8；　X_s：0.08～0.20

X_D：0.0～0.1；　I_p、P_p、I_q、P_q：0.0～1.0

3. 完整综合负荷模型的初始化计算

初始化计算主要要做的工作是确定无功补偿的容抗以及为求解微分方程(6-39)提供初始值(ω_{r0}、E'_{x0}以及E'_{y0})。具体计算过程如下所述。

1) 计算虚拟母线上的初始电压U_{L0}，初始功率P_{L0}、Q_{L0}

实际负荷母线的初始电压U_0，初始功率P_0、Q_0，这三个量是实际可以测量到的，但测量到的数据一般是以系统容量为基准值的，而配电网参数是以配电网支路初始功率为基准值的，因而需要先将R_D、X_D转换至系统基值下的标幺值。假设系统容量基值为S_B，则配电网支路的初始功率为

$$S_D = S_B\sqrt{P_0^2 + Q_0^2} \tag{6-53}$$

那么，配电网初始功率下的标幺值R_D、X_D转换至系统基值下的标幺值为

$$R_{DB} = R_D\frac{S_B}{S_D} = \frac{R_D}{\sqrt{P_0^2 + Q_0^2}} \tag{6-54}$$

$$X_{DB} = X_D\frac{S_B}{S_D} = \frac{X_D}{\sqrt{P_0^2 + Q_0^2}} \tag{6-55}$$

令$\dot{U}_S = U_S\angle 0°$，便可得到

$$\dot{U}_{L0} = \left(U_{S0} - \frac{P_0R_{DB} + Q_0f_0X_{DB}}{U_{S0}}\right) - \mathrm{j}\,\frac{P_0f_0X_{DB} - Q_0R_{DB}}{U_{S0}} \tag{6-56}$$

$$P_{L0} = P_0 - \frac{P_0^2 + Q_0^2}{U_{S0}^2}R_{DB} \tag{6-57}$$

$$Q_{L0} = Q_0 - \frac{P_0^2 + Q_0^2}{U_{S0}^2}f_0X_{DB} \tag{6-58}$$

2) 求静态部分消耗的总功率P_{s0}和Q_{s0}

根据虚拟母线电压$\dot{U}_{L0}$、感应电动机参数可以计算得到电动机消耗的初始功率P_{M0}、Q_{M0}，详细的计算过程可参考文献[14]，进而求得静态部分消耗的初始功率P_{s0}、Q_{s0}。值得注意的是，这里P_{M0}、Q_{M0}均为系统基值下的标幺值，而电动机参数是电动机额定容量下的标幺值，所以在计算的时候要注意转换成系统基准容量下的标幺值。

$$\begin{cases} P_{s0} = P_{L0} - P_{M0} \\ Q_{s0} = Q_{L0} - Q_{M0} \end{cases} \tag{6-59}$$

3) 从总的静态负荷功率中分离出 ZIP 模型负荷消耗的功率和补偿设备消耗

的功率

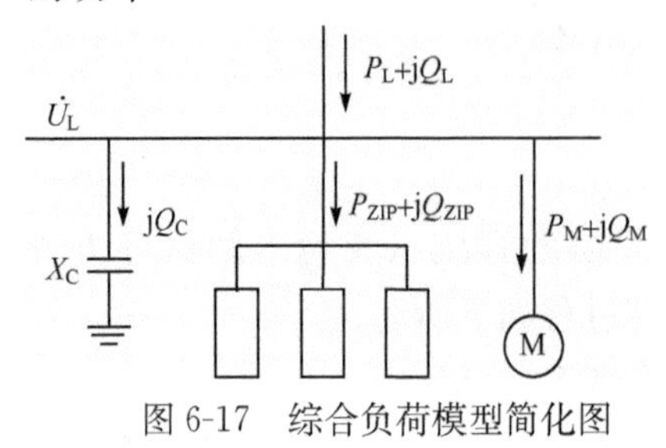

图 6-17　综合负荷模型简化图

通过前面的计算得到了静态负荷消耗的总功率，设 ZIP 部分消耗的功率 $S_{ZIP}=P_{ZIP}+jQ_{ZIP}$，补偿电容器消耗的功率为 jQ_C，如图 6-17 所示。

从图 6-17 可以看出

$$\begin{cases}P_{ZIP0}=P_{s0}\\Q_{C0}+Q_{ZIP0}=Q_{s0}\end{cases}\tag{6-60}$$

在静态负荷的功率因数 PF_s 给定的条件下

$$Q_{ZIP0}=P_{ZIP0}\tan(\arccos(PF_s))\tag{6-61}$$

于是由式(6-60)可得

$$Q_{C0}=Q_{s0}-Q_{ZIP0}\tag{6-62}$$

从而

$$X_{C0}=-\frac{U_{L0}^2}{Q_{C0}}f_0\tag{6-63}$$

需要指出的是，如果 $Q_{C0}<0$，说明是真正的无功补偿设备；如果 $Q_{C0}>0$，说明是无功负荷，可并入 ZIP 负荷；如果 $Q_{C0}=0$，由式(6-63)可知，$X_C=\infty$，相当于没有补偿设备。所以，当计算 $Q_{C0}\geqslant 0$ 时，只需要令 $Q_{ZIP0}=Q_{s0}$ 即可。

4) 求初始状态量 E'_{x0}、E'_{y0}、ω_{r0}

先求得初始滑差 $s_0=R_r/R$，其中，R 为等效转子电阻，由电动机电压和功率可以计算获得。再由式(6-44)可得

$$\omega_{r0}=(1-s_0)f_0\tag{6-64}$$

将式(6-39)前两式写成复数形式：

$$\frac{\mathrm{d}\dot{E}'}{\mathrm{d}t}=-\frac{1}{T'_{d0}}[\dot{E}'-\mathrm{j}f(X-X')\dot{I}]+\mathrm{j}(\omega_r-f)\dot{E}'\tag{6-65}$$

令式(6-65)中的导数项为零，便得到稳态条件，并将式(6-43)代入式(6-65)可得

$$0=-\frac{1}{T'_{d0}}\left[\dot{E}'-\mathrm{j}f(X-X')\frac{\dot{U}_L-\dot{E}'}{R_s+\mathrm{j}fX'}\right]+\mathrm{j}(\omega_r-f)\dot{E}'\tag{6-66}$$

记

$$a=R_s+T'_{d0}(\omega_r-f)X'$$
$$b=(1-f)X'+fX-T'_{d0}(\omega_r-f)R_s$$

将式(6-66)虚、实部分开并写成矩阵形式：

$$\begin{bmatrix}E'_x\\E'_y\end{bmatrix}=W\begin{bmatrix}b&-a\\a&b\end{bmatrix}\begin{bmatrix}U_x\\U_y\end{bmatrix}\tag{6-67}$$

式中

$$W=\frac{f(X-X')}{a^2+b^2} \tag{6-68}$$

将 ω_{r0} 和 f_0 代入式(6-67)即可求得 E'_{x0}、E'_{y0}，至此初始化完毕。

4. 完整综合负荷模型的参数辨识过程

完整综合负荷模型的参数辨识过程如下：

(1) 设定待辨识重点参数的初值，其余参数赋予典型值。

(2) 根据实际负荷母线上的测量数据 $\dot{U}$、P、Q，计算虚拟母线上的 $\dot{U}_L$、P_L、Q_L。

(3) 初始化计算得到电动机初始功率 $P_{M0}+jQ_{M0}$，总的静态负荷功率 $P_{s0}+jQ_{s0}$，从中分离出 P_{ZIP0}、Q_{ZIP0}、Q_{C0}，并按照式(6-52)由 Q_{C0} 和 U_{L0} 计算出补偿电容器的容抗 X_{C0}。

(4) 根据初始化计算过程中求得的 E'_{x0}、E'_{y0}、ω_{r0}，运用四阶龙格库塔法求解微分方程组(6-39)，得到每一时步的 E'_{xi}、E'_{yi}、ω_{ri} 和电动机消耗的功率 $P_{Mi}+jQ_{Mi}$($1\leqslant i\leqslant N$，N 为测量数据的长度)。

(5) 按照式(6-48)计算静态负荷功率 $P_{ZIPi}+jQ_{ZIPi}$，按照式(6-51)计算电容消耗的功率 jQ_{Ci}。

(6) 按照式(6-37)计算配电网支路上的功率损耗 $P_{Di}+jQ_{Di}$。

(7) 计算目标函数：

$$\begin{aligned}E=\sum_{i=1}^{N}\{&[P_i-(P_{Mi}+P_{ZIPi}+P_{Di})]^2\\&+[Q_i-(Q_{Mi}+Q_{ZIPi}+Q_{Ci}+Q_{Di})]^2\}\end{aligned} \tag{6-69}$$

(8) 用蚁群优化算法进行参数辨识，回到(2)，直到满足收敛条件，得到参数的辨识结果。

上述模型方程和参数辨识中均考虑了频率，这在频率具有明显波动时是可以的。但如果频率恒定或者波动很小，则可忽略频率变化项，相应的频率系数 L_{DP}、L_{DQ} 不参与辨识。下面的仿真算例和应用实例中，都是这么处理的。

5. 仿真算例

首先采用图 6-18 所示 IEEE 9 节点系统进行验证，其中，负荷点 6 和 8 均采用恒定阻抗模型，节点 5 的负荷参数如表 6-7 所示。故障分别为线路 6—4 中间瞬时性(3 周波)三相短路、6—9 中间瞬时性(4 周波)三相短路、8—9 中间瞬时性(5 周波)三相短路，记录三次故障下节点 5 负荷母线的电压、有功和无功功率，通过本节所述方法辨识得到完整综合负荷模型的参数，列于表 6-7。

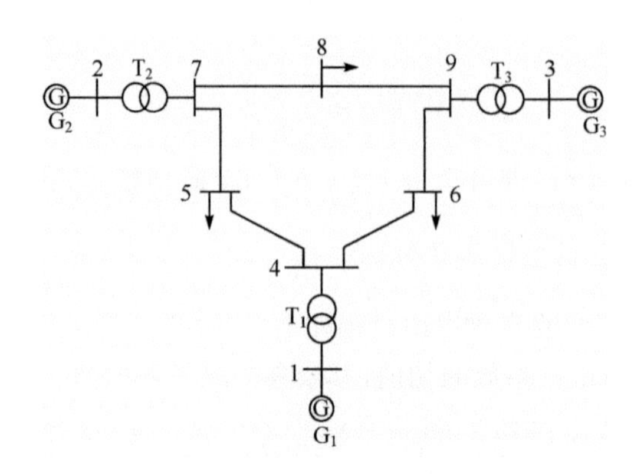

图 6-18 算例系统图

表 6-7 算例系统完整综合负荷模型参数辨识结果

线路号	P_{MP}	X_s	K_L	X_D	Z_p	I_p
6—4	0.6091	0.1284	0.4776	0.0349	0.4165	0.2925
6—9	0.6092	0.1279	0.4783	0.0350	0.4164	0.2923
8—9	0.6230	0.1265	0.4729	0.0349	0.4149	0.2928
真值	0.6000	0.1200	0.4680	0.0400	0.4000	0.3000
线路号	P_p	Z_q	I_q	P_q	X_C	误差
6—4	0.2910	0.5156	0.2926	0.1918	2.5441	0.3455
6—9	0.2912	0.5153	0.2926	0.1920	2.5479	0.2591
8—9	0.2923	0.5144	0.2929	0.1927	2.5173	0.5311
真值	0.3000	0.5000	0.3000	0.2000	2.4738	

完整综合负荷模型和简化综合负荷模型的误差对比如表 6-8 所示，曲线对比如图 6-19～图 6-21 所示。

表 6-8 完整综合负荷模型和简化综合负荷模型的误差对比

线路号	模型	误差
6—4	简化综合负荷模型	0.4911
	完整综合负荷模型	0.3455
6—9	简化综合负荷模型	0.3063
	完整综合负荷模型	0.2591
8—9	简化综合负荷模型	0.6734
	完整综合负荷模型	0.5311

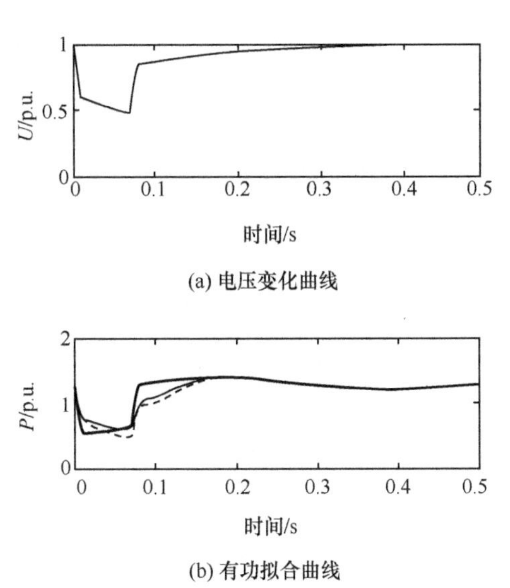

(a) 电压变化曲线

(b) 有功拟合曲线

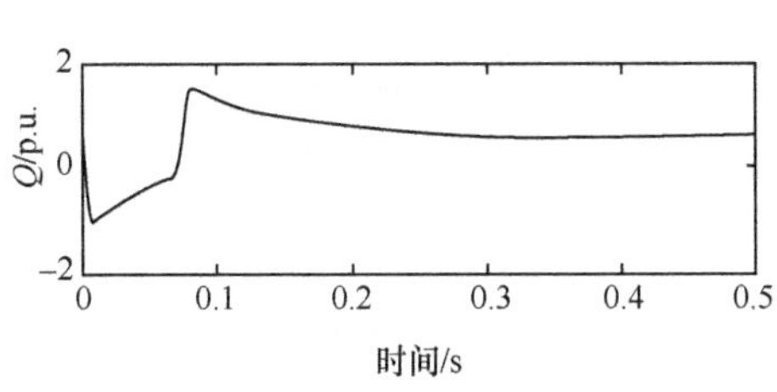

(c) 无功拟合曲线

图 6-19　对比曲线 1(线路 6—4 故障)

——实测值；----简化综合负荷模型；——完整综合负荷模型

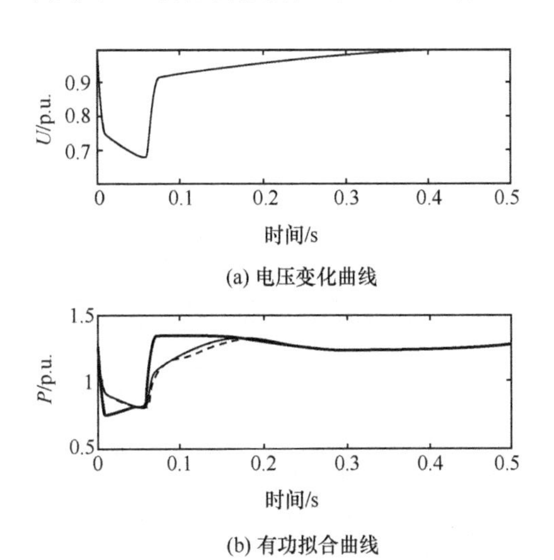

(a) 电压变化曲线

(b) 有功拟合曲线

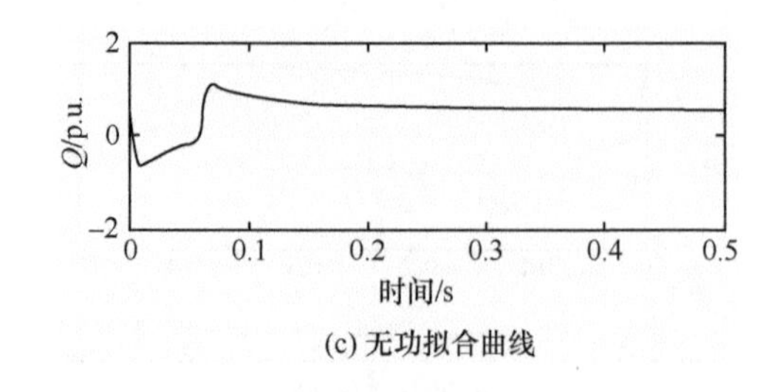

(c) 无功拟合曲线

图 6-20　对比曲线 2(线路 6—9 故障)

——实测值；----简化综合负荷模型；——完整综合负荷模型

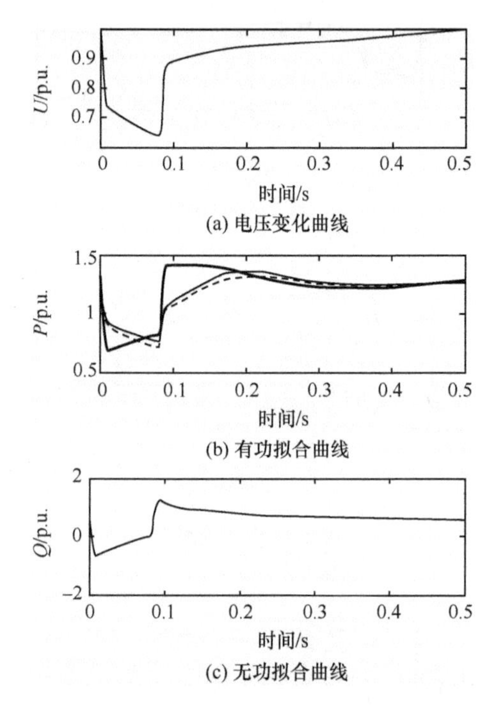

(a) 电压变化曲线

(b) 有功拟合曲线

(c) 无功拟合曲线

图 6-21　对比曲线 3(线路 8—9 故障)

——实测值；----简化综合负荷模型；——完整综合负荷模型

由表 6-7 可见,本节方法辨识所得参数与真值相当接近。由表 6-8 中误差对比、图 6-19～图 6-21 中曲线对比可见,完整综合负荷模型的仿真结果要好于简化综合负荷模型。

6. 应用实例

上述方法已经应用于西北电网,马营变部分扰动下辨识得到的模型参数如表 6-9所示,结果表明完整综合负荷模型的参数辨识结果比较平稳。部分扰动下的拟合对比曲线如图 6-22 和图 6-23 所示。

表 6-9　马营变完整综合负荷模型参数辨识结果

扰动号	P_{MP}	X_s	K_L	X_D	Z_p	I_p
1	0.5134	0.1625	0.4545	0.0426	0.8717	0.0565
2	0.5766	0.1629	0.4775	0.0431	0.8763	0.0598
3	0.5135	0.1625	0.4555	0.0426	0.8721	0.0565
4	0.5703	0.1629	0.4751	0.0431	0.8750	0.0588

扰动号	P_p	Z_q	I_q	P_q	X_C	误差
1	0.0718	0.8772	0.0748	0.0480	1.7262	0.2565
2	0.0639	0.8676	0.0825	0.0499	1.7203	0.2856
3	0.0714	0.8771	0.0751	0.0478	1.4270	0.2520
4	0.0663	0.8695	0.0816	0.0489	1.7761	0.2786

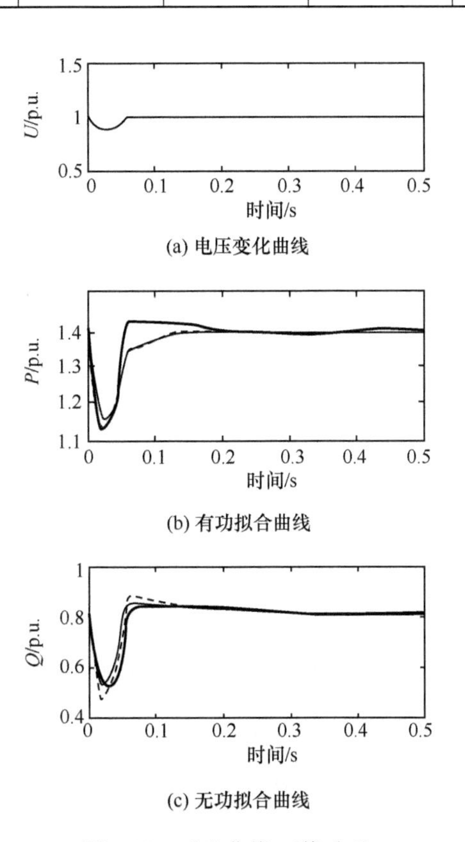

图 6-22　对比曲线 4(扰动 1)

——实测值；----简化综合负荷模型；——完整综合负荷模型

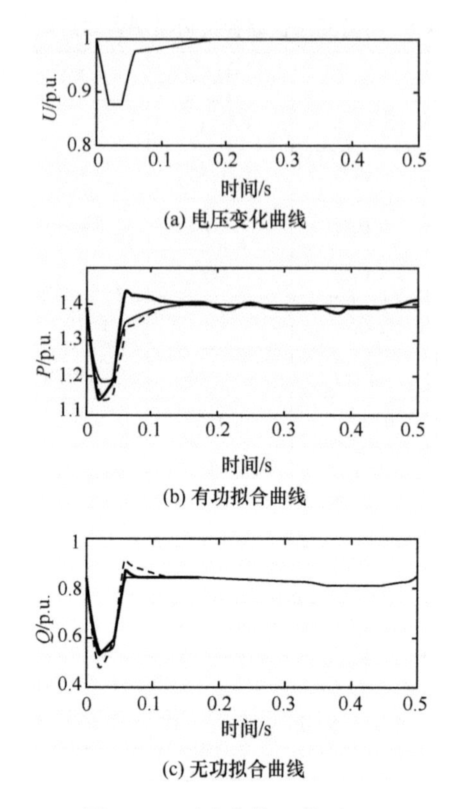

图 6-23 对比曲线 5(扰动 2)

——实测值；----简化综合负荷模型；——完整综合负荷模型

仿真算例和应用实例结果均表明：①完整综合负荷模型的拟合效果好于简化综合负荷模型。这是因为，简化综合负荷模型考虑了 D、M 和 Z，将 C 合并到 Z 中，并没有考虑 IP 和 C。而完整综合负荷模型则完整考虑了 D、M、ZIP 和 C 各个部分。②无功功率的拟合效果好于有功功率，这可能是由于完整综合负荷模型的重要改进是专门考虑了电容补偿 C，主要改进无功功率，而有功功率的改进可能更多依赖于电动机模型。

6.4 总体测辨法负荷建模系统

6.4.1 总体测辨法负荷建模系统功能

总体测辨法建模系统利用负荷特性记录装置采集的现场扰动数据，通过比较数字仿真结果与实测结果，对负荷模型参数进行辨识，并将所建模型应用于电力系统仿真计算与分析，为运行方式人员提供决策支持。

参数辨识软件是总体测辨法建模系统的核心部分[15]，其功能如下：

（1）静态负荷建模(幂函数模型、多项式模型)；

（2）动态负荷建模(线性离散动态模型、一阶感应电动机、三阶感应电动机等模型)；

（3）负荷特性分类与综合；

（4）负荷模型验证。

6.4.2　总体测辨法建模系统中的模型

总体测辨法建模系统可以建立静态模型和动态模型，其中，静态模型包括幂函数模型、多项式模型；动态模型包括时域线性连续模型、时域线性离散模型、一阶感应电动机综合负荷模型(考虑机械暂态过程)，以及三阶感应电动机综合负荷模型(考虑机电暂态过程)。另外，此系统具有良好的开放性，可方便地扩充新的负荷模型。

参 考 文 献

[1] 鞠平. 电力系统建模理论与方法[M]. 北京：科学出版社，2010.

[2] 鞠平，马大强. 电力系统负荷建模(第二版)[M]. 北京：中国电力出版社，2008.

[3] 章建. 电力系统负荷模型与辨识[M]. 北京：中国电力出版社，2007.

[4] 沈善德. 电力系统辨识[M]. 北京：清华大学出版社，1993.

[5] 西安交通大学. 电力系统计算[M]. 北京：水利电力出版社，1978.

[6] 周海强，茆超，鞠平，等. 考虑配电网络的综合负荷模型可辨识性分析[J]. 电力系统自动化，2008，32(16)：16～19.

[7] 陈谦，孙建波，蔡敏，等. 考虑配电网络综合负荷模型的参数确定[J]. 中国电机工程学报，2008，28(16)：45～50.

[8] 鞠平. 电力系统非线性辨识[M]. 南京：河海大学出版社，1999.

[9] 张红斌，汤涌，张东霞，等．考虑配电网络的感应电动机负荷模型聚合方法研究[J]. 中国电机工程学报，2006，26(24)：1～4.

[10] 汤涌. 近期东北-华北-华中同步互联系统仿真计算中电动机参数选取的建议[R]. 北京：中国电力科学研究院，2005.

[11] 徐征雄. 大区互联系统稳定计算中负荷模型研究[C]. 中国电机工程学会电力系统专业委员会 2005 年学术年会，北京，2005：196～202.

[12] 陈谦，汤涌，鞠平，等. 计及配电网阻抗和无功补偿的完整综合负荷模型的参数辨识[J]. 中国电机工程学报，2010，30(22)：44～50.

[13] 汤涌，张红斌，侯俊贤，等. 考虑配电网络的综合负荷模型[J]. 电网技术，2007，31(5)：34～38.

[14] 王锡凡，方万良，杜正春. 现代电力系统分析[M]. 北京：科学出版社，2003.

[15] 张红斌，汤涌，张东霞，等. 负荷特性监测与辨识技术及软件开发[R]. 北京：中国电力科学研究院，2005.

第7章　故障拟合法负荷建模研究

7.1　故障拟合法负荷建模

在负荷建模研究领域，主要方法有统计综合法和总体测辨法。前者的基本思想是根据负荷点各个用电设备的数学模型和所占比例，通过综合的方法得到总的负荷模型；后者是将负荷群看做一个整体，根据经验首先选定负荷模型的结构，再根据现场采集测量数据，应用辨识技术辨识其中的参数。经过多年的研究，这两种方法在研究领域均取得了一定的研究成果，但是，由于电力负荷存在时变性、分散性等特点，它们并没有获得广泛的应用，仅作为辅助性的建模手段。

随着负荷模型的准确性日益受到重视，各种负荷建模技术相互补充、互相验证，将在工程实际中获得更有效的应用：总体测辨法可用于运行电网的负荷建模，统计综合法既可用于运行阶段也可用于规划阶段的负荷建模，通过这两种方法建立的负荷模型是否具有广泛的适应性、是否需要进行调整，则应根据事故仿真进行校验和调整。基于故障拟合的负荷建模，通常不是"从无到有"的负荷建模，而往往是通过故障拟合对原来的负荷模型进行校验，并根据故障拟合结果对负荷模型参数进行调整。

长期以来，在工程实际中被广泛接受的方法是基于事故仿真的负荷模型建模方法。通常的做法是：根据经验首先选定某种常见的模型，并定性地选定模型中的参数，随后通过实际发生的典型故障的仿真计算，对负荷模型进行校核和修正。

在工程实际中常见的情况是：在早期开始进行仿真计算时，首先根据经验选择某一常见的负荷模型(选定一组典型参数)，至于这一模型是否能反映该系统的实际情况，则需要通过故障模拟进行检验。在电网发展的某一阶段能够反映实际情况的负荷模型，在电网发生变化后，可能会不再具有适应性。因此，负荷模型应不断通过故障模拟进行校验和调整。基于事故模拟对负荷模型进行校验和调整，是工程实际中有效的、直接的负荷建模方法。

7.1.1　故障拟合法建模步骤

故障模拟和模型校核研究主要包括以下几个步骤：

(1) 获得故障的实测数据；

(2) 建立故障发生时的运行方式；

(3) 确定故障模拟方案；

(4) 故障模拟计算、模型参数校核及调整(包括发电机及控制系统、负荷模型等);

(5) 调整后的负荷模型的机理分析。

故障拟合法的流程图如图7-1所示。

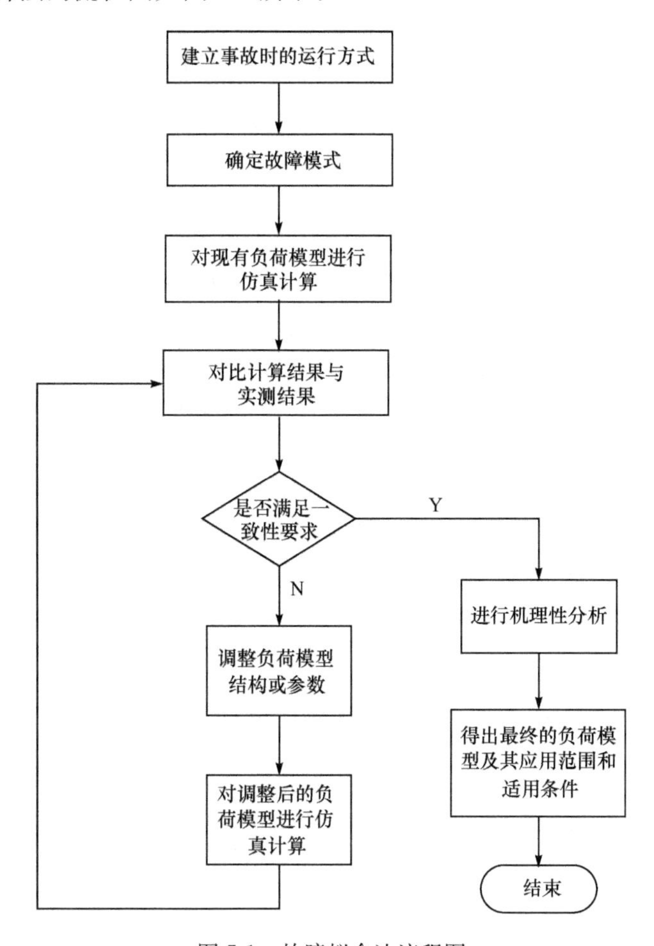

图7-1　故障拟合法流程图

7.1.2　故障拟合法建模的基本内容

基于故障模拟的负荷模型校验工作主要包括:建立故障时刻的运行方式;确定事故的模拟方式;事故模拟计算、模型参数校核及调整(包括发电机、控制系统等);对调整后的负荷模型进行机理分析。

1) 建立故障时刻的运行方式

根据自动化系统记录的数据(开机方式、变电站负荷)建立试验时的运行方式,也即建立可以用于事故模拟的潮流稳定计算数据。潮流计算结果应和实测潮流基本相符，总出力、总负荷、主要线路输送功率、主要母线电压均要相符。调查事故时发电机励磁系统、调速系统、电力系统稳定器（PSS）以及其他控制设备的运行情况，建立稳定计算数据。

2）确立故障模拟方案

根据故障录波曲线，确定故障切除时间和短路阻抗，如果在试验过程中发生了切机、掉负荷等扰动，则要根据实测数据确定在仿真中如何对这些扰动进行模拟。

3）基于故障模拟对负荷模型进行验证和校核

根据所建立的故障方式和模拟方式进行仿真对比，对负荷模型进行验证和校核，主要包括：①基于目前采用的计算模型参数进行模拟计算；②当计算结果和实测不符合时，应核准除负荷模型以外的其他元件的模型和参数，包括发电机模型参数、励磁系统模型参数、发电机调速系统等；③如果仿真结果和实测仍不相符，再考虑通过灵敏度分析对负荷模型参数进行调整，内容包括负荷模型结构、比例，如果动态部分采用感应电动机模型，则还应对电动机参数进行灵敏度分析。在上述计算分析基础上，提出初步的模型参数调整建议。

4）负荷模型机理分析

根据故障模拟仿真研究负荷模型对系统稳定特性的影响，为提高仿真精度，必要时对负荷模型参数进行调整。调整后的负荷模型参数虽然可以对故障进行比较准确的模拟，但是，这一模型是否可以应用于未来电网的模拟计算中，其应用范围或应用条件如何，尚需要进行机理分析，并给出合理的解释说明。

7.1.3　收集电网扰动故障并建立故障运行方式

故障和扰动事件的相关资料包括：故障和扰动过程的描述及相应的系统资料、故障和扰动的录波（功率、电压、频率、继电保护的动作情况等）资料、电网的运行工况等。

故障发生时刻系统的运行方式资料包括：网络结构（接线方式）；系统的负荷水平（各负荷点的有功、无功负荷、无功补偿）；各发电机的出力情况；枢纽变电站的母线电压；线路及变压器的设备参数，包括电阻、电抗、电纳。

仿真计算所需的发电机等元件的模型参数包括：发电机模型及励磁系统的模型；PSS模型；调速器和原动机模型；仿真计算采用的负荷模型参数。

现场故障录波数据包括：故障及继电保护动作情况描述，包括故障发生时间、地点、保护设备动作的过程等；故障点及附近线路的各相功率（或电流）；故障点及附近变电站母线的各相电压；故障点及附近机组的角度；故障点附近变电站母线的频率偏差。

7.1.4　对扰动故障资料的可用性评价

在故障拟合前首先要做的就是对故障资料可用性的判别。对扰动故障资料的可用性的判断可基于以下两方面。

(1) 资料的完备性判断：对扰动事件资料的收集不仅包括扰动的方式和扰动过程中的故障录波曲线，还包括当前扰动发生前一时刻系统的运行方式，即电网的负荷水平、发电机出力、发电机和电网各种辅助控制的投切状态等，系统运行的各种相关数据参数应尽可能符合当前方式。

(2) 资料是否适用于负荷建模研究的判断：在完成扰动事件资料完备性判断之后，需要进一步判断扰动事件资料所对应的扰动方式是否对负荷特性有着较大的敏感性，如果对应扰动故障方式下负荷特性的变化对系统响应特性的影响非常小，说明该故障方式不足以用于验证和修正负荷模型参数。

完成对扰动事件资料可用性的判断后，就可以扰动事件资料对负荷模型进行验证和校核了。根据实际电网的运行经验和对扰动事件资料的分析研究，实际电网发生严重故障(如三相短路故障)的可能性较小，收集到的扰动事件资料大多为单相或相间短路故障且故障发生的地点距离负荷中心较远，因此故障致使负荷特性发生变化的冲击就比较小。

7.1.5　仿真结果与故障实测结果一致性判别原则

故障模拟和实测结果不可能达到“完全相同”，但应保持“基本一致”。所谓基本一致，一般应遵循如下原则：

(1) 振荡频率基本一致；

(2) 系统振荡平息所需要的时间基本一致；

(3) 主网各线路功率(电压相角差)的摇摆曲线轮廓一致，特别是故障切除后第一摆幅度、后续振荡阻尼特性应基本一致；

(4) 功角、功率、系统电压振荡平息后稳态值基本一致；

(5) 系统电压上升时间、是否出现过调、稳态恢复电压、电压曲线轮廓应基本一致；

(6) 暂态电压跌落基本一致。

7.2　国外负荷模型校核研究情况[1~7]

文献[1]发表于1986年，是国外较早介绍基于故障模拟对电力系统元件包括负荷模型进行校核的文献，介绍了1983年12月27日瑞典停电事故的模拟和模型校核研究。文献[2]～[4]发表于1999～2000年，介绍了1996年和2000年WSCC两次事故的模拟及模型校核研究。本节将对上述文献的主要研究内容进行概括性总结。

7.2.1 瑞典电网1983年12月27日事故模拟

事故发生时，瑞典电网400kV主网的南北通道重载运行。东部一个400kV变电站发生母线接地短路故障，一回400kV线路被切除，该变电站一回220kV出线被切除，使北部地区向东部和斯德哥尔摩地区送电通道仅剩一回220kV线路。事故后最初几秒内，未发生切机、切负荷现象，系统频率保持正常，故障引起的功率振荡较快平息。在功率振荡基本平息时，瑞典东南部地区的电压开始下降，8s后，东部向斯德哥尔摩送电的单回220kV线路因过载被切除，加大了南北通道上的传输功率，南部负荷中心电压开始下降。故障发生后50s，又一回400kV线路被切除，功率转移又使其他线路因过载被切除，南部电网与主网解列。解列后，南部地区功率缺额超过50%，南部电网最终出现了频率和电压的崩溃，减负荷措施也没能挽救电网，在此过程中南部电网许多机组被切除，最终导致南部电网全网停电。

研究者首先基于当时瑞典电网采用的ZIP静态负荷模型对事故进行了模拟，但模拟结果显示系统是稳定的，没能再现电压失稳和频率崩溃现象。进一步对事故发生过程中有关现象进行调查分析后，发现引起系统电压和频率崩溃的主要原因是：在系统电压降低较多时，部分负荷无功功率增加较多，而南部地区机组开机较少，且无功出力已达极限，缺乏对电压快速调节和控制手段，其结果致使系统电压进一步降低，最终导致电压和频率的崩溃。

进一步的研究表明，模拟结果与实际不一致的原因是：ZIP静态负荷模型在电压和频率偏离正常值较多时不能真实反映负荷的动态特性。在对负荷模型进行调整、增加了一定比例的感应电动机模型后，模拟结果终于再现了系统电压失稳和频率崩溃的过程。

该研究获得的主要结论是：当系统负荷中包含较多感应电动机、空调、电冰箱负荷时，如果故障引起系统电压降低较多，如降低到0.8p.u.以下时，这些动态负荷吸收的无功功率将增加很多，会进一步降低系统电压，与此同时，空调、电冰箱在电压降低后吸收的有功功率也将增加，对系统频率产生不利影响。如果系统中开机较少，起不到对电压的调整作用，就会存在电压失稳、频率崩溃的可能性。ZIP静态负荷模型在电压和频率偏离正常值较小时，可以基本反映系统的负荷特性，但当系统中存在大量动态负荷，系统电压和频率偏离正常值较多时，则需要在负荷模型中增加动态负荷。

7.2.2 WSCC 1996和2000年两次停电事故仿真和模型校核研究

美国WSCC在1996年8月10日和2000年8月4日发生的两次停电事故均是由故障引发的太平洋电网南北通道线路上的功率振荡。

1996年8月10日的停电事故发生在WSCC系统的太平洋西北部电网。事故发生前，500kV 主网两回线路因故停运，一座 500kV 变电站有一台变压器检修停运，接于该变电站 220kV 母线的静止无功补偿器退出运行。事故发生时，该电网由南到北送电通道的交流线路和直流线路重载运行。事故由一回 500kV 线路触树引起闪络，单相重合失败后该线路和相邻一回 500kV 线路均被切除，一部分功率转移到与之构成电磁环网的 230kV 和 115kV 网络中，并引起了这些线路过载，5min 后，其中一回 110kV 线路因继电保护误动被切除，一回 230kV 线路因过载保护动作被切除，与此同时，因缺少无功支持，系统电压开始下降。在同一时间，13 台发电机因过励保护而相继被切除，出现了功率和电压的等幅振荡，振荡首先发生在南北通道的交流线路上，其后南北通道的直流线路的功率也开始振荡，持续时间为 40s。

发表于 1999 年的文献[2]对 1996 年发生的事故进行了仿真，研究过程和主要结论如下：

(1) 首先根据 SCADA 系统建立了事故发生时的潮流数据。

(2) 基于 WSCC 当时采用的模型参数进行仿真，仿真结果与实测不符，仿真结果系统振荡可平息，不发生电压崩溃，且频率降低幅度低于实测结果。

(3) 对模型参数进行调整。将原来过于简化的直流控制系统模型进行了细化，增加对 AGC 系统的模拟，调整了发电机调速器和励磁控制系统的模型参数，经过这些调整后仿真计算的系统阻尼仍比实际情况好。

(4) 修改负荷模型。事故发生时，城市负荷中空调比例很高，农村负荷中灌溉负荷占很大比例，据此研究人员将西北部电网和加拿大电网原来采用的恒定电流负荷模型用感应电动机+静态负荷模型代替，得到了与实测结果基本一致的仿真结果。

文献[2]判断仿真与实测结果一致性时，要求满足的条件如下：

(1) 区域电网之间的振荡频率和振荡阻尼仿真要和实测相符，在“故障发生—故障切除—部分控制系统开始发挥作用”各个发展阶段中均要相符。

(2) 直流系统特性相符。

(3) 系统电压、线路功率和系统频率曲线轮廓要相符。

(4) 系统中存在的各个振荡模式要相符。

上述一致性条件是定性的、原则性的，并没有规定定量指标。文献给出了作者认为仿真与实测已相符时有关振荡频率和实测的对比，如表 7-1 所示。

表 7-1　母线电压振荡频率和阻尼的仿真与实测对比

故障后各时段	实测数据	仿真数据
开始出现振荡时	0.226Hz @ 0%	0.247Hz @0%
AGC 动作后	0.242Hz @-2.66%	0.237Hz @-2.62%
系统解列前	0.217 Hz@-7.62%	0.208Hz @-6.35%

发表于2000年的文献[3]主要介绍WSCC的广域测量系统及其在1996年事故仿真中的应用。

作者认为系统模型需要不断地修正才能逐步精确化，为此，需要通过广域测量系统不断捕捉系统的数据，包括随机扰动时的数据、专门进行系统试验时的数据和偶然发生故障时的数据。此外，作者认为，只有不断地通过广域测量系统测量的数据，对模型进行校核，才能建立鲁棒性较高，也即更能反映系统多数情况下特性的模型数据。

发表于2002年的文献[4]，在对WSCC两次事故进行仿真计算和灵敏度分析基础上，提出了适合于WSCC系统2001年夏季大方式仿真计算用的过渡性负荷模型。主要研究过程如下：

(1) WSCC系统在夏季大方式下，存在着频率为0.2～0.3Hz、弱阻尼或负阻尼的区域间振荡模式，但是采用WSCC当时采用的静态模型进行仿真计算，却无法得到与实际情况相符的仿真结果。

(2) 在文献[2]研究基础上，认为发电机调速系统、励磁系统、PSS、过励限制器、直流及其控制系统的模型和参数已修正合适，在此基础上通过灵敏度分析，寻找使计算结果和实测结果相符的负荷模型。

(3) 首先选择负荷模型的结构为静态ZIP(考虑频率因子)＋感应电动机，然后通过灵敏度分析确定其中的参数，灵敏度分析内容包括：①电动机所占比例；②电动机所接母线的电压等级；③电动机电气参数；④电动机惯性时间常数；⑤改变不同区域负荷模型。

(4) 由于负荷组成中电动机种类、容量各异，选择电动机负荷的电气参数时根据小电动机和大电动机的参数首先选定一组，再通过灵敏度分析，进行调整。

通过灵敏度分析，得到以下结论：

(1) 负荷中不包含电动机成分时，两次事故的仿真结果系统振荡均能衰减，与实测不同。当电动机比例选择为20%时，系统振荡发散，电动机比例越大，系统阻尼越小。

(2) 电动机接在较低电压等级时，应增大电动机所占比例，才能得到与实测相符的结论。负荷接在230kV母线、电动机比例为22.5%时，与电动机接在60～138kV母线、电动机比例为50%时的计算结果相同。

(3) 惯性时间常数越大，系统阻尼越小。

(4) 采用工业大电动机计算的系统阻尼，大于采用工业小电动机的计算结果，通过灵敏度分析最终选定了一组电动机电气参数，称为综合电动机参数，如表7-2所示。

表7-2　电动机参数

参数	R_s	X_s	X_m	R_r	X_r	H	T'_{d0}
综合电动机	0.0068	0.1	3.4	0.018	0.07	0.5	0.53

续表

参数	R_s	X_s	X_m	R_r	X_r	H	T'_{d0}
大电动机	0.013	0.067	3.8	0.009	0.17	1.5	1.17
小电动机	0.031	0.1	3.2	0.018	0.18	0.7	0.5

(5) 电动机用在不同的区域,对计算结果影响也不同。振荡中心的负荷采用电动机模型时,系统阻尼就会变弱,如果振荡中心开机较少,电动机负荷对系统阻尼的不利影响会更明显。

(6) 所选择的负荷模型参数,对两次事故均具有适应性。

7.2.3 国外研究总结和分析

(1) 建立广域测量系统,及时捕捉系统受到扰动特别是发生较严重故障时的数据,通过事故仿真对系统模型进行完善和精确化修正,是保证仿真计算能逐步更真实反映系统特性的有效途径。

(2) 与负荷模型相比,其他元件如发电机励磁系统、PSS、发电机调速器、直流及控制系统的模型较容易建立,不确定性较小,所以在仿真计算时,首先应使这些元件的模型参数准确化,在此基础上再进行负荷模型校核和修正。

(3) 通过事故仿真进行模型校验,仿真与实测相互误差多大才算相符合,目前并没有定量标准,只要系统特性一致,误差在研究者认为可以接受的范围之内即可。

(4) 目前,由于工业负荷含有大量电动机负荷,民用负荷中空调、电冰箱比重较大,在参数选择合适时,采用电动机+静态负荷的综合模型比采用完全的静态模型,通常更能真实地反映系统的负荷特性。这一点已经达到共识。

7.3 国内负荷模型校核研究情况

我国负荷模型校核研究工作可分为两个阶段,第一阶段是在大区电网互联之前,电网规模相对较小,动态稳定问题不很突出,各种负荷模型对稳定计算结果的影响并不显著,负荷建模的重要性在工程实际中还没有表现出来。在这一阶段中,我国各电网也曾根据事故仿真结果对所采用负荷模型进行过校核,调研结果表明,当时的电网运行条件下各种典型负荷模型对仿真结果影响不大,经过事故校核,或无须调整,或只需稍作调整。当我国进入大区电网互联阶段时,负荷模型对系统稳定计算结果的影响问题开始变得非常突出,负荷建模问题引起了我国电力界的广泛重视,网省公司积极收集本电网曾经发生的,特别是近期发生的事故数据,借此开展负荷模型的校核研究。例如,南方电网、西北电网与中国电力科学研究院合作对负荷模型进行了校核研究；东北电网开展了以校验负荷模型为目的的人工三相接地短路试验(详见第 8 章)。

本节就我国近年来开展的、具有代表性的研究工作进行简单介绍。

7.3.1 主要研究工作

(1) 安装了广域测量系统，为模型校核研究创造了条件。

(2) 华北、东北、华东等电网开展了发电机励磁系统和 PSS 的模型和参数测试工作。

(3) 2001 年 3 月 8 日 15:57，南方电网天平双线发生无故障跳闸故障，造成贵州、天生桥电网与广东、广西电网之间仅通过天广直流联网运行，云南网单独运行，送受端电网频率发生较大变化。2002 年 4 月 4 日，南方电网在 21:28 天广直流发生双极跳闸后，21:45 在天平一回线天生桥侧 63km 处又发生线路故障跳闸，南方电网出现弱阻尼低频振荡事件。针对以上两起事件，中国南方电网电力调度通信中心与中国电力科学研究院合作，共同进行了仿真研究。研究的主要目的，是在理论分析的基础上结合 2001 年“3·8”事件和 2002 年“4·4”事件的仿真结果，对稳定计算有影响的有关参数作进一步校核，提出适应运行方式计算的更为符合实际的参数调整意见和建议。

(4) 2002 年 11 月西北公司与中国电力科学研究院合作开展了“基于事故仿真方法对西北网负荷模型的研究”。

(5) 2004 年 4 月 8 日，华东电网在上海黄渡—泗泾 500kV 线路上进行了一次人工单相接地短路试验，主要目的是验证黄渡站内 500kV Ⅰ母线母差保护的动作特性。为了充分利用这次难得的试验机会，华东网调尽可能详细地记录了试验数据，包括运行方式数据、SCADA 数据、故障录波数据和相量测量装置(PMU)数据，对华东电网计算用模型参数进行了校核。

(6) 2004 年川渝电网二滩送出 500kV 线路发生三相短路故障，川渝电网的调度部门对此进行了故障仿真和模型校核。

(7) 东北电网在 2004 年 3 月和 2005 年 3 月，共进行了四次人工三相接地短路试验，利用临时测量装置、故障录波仪、PMU 装置记录了大量宝贵的数据，试验的目的是为了校核东北电网负荷模型。

7.3.2 研究成果简介

(1) 南方电网 2001 年 3 月 8 日由于天平双线相继跳闸引起省(区)间联络线功率发生较大范围波动。仿真计算和实测的差距主要表现在故障后送受端电网频率上。原始计算数据中明显不合理的数据被改正，并合理调整发电机及其调速器模型参数后，仿真和实测基本吻合。在这次故障仿真中，负荷和励磁系统的模型参数对仿真结果影响很小，通过故障仿真没有发现目前南方电网采用的负荷模型和参数的不适应性，所以研究者认为目前可继续使用，暂不作修改[8]。

(2) 2002年4月4日21:45，南方电网天平Ⅰ回距天侧63km处B相发生接地故障，两侧保护正确动作跳开故障相，约1s后B相重合成功，之后约0.6s再次发生AB两相故障，两侧保护正确动作，线路三相跳闸，此后系统发生弱阻尼低频振荡。仿真和实测的主要区别是振荡频率和阻尼比比实际结果分别高0.055Hz和0.00241，仿真的功率振荡曲线比实际录波曲线衰减快一些。改正原始计算数据中明显不合理的数据后，再合理调整发电机及其调速器模型参数，仿真和实测基本吻合。本次故障仿真中，负荷模型参数对仿真结果有重要影响，例如，如果将南方电网采用的静态负荷模型改为由恒定阻抗和电动机构成的综合负荷模型，电动机参数选择IEEE 6型参数或PSASP Ⅰ型电动机参数，计算结果有较为明显的改变，阻尼有所减小，振荡频率增加较多，天平Ⅱ回线最大功率下降较多，总体来看，负荷改为电动机模型后，仿真结果更加偏离实际结果。本次故障仿真研究显示，南方电网现有负荷模型和参数是基本合理的，可继续使用，暂不作修改[8]。

(3) 为校核西北电网负荷模型，对近年发生的故障进行了调查和数据收集，从中选择了两个扰动最大的事件作为研究对象。两次系统试验分别是2001年夏大运行方式时进行的渭河发电厂6#机组NOEC和PID比较试验，以及2001年冬大运行方式下进行的大坝电厂PSS系统试验。前一试验的仿真结果表明，采用包含一定比例电动机的动态负荷模型，仿真结果比较接近实测结果，其中最为接近的电动机模型是IEEE 6型民用和工业综合电动机及PSASP Ⅱ型电动机；后一试验的仿真表明，电动机占总负荷比例越高，则稳定曲线第一摆冲击越大，衰减越快，振荡频率也越低。当发电机阻尼转矩系数$D=1.0$时，比较各种常用负荷模型下的仿真结果，其中与试验曲线拟合较好的电动机模型及比例如下：PSASP Ⅰ型、Ⅱ型电动机，比例为80%；IEEE 5型民用综合电动机模型，电动机比例60%；IEEE 6型民用和工业综合电动机模型，电动机比例60%。由于两次试验条件下系统表现出的均是小扰动后的系统特性，主要是振荡频率和阻尼特性，各种模型下的计算结果差别不很明显，能够使仿真与实测获得一致性的模型不止一个[9]。

(4) 2004年4月8日23:16，由华东电网有限公司组织，华东电力试验研究院总负责，在上海黄渡—泗泾500kV线路(渡泗5101线)上成功进行了一次人工单相接地短路试验，试验目的是验证黄渡站内500kV Ⅰ母线母差保护的动作特性。试验中人工短路点选择在渡泗5101线9号杆塔处，距黄渡站约4km，大约为渡泗线的17%。短路形式为B相金属接地短路，短路发生后约50ms，渡泗5101线两侧断路器三相跳开不重合[10]。

华东电力调度通信中心详细地采集了试验数据，特别是试验时的相量测量数据，并对试验中的潮流、短路电流和机电暂态过程进行了仿真计算，并分析了发电机、励磁系统、PSS、负荷等模型和参数对仿真结论的影响。

仿真分析的结论为[10]：华东电网人工单相接地短路试验的潮流和短路电流的仿真结果与实测数据非常相近，而机电暂态过程的计算结果与实测曲线存在明显的差别。

① 机电暂态过程计算中，如果负荷仅采用静态负荷(ZIP)模型，不能仿真出实际的功率摇摆情况。即使考虑负荷频率特性，在扰动不大的情况下频率变化很小，对仿真结果的影响也很小。采用一定比例的感应电动机负荷时，功率摇摆曲线的衰减特性与实测曲线有趋于吻合的趋势，但摇摆周期仍然差别明显。

② 在石洞口二厂(近故障点机组)采用不同的励磁系统模型后，可以发现快速励磁将使第 1 摆的上升斜率与实测曲线吻合，幅值也呈增大状，加上 PSS 模型后，后续摇摆将得到迅速的抑制。这与实测曲线的第 1 摆和第 2 摆的特性相吻合。因此，对实测曲线的第 1 摆强劲上冲可解释为，由于石洞口二厂快速励磁的作用，机组的电磁功率急速上升，电厂送出线的功率也就呈快速上升趋势，由于 PSS 的作用，在第 2 摆后线路功率振荡得到了快速抑制。

③ 仿真曲线的后续摇摆在周期上和振幅上与实测曲线都有明显的差异，而改变一些关键参数后也不能求得仿真曲线与实测曲线相吻合，这有待进一步的深入研究。

④ 通过系统扰动来校核计算模型且当扰动较小时，扰动试验仅对近端设备和系统的模型校核起一定的作用。

⑤ 励磁系统(包括 PSS)和负荷模型成为影响电网正确仿真暂态过程的关键因素，但二者交织在一起，在不能保证励磁系统模型正确性的前提下，要通过大扰动试验建立系统的负荷模型较为困难。

(5) 2004 年川渝电网二滩送出 500kV 线路发生三相短路故障，由于二滩送出线路较长，故障发生的发电厂侧，系统受扰动后的动态过程主要由二滩水力发电机组的特性所决定，负荷特性的影响不大。川渝电网的调度部门对此进行了故障仿真，较好地重现了故障后的动态过程。

7.3.3 主要结论和存在问题

(1) 电力系统的各主要元件，如发电机、励磁系统、调速器、其他控制系统和负荷模型，共同对系统特性产生影响。如果其他模型参数不准确，将影响到负荷模型校核的准确性。所以，对励磁系统、调速器等不确定性较小的设备进行实测和建模，是建立较为准确的负荷模型的基础，需要将这项工作扩展到各个电网，开展下去。

(2) 负荷模型表现出的特性可能因故障形态、故障地点、运行方式的不同而不同，这是基于故障仿真校核负荷模型的难点所在。就我国目前的电网结构和运行水平，发生大扰动故障的可能性很小，负荷模型的校核研究，往往是只能根据小扰动后的系统特性进行，但由此得到的负荷模型，可能并不适应于大扰动的情况，而在电网规划和运行中，规划方案选择的依据、运行中断面控制功率的选择正是根据系统承受严重故障的能力决定的。

(3) 对于小扰动故障，元件的模型和参数对仿真结果的影响往往不明显，这也给负荷模型的校核带来了困难。以上述西北电网仿真分析为例，研究者对各种影响因素进行了详尽的分析，但在推荐适合于西北电网仿真用负荷模型时，却难以得到有说服力的结论，原因就在于研究对象是小扰动事件。

7.4　人工接地短路试验方法

如果没有合适的故障数据进行模型及参数校核和修正，在实际电网中进行人工接地短路试验不失为一种可行的方法。进行人工接地短路试验的目的是为了给系统造成较大的扰动，以便获得故障数据、对模型及参数进行校核研究。至于需要进行三相短路还是单相、两相短路，故障地点和运行方式应如何选择，则需要进行仔细论证分析。以模型及参数校核为目的的人工短路试验研究分两个阶段，第一阶段是试验前的准备阶段，第二阶段是试验后的模拟计算阶段。第二阶段的研究步骤和内容与 7.3 节中的内容相同，本节仅讨论第一阶段的试验步骤和研究内容[11,12]。

7.4.1　扰动试验及负荷模型校核研究步骤和方法

扰动试验研究步骤如图 7-2 所示。

1) 试验总体方案编制

在稳定性校核和灵敏度分析基础上，兼顾稳定性和有效性两个方面，可拟订试验的总体方案，包括短路地点、短路方式、试验时运行方式安排。试验方案中还应包括监测点选择、组织分工、安全措施以及对运行数据记录要求。

2) 人工接地短路试验方案编制

人工接地短路试验方案的主要内容包括：人工接地短路试验实施方法、继电保护措施、短路试验前准备及试验步骤和安全措施。

3) 测试方案编制

测试方案的主要内容包括：系统参数测试范围、系统参数测试内容(包括故障前稳态数据、试验过程中动态数据和暂态数据)；测试技术要求(测试仪器量程范围、测量精度要求、测试仪器时标精度、测试仪器测量负载、采样速率及录波时间要求、测量接线)。

4) 试验时运行方式的建立

根据调度自动化系统记录的数据，建立试验时的运行方式。在大电网稳定分析计算中，220kV 电压等级以下的系统不作模拟，因此，在分析计算中，通常会忽略接于 220kV 电压等级以下的小容量机组和与之平衡的地区负荷。为使仿真计算能更真实地再现实际情况，在东北电网大扰动试验仿真计算中近似模拟了这些小机组的影响，采用的模拟方法是：在小机组接入的节点，接入一个同容量的负荷，使系统潮流仍保持不变。

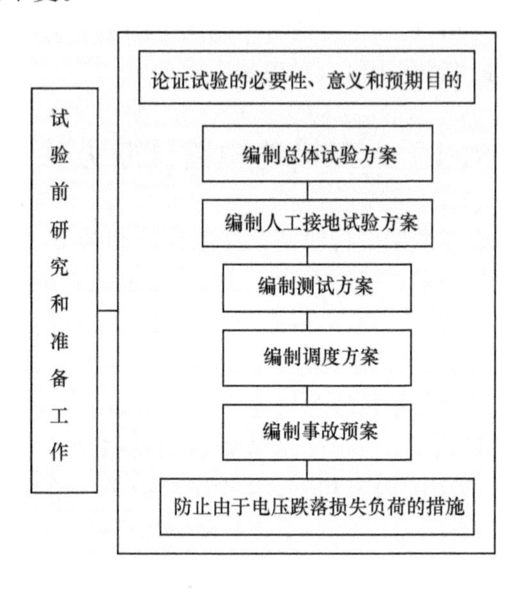

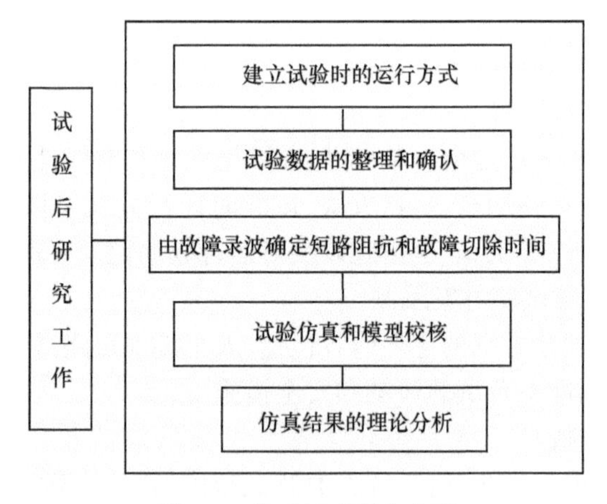

图 7-2　扰动试验研究步骤

5）实测数据的确认

为使后续研究能建立在扎实可信的基础上，在仿真计算前首先采用数据对比方法，对试验数据主要是来自 PMU 的动态数据的正确性进行了分析和甄别。

对测量的电压幅值和有功功率值可进行以下几种对比分析：①测量数据与自

动化系统记录数据对比；②同一变电站不同测量设备的测量数据对比；③同一线路两端不同测量设备的测量数据对比。

对测量的电压相角进行如下比对分析：①同一变电站不同测量设备所测量数据的比对；②同一线路两端不同测量设备所测量数据的比对。

6）故障模拟

根据故障录波曲线，确定故障切除时间和短路阻抗，如果在试验过程中发生了切机、掉负荷等扰动，则要根据实测数据确定在仿真中如何对这些扰动进行模拟。

7）仿真计算

仿真计算内容包括：①基于目前采用的计算模型参数进行仿真；②当仿真结果和实测不符合时，应核准除负荷模型以外的其他元件的模型和参数，包括发电机模型参数、励磁系统模型参数、发电机调速系统、小机组；③如果仿真结果和实测仍不相符，再考虑通过灵敏度分析对负荷模型参数进行调整，内容包括负荷模型结构、比例，如果动态部分采用感应电动机模型，则还应对电动机参数进行灵敏度分析。

8）适应性分析

为保证试验时系统安全，安排试验的运行方式时，一般会考虑开机多、旋转备用多，且各断面输送功率较小，系统的稳定裕度较大运行方式，再加上试验时继电保护动作故障切除时间一般要比仿真计算中所采用的标准故障切除时间短。因而，扰动所激发的动态过程会相对比较平稳，系统功角、电压、频率都恢复很快。因此，扰动试验所建立负荷模型是否适用于更严重的运行方式、更长的故障切除时间、更严重的故障形式，还需要作大量的机理研究和适应性分析。

7.4.2　分析和总结

1）试验研究应做好前期准备工作

在大扰动试验前，需要做大量细致的准备工作，主要包括拟订试验总体方案，在此基础上拟订短路实施方案、系统测试方案、调度方案、事故预案。其中，试验总体方案最为重要，在拟订试验总体方案前要对系统的特性进行全面的分析，要进行大量的灵敏度分析，选择合适的故障地点、故障方式和系统运行条件，既要保证系统的稳定性，还要体现出不同计算模型对仿真结果的较大影响，也就是说试验应是安全的，同时又是有效的。应针对故障地点、故障类型、开机方式（包括旋转备用）、负荷水平、故障切除时间、主要断面输送功率、负荷模型等进行灵敏度分析。

2）仿真拟合分析过程及包含的内容

（1）首先要进行数据的核对和确认，以使仿真能在可信的数据基础上开始；建立试验时的系统运行方式，准备好潮流、稳定计算数据。

(2) 根据故障录波,确定故障切除时间和短路阻抗,并通过调查和数据分析,了解故障及故障切除后的动态过程中系统是否还出现其他扰动。

(3) 基于目前采用的模型参数库的数据进行仿真,分析仿真和实测的主要差别是什么。

(4) 灵敏度分析和模型参数调整。一般情况下,应首先对负荷模型之外的其他模型参数进行灵敏度分析以及合理调整,最后对负荷模型进行调整。

(5) 当仿真和实测结果一致后,应进行理论分析。

3) 模型参数对试验仿真结果的影响分析

计算模型参数对仿真结果的影响主要可总结为以下几点:

(1) 发电机励磁系统对系统动态电压恢复特性、暂态电压跌落、线路功率(包括母线电压相角差)摇摆幅度、系统阻尼特性影响较大。

(2) 发电机调速器模型参数对系统进入稳态后的线路功率、系统频率影响较大。

(3) 忽略接于低压电网的小机组的影响,对系统暂态电压、系统振荡周期、功角和功率振荡幅度影响较大。

(4) 负荷的结构,特别是电动机占总负荷的比例对系统振荡周期、摇摆幅度影响较大,静态部分中 ZIP 结构对系统摇摆幅度、系统阻尼特性有较大影响。

(5) 电动机参数中负载率对系统振荡周期、摇摆幅度和系统阻尼均有很大影响;惯性时间常数对系统振荡周期影响比较明显,定子电阻、转子电阻对系统摇摆幅度、阻尼特性有一定影响。

(6) 静态负荷模型的频率因子对系统阻尼特性有较明显的影响。

4) 由仿真拟合得到的模型参数的非唯一性

采用"拟合模型"和"综合负荷模型"等多组模型参数都能使仿真曲线接近实测曲线,但不同的模型参数对系统动态特性的影响是不同的。由此可见,通过故障仿真得到的模型参数不是唯一的。对于负荷模型研究而言,通过故障仿真进行负荷模型校核是合理有效的,由此建立的负荷模型则需要通过机理分析,或者结合其他负荷建模方法如统计综合法等进行适应性分析。

7.5 综合负荷模型有效性验证

7.5.1 收集电网扰动故障

国家电网公司"负荷模型参数深化研究及适应性分析"项目组对华北、华中等大区域电网以及浙江等局部电网近期发生的故障和扰动事件的相关资料进行了调查,收集了 26 个扰动故障,根据建立故障运行方式所需数据的完整性和可用性原则,整理得到如表 7-3 所示的 10 个扰动故障[13,14]。

表 7-3　实际电网扰动故障

故障时间	故障地点	故障类型
2008 年 1 月 12 日	华中电网 500kV 渔兴Ⅱ线	*AB* 相间短路
2008 年 1 月 20 日	华中电网 500kV 岗艾线	*AC* 相间接地短路
2008 年 2 月 7 日	华中电网 500kV 张隆Ⅰ线	*A* 相瞬时性接地短路
2008 年 2 月 14 日	华中电网 500kV 南昌—乐平Ⅱ回线	*A* 相接地短路
2008 年 3 月 3 日	华东电网 220kV 城岙线	*BC* 相间接地短路
2008 年 3 月 19 日	华北电网 500kV 大同母线	*AB* 相间接地短路
2008 年 4 月 22 日	华北电网 500kV 海万线	*AB* 相间接地短路
2008 年 5 月 20 日	华东电网 110kV 楠巨线	三相短路
2008 年 8 月 2 日	华东电网 220kV 芳侯线	*A* 相接地短路
2008 年 12 月 6 日	500kV 瓶窑变	*B* 相开关灭弧室瓷套法兰处断裂

7.5.2　对扰动故障的模拟及可用性评价

表 7-3 列出的 10 个实际电网中发生的扰动故障均发生于 2008 年，其中 4 个单相接地短路故障、5 个相间短路故障和 1 个三相短路故障；其中有 7 个扰动故障发生在 500kV 主网架中、2 个扰动故障发生在 220kV 网络中、1 个扰动故障发生在靠近负荷端的 110kV 配电网络中。

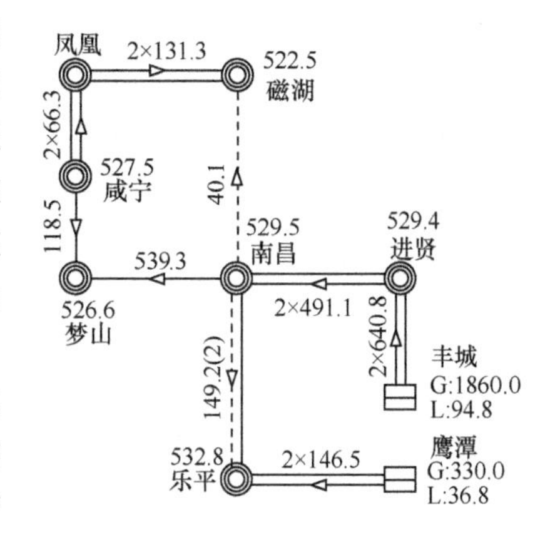

图 7-3　南昌 500kV 变电站局部地理接线图

首先以于 2008 年 2 月 14 日在江西电网从南昌到乐平的双回 500kV 输电线路的Ⅱ回线发生 *A* 相接地短路故障为例，保护跳开了南昌—乐平Ⅱ回线和磁南线（磁湖—南昌 500kV 输电线路）。南昌地区的 500kV 网架结构如图 7-3 所示。图 7-4 为基于此故障方式分别采用不同负荷模型进行仿真模拟得到的南昌—乐平Ⅰ回线上输送的有功功率曲线与实测曲线的对比情况。

从图 7-4 可以看出，采用不同负荷模型时南昌—乐平Ⅰ回线的有功功率在保护动作后的冲击功率与实测结果基本一致，但是在第二摆之后无论从功率的振荡幅值还是振荡频率均较实际情况要大，即仿真系统的阻尼特性较实际均小。但是值得注意的是，采用综合负荷模型后功率的振荡幅值和振荡频率较其他负荷模型均小。

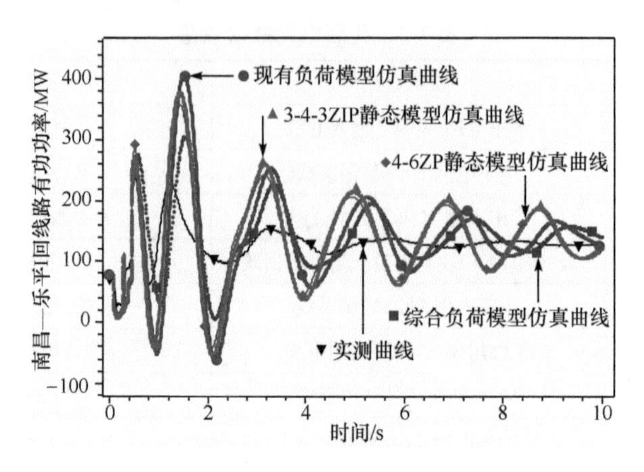

图 7-4　南昌—乐平Ⅱ回线 A 相短路故障模拟曲线对比

负荷作为电力系统中主要的运行设备，其从电网吸收的功率(包括有功功率和无功功率)的变化是与系统电压特性的变化强相关的。在南昌—乐平Ⅱ回线 A 相短路故障中，南昌变电站是处于故障中心的，图 7-5 给出了这种故障条件下南昌站 500kV 母线 A 相电压的实测曲线。可以看出，由于南昌站处于故障中心，其母线电压跌落比较严重，已经低于 0.2p.u.。但是，故障后由于保护动作切除了故障线路和南昌—磁湖线，这对南昌 500kV 母线电压并没有产生较强的冲击，故障后南昌 500kV 母线电压快速恢复到了正常水平，且没有如图 7-4 那样有着较强的振荡过程，非常平稳。因此，对于电压变化比较敏感的负荷，其功率也不会发生很大的变化，即使采用不同的负荷模型也是如此。所以，图中采用不同负荷模型时得到的南昌—乐平Ⅱ回线有功功率的振荡模式基本相差不大。

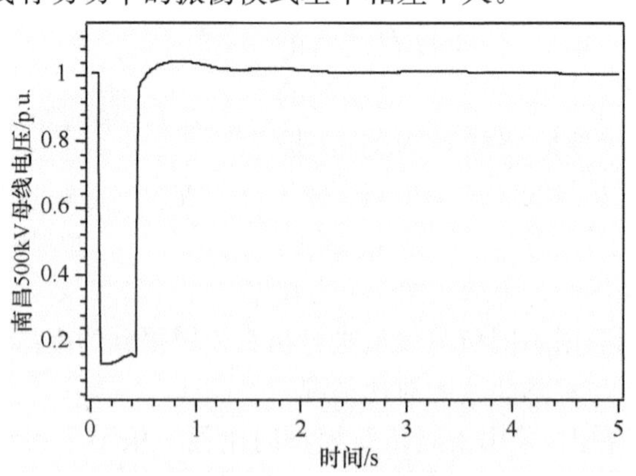

图 7-5　南昌—乐平Ⅱ回线 A 相短路故障南昌 500kV 母线 A 相实测电压曲线

这就说明这种故障的扰动还不足以引起负荷功率产生大的变化，即负荷模型对系统响应特性的影响是有限的。而仿真结果与实测结果相差较大的原因在于，仿真模拟系统所采用的其他模型参数及运行方式(具体的负荷容量、发电机出力以及各种辅助控制的投切等)与实际情况有差别。而实际中发生于主网(500kV)的单相短路和相间短路故障与该故障比较相似，因为其故障后引起系统稳定特性变化的幅度有限，尤其是对受端电网负荷特性变化的影响。

因此对于负荷模型的验证和校核，一方面要求系统其他设备元件模型参数要有较高的精度；另一方面还应该选择对负荷功率变化影响较大的故障事件并同时要求故障运行方式的完备性，这就对电网故障的统计和调查工作提出了更高的要求。

7.5.3　基于扰动故障对综合负荷模型的验证和校核

7.5.2节根据实例已经分析，选择合适的故障和在对故障模拟仿真中采用更高精度的负荷模型参数，对于验证和校核负荷模型参数的适应性是非常重要的。

1. 湖南电网岗艾线故障

2008年1月20日在湖南电网岗艾线(岗市—艾家冲500kV单回输电线路)发生 AC 相间接地短路故障，16ms后发展为三相短路故障，保护30ms动作切除该线路。基于该故障，分别采用湖南电网的现有模型(35%恒阻抗＋65%电动机模型)和综合负荷模型对其进行模拟仿真，图7-6给出了故障条件下五强溪—岗市单回线有功功率曲线与实测曲线的对比情况。从图7-6可以看出，采用现有模型时首先在故障后第一摆时的最大幅度与实际情况有着较大的误差，其次功率振荡的阻尼特性比实际情况要差；而采用综合负荷模型后，得到的仿真结果与实测结果的误差较小，其仿真精度优于现有负荷模型。

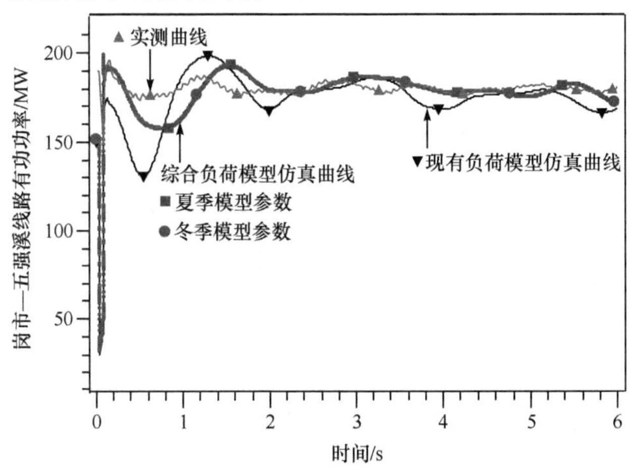

图7-6　岗艾线 AC 相间短路故障模拟曲线对比

2. 温州电网 110kV 楠巨线故障

2007 年 5 月 20 日在温州电网 110kV 楠巨线(楠江站—巨溪电厂)楠江侧发生的三相短路故障,是一个典型的靠近负荷端的故障。楠江 220kV 变电站的电气接线图如图 7-7 所示。

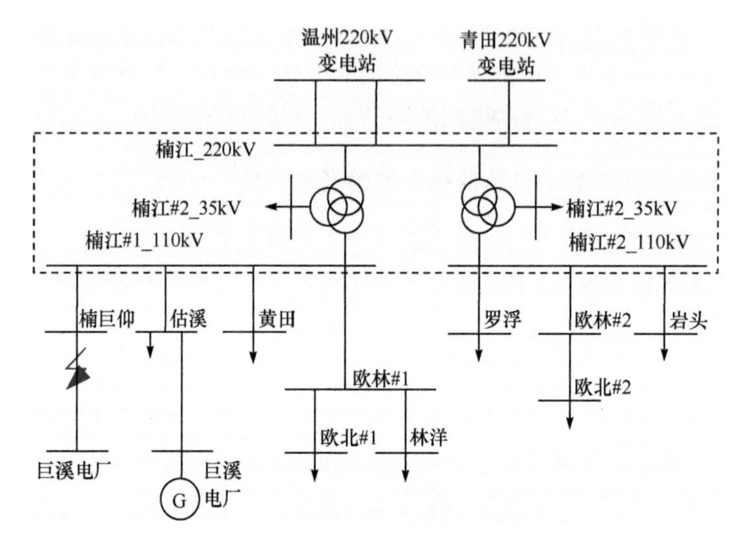

图 7-7 楠江 220kV 变电站电气接线图

如图 7-7 所示,该故障发生时,楠巨线空载运行。图 7-8(a)给出了在该地区分别采用浙江电网现有负荷模型(40%恒阻抗+60%恒功率)和综合负荷模型模拟该故障得到的楠巨线故障线电流与实测结果的对比情况,而图 7-8(b)则为楠罗线(楠江＃2—罗浮线)的电流曲线对比情况。可以看出,模拟故障线的短路电流时,

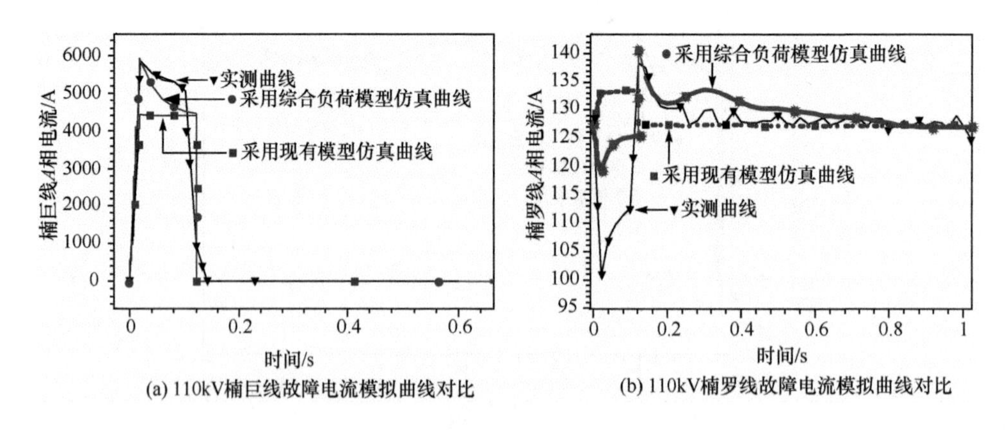

图 7-8 110kV 楠巨线三相短路故障模拟曲线对比

采用现有负荷模型与实测结果最大相差 1000 多 A，而采用综合负荷模型与实测比较相近；对于非故障线路的电流，在故障期间，采用现有模型得到的结果与实际线路电流的变化情况却相反，且在故障后的变化特性与实测结果也有很大的误差，采用综合负荷模型后与实测结果的变化趋势比较接近，误差较小。这说明采用综合负荷模型对于模拟故障地区的电流特性具有较好的仿真精度。

图 7-9 为分别采用不同负荷模型通过仿真得到的楠江＃2 母线电压曲线与实测曲线的对比情况。从图 7-9 可以看出，采用现有模型，母线电压恢复速度非常快，几乎没有延迟就可恢复到初始水平，但是实际情况下电压是略微缓慢恢复的。而采用综合负荷模型则得到电压恢复过程过于缓慢，与实际情况也有着较大的误差，这就说明直接采用根据统计综合法得到的综合负荷模型参数对于模拟电压特性还存在较大误差，应对模型参数进行修正，以提高仿真精度。

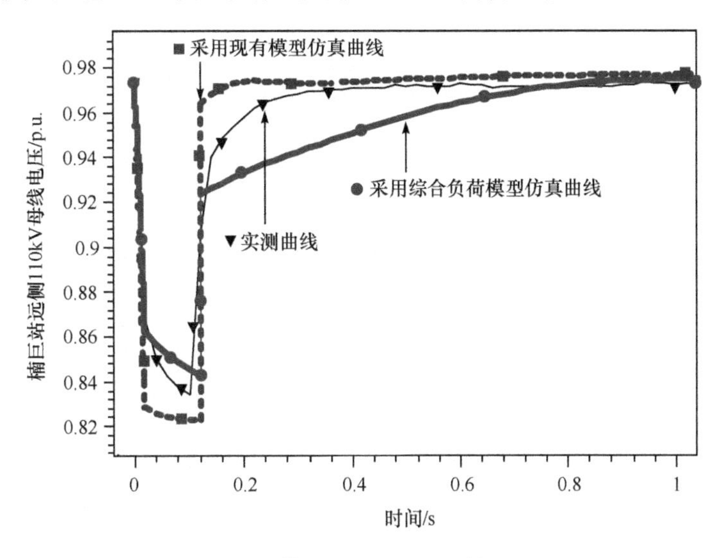

图 7-9　楠江＃2_110kV 母线电压

经过分析发现，致使这种误差的原因主要是综合负荷模型中电动机参数与实际电网电动机设备参数不匹配。由于实际电网中的电动机负荷种类多样，要确定每种电动机的模型参数比较困难，因此在进行综合负荷模型建模时直接采用的是 IEEE 推荐的几种典型电动机参数[15]。研究表明，影响最大的电动机参数是电动机转子电阻。根据我国各大电机厂提供的各类电动机的铭牌参数计算得到的各类电动机的转子电阻的变化范围比较大，最小有 0.01p.u.，最大可达 1.2p.u.。因此，需要对浙江电网综合负荷模型的转子电阻进行校正，均由 0.01p.u.（计算值）调整为 0.04p.u.。对综合负荷模型修正后得到的仿真结果如图 7-10 所示。

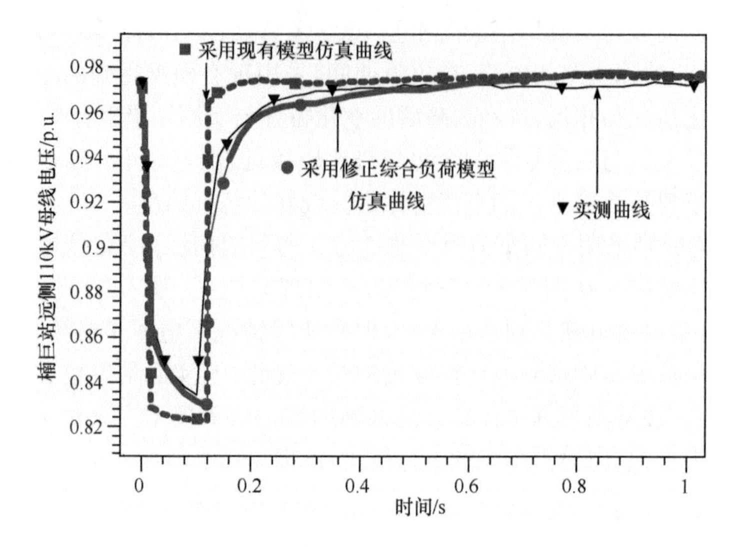

图 7-10　采用修正综合负荷模型的仿真结果

参 考 文 献

[1] Walve K. Modelling of power system components at severe disturbances[C]. International Conference on Large High Voltage Electric System, Paris, 1986.

[2] Kosterev D N, Taylor C W, Mittelstadt W A. Model validation for the August 10, 1996 WSCC system outage[J]. IEEE Transactions on Power Systems, 1999, 14(3): 967～979.

[3] Hauer J F, Beshir M J. Dynamic performance validation in the western power system [C]. Preceedings of APEx, Kananskis, 2000.

[4] Pereira L, Kosterev D, Makin P, et al. An interim dynamic induction motor model for stability studies in the WSCC[J]. IEEE Transactions on Power System, 2002, 17(4): 1108～1115.

[5] Hauer J F, Mittelstadt W A, Martin K E et al. Use of the WECC WAMS in wide-area probing tests for validation of system performance and modeling[J]. IEEE Transactions on Power Systems, 2009, 24(1): 250～257.

[6] Pereira L. Introduction and background to synchronous unit testing and model validation in the WSCC[C]. IEEE/PES Winter Meeting, New York, 1999, 1: 151～156.

[7] Agrawal B, Kosterev D. Model validation studies for a disturbance event that occurred on June 14 2004 in the western interconnection[C]. IEEE/PES General Meeting, Tampa, 2007: 1～5.

[8] 徐征雄，马世英. 南方电网 2001 年“3 · 8”事故和 2002 年“4 · 4”事故仿真计算研究[R]. 北京：中国电力科学研究院，2004.

[9] 吴丽华. 基于事故仿真方法对西北网负荷模型的研究[R]. 北京：中国电力科学研究院，2003.

[10] 祝瑞金，胡宏，曹路. 基于人工单相接地短路试验的电力系统计算用模型参数校核方法研

究[J]. 电网技术,2007,31(5): 58～63.

[11] 张东霞,汤涌,张红斌,等. 基于仿真计算和事故校验的电力负荷模型校核及调整研究[R]. 北京:中国电力科学研究院,2005.

[12] 张东霞,汤涌,朱方,等. 基于仿真计算和事故校验的电力负荷模型校核及调整方法研究[J]. 电网技术,2007,31(4): 24～31.

[13] 赵兵,汤涌,张文朝,等. 基于故障拟合法的综合负荷模型验证与校核[J]. 电网技术,2010,34(1):45～50.

[14] 邱丽萍,张文朝. 基于事故模拟的负荷模型研究[R]. 北京:中国电力科学研究院,2009.

[15] IEEE Task Force on Load Representation for Dynamic Performance. Standard load models for power flow and dynamic performance simulation[J]. IEEE Transactions on Power Systems,1995,10(3):1302～1313.

第8章 东北电网大扰动试验

8.1 试验概况

2001年东北-华北电网交流联网工程研究过程中，在联网系统的仿真计算分析中发现，选择不同的发电机、负荷、励磁系统模型和参数，系统稳定计算结果相差较大，其中负荷模型和参数对系统稳定性计算结果的影响尤为突出。由于当时无法确定哪种负荷模型和参数更能反映系统实际的负荷特性，给东北电网运行方式的安排和主要输电断面稳定极限的控制带来了困难。这一问题涉及如何评估联网后东北电网的安全稳定水平和输电能力，因此受到了规划设计和调度运行等部门的广泛关注。为了解决这一问题，国家电网公司设立了“大区电网负荷测试技术及模型完善研究”重大科技攻关项目，由中国电力科学研究院和东北电网公司共同承担，尝试在实际电网中进行人工三相接地短路大扰动试验，借助于实时动态监测系统、负荷特性测试装置以及其他测试手段记录大扰动后系统的实际动态过程，通过仿真计算与实测数据的对比，分析各种计算模型和参数的适应性，建立适用于东北电网稳定计算的模型及参数，从而使东北-华北交流联网系统的稳定计算分析更接近实际，更科学、合理地指导互联电网的规划与运行。

大扰动试验共进行两次试验。第一次试验于2004年3月25日进行，分别在东北-华北联网运行和东北电网独立运行条件下，在哈南变电站进行了两次人工三相接地短路。第二次试验于2005年3月29日进行，在东北-华北联网运行方式下，分别在梨树变电站和哈南变电站进行了两次人工三相接地短路[1~34]。

8.2 试验意义

在东北-华北交流联网系统中，按照《电力系统安全稳定导则》要求，基于三相短路故障计算确定系统主要输电断面的暂态、动态稳定极限时，不同的负荷模型及参数对稳定极限的计算结果有较大影响，特别是当输电断面输送功率较大、发生三相短路后负荷中心电压变化较大时，模型和参数的影响表现得很突出。由于三相短路等大扰动故障发生概率很小，没有近期的扰动数据可用于分析。在这种情况下，为了研究东北电网负荷模型和参数，通过大扰动试验（人工三相接地短路试验）对东北电网负荷模型进行校核是一种有效的手段。

通过系统大扰动试验，利用动态在线监测系统获得大扰动状态下的系统动态特性及动态过程的有关数据，通过仿真对比分析，验证现行电力系统计算分析模型与电网实际情况的贴近程度；探索东北电网稳定计算模型的修正方案，可以使系统仿真计算更接近实际情况，既可以反映系统真实存在的问题，又可以最大限度地发挥发、输、变电设备的能力，既获得最大安全效益又获得最大经济效益。大扰动试验研究在提高东北电网安全稳定分析水平、保证电网的安全稳定运行、避免大面积停电事故的发生、积累仿真计算经验方面，具有重要的意义。

8.3 试验过程

8.3.1 2004 年大扰动试验

东北电网第一次大扰动试验于 2004 年 3 月 25 日进行，共进行两次人工三相接地短路试验。

(1) 第一次人工三相接地短路是在 9:26，在东北-华北联网、东北送华北 300MW、吉黑断面(黑龙江南送吉林)输送功率为 700MW 方式下进行；三相接地短路地点为吉黑断面的哈南—合心 500kV 线哈南侧线路出口处(图 8-1)。

(2) 第二次人工三相接地短路是在 13:28，东北电网孤立运行、吉黑断面(黑龙江南送吉林)输送功率 1000MW 方式下进行；三相接地短路地点同样在哈南—合心 500kV 线哈南侧线路出口处(图 8-1)。

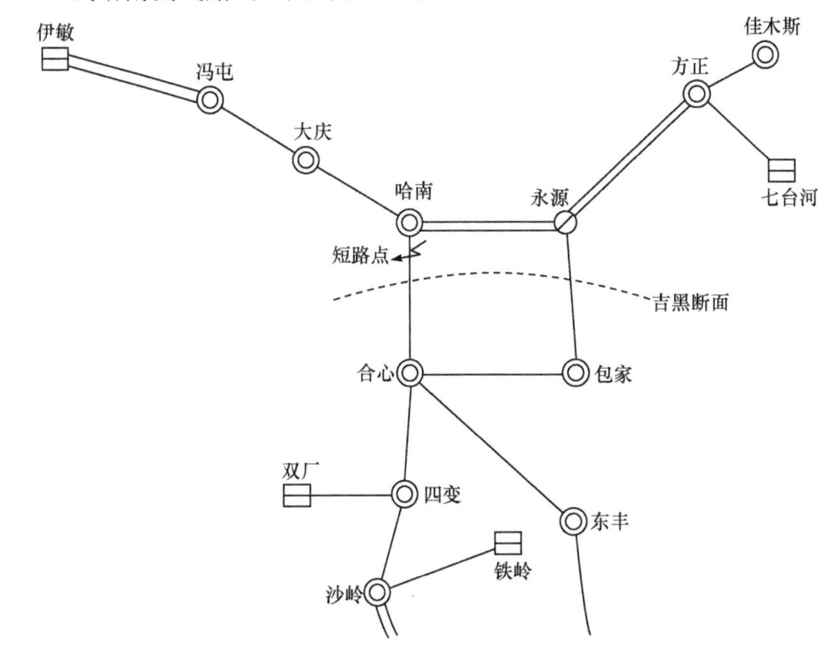

图 8-1　2004 年大扰动试验人工三相接地短路地点示意图

8.3.2 2005 年大扰动试验

东北电网第二次大扰动试验于 2005 年 3 月 29 日进行，共进行两次人工三相接地短路试验。

(1) 第一次人工三相接地短路是在 9:30，东北-华北联网运行、东北送华北 800MW、吉黑断面(黑龙江南送吉林)输送功率为 1600MW、辽吉断面输送功率为 2440MW 的方式下进行；三相接地短路地点为辽吉断面的沙岭—梨树 500kV 线梨树侧线路出口处(图 8-2)。

(2) 第二次人工三相接地短路是在 13:30，东北-华北联网运行、东北送华北 800MW、吉黑断面(黑龙江南送吉林)输送功率为 1600MW、辽吉断面输送功率为 2600MW 的方式下进行；三相接地短路地点选择为吉黑断面的哈南—合心 500kV 线哈南侧线路出口处(图 8-2)。

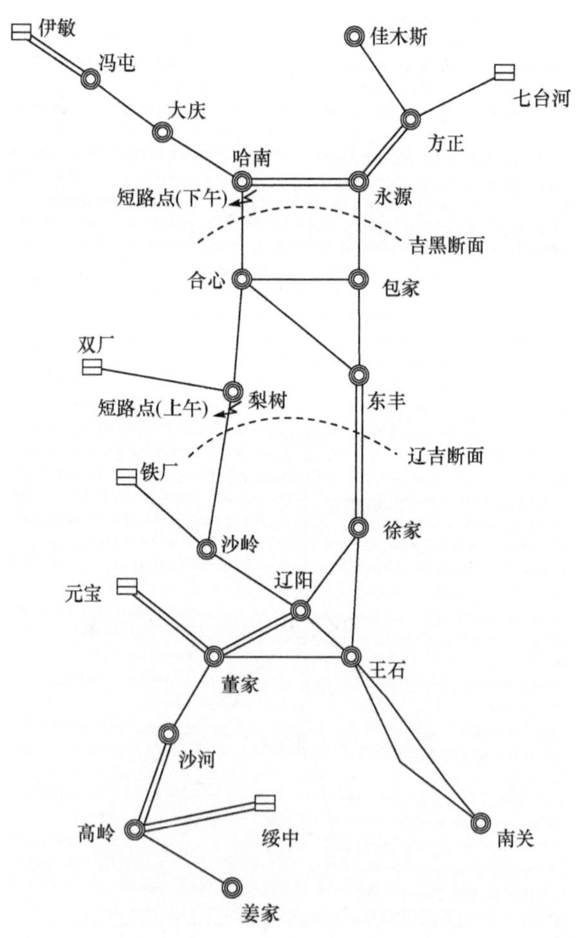

图 8-2 2005 年大扰动试验人工三相接地短路地点示意图

8.4　试验的测试

大扰动试验数据记录装置采用了基于全球卫星定位系统(GPS)的相量测量装置(PMU)、中国电力科学研究院研制的 DF1024 便捷式波形记录仪和 WFLC 便携式电量记录分析仪,以及华北电力大学研制的负荷特性记录装置,获得了大量的动态数据和暂态数据。

8.4.1　2004 年大扰动试验

2004 年第一次大扰动试验期间,对东北电网的 12 个 500kV 厂站、华北电网的 7 个 500kV 厂站,以及东北电网的 7 个 220kV 变电站和 13 台发电机上进行了录波。试验后通过对实测数据的处理,获得了各测试点母线电压相角,主要出线的电流、有功功率和无功功率,母线电压、频率的暂态和动态数据。

华北电力大学研制的负荷特性记录装置安装在东北地区的 7 个变电站,其中 6 个点的负荷特性记录装置都正确启动并录下了有效数据(虎石台因电压下降幅度太小没有启动)。

试验前,东北电网公司和中国电力科学研究院,已经对东北电网部分典型发电机组的励磁系统模型和参数进行了实测,包括哈三 B 厂 3#、富二电厂 6#、七台河电厂 1#、长山电厂 9#、丰满水电厂 5#、元宝山电厂 3#,共 6 台发电机。

东北电网公司电力调度通信中心和华北公司电力调度通信中心负责对试验期间的系统运行条件进行记录,包括负荷、发电机开机和出力、PSS 投运情况,试验后分别建立了两次试验期间的运行方式潮流,用于仿真研究。

8.4.2　2005 年大扰动试验

2005 年第二次扰动试验期间,东北电网公司、中国电力科学研究院以及华北电力大学组织了 59 个现场测试小组,对国家调度通信中心、东北电网和华北电网的 21 个 500kV 厂站、3 个 PMU 主站、25 个 220kV 变电站的系统参数以及 19 个电厂的 20 台发电机励磁系统进行了测试。

东北电网公司电力调度通信中心和华北电网公司电力调度通信中心对试验期间的系统运行条件进行了记录,包括负荷、发电机开机和出力、PSS 投运情况,试验后分别建立了两次试验期间的运行方式潮流,用于仿真研究。

8.4.3　试验数据的评估

试验结束后,根据调度自动化系统记录的运行参数建立了试验时的系统运行方式数据,并进行了评估和确认;根据自动化数据及计算数据对 PMU 和临时测试装置获得的测试数据进行了评估确认;根据故障录波器记录的数据,确定了故障切除时间;根据所记录的地方小机组投运和出力情况,在方式数据中增加了对小机组的模拟。

8.5 试验的运行方式

8.5.1 2004 年大扰动试验

2004 年 3 月 25 日东北电网大扰动试验结束后,由东北电网公司建立了两次试验时的东北电网运行方式,中国电力科学研究院根据华北电网公司电力调度通信中心提供的基础数据建立了东北-华北交流联网试验时的华北电网运行方式。

东北电网试验运行方式基础数据如下:

(1) 东北电网 110kV 及以上各厂、站人工记录的试验期间的机组出力、母线电压、线路及主变功率等潮流数据;

(2) 调度自动化系统记录的试验前系统数据;

(3) PMU 所记录的数据。

通过这三套数据的相互对比、认证、筛选,建立了大扰动试验时东北电网运行方式数据。

华北电网试验运行方式基础数据是:调度自动化系统记录的华北电网在试验时各分区负荷水平、主要机组开机和出力、500kV 线路输送功率和 500kV 母线电压。

通过与 PMU 实测数据的对比,确认所建立的运行方式能够较为准确地再现扰动试验时系统的运行情况,能够满足大扰动试验后仿真校核要求。

8.5.2 2005 年大扰动试验

2005 年 3 月 29 日第二次大扰动试验时东北、华北电网通过 500kV 高岭—姜家营乙线单回线互联,山东电网与华北主网解列运行,华北电网和华中电网解列运行。

试验后东北电网公司电力调度通信中心根据所记录的运行数据,建立了东北电网运行方式,中国电力科学研究院根据华北电网公司电力调度通信中心提供的记录数据建立了华北电网运行方式。通过与 PMU 实测数据的对比,确认所建立的运行方式能够较为准确地再现扰动试验时系统的运行情况,能够满足大扰动试验后仿真校核的要求。

8.6　试验测试结果

8.6.1　故障切除时间

1. 2004 年大扰动试验

1) 上午试验哈南—合心线保护动作情况

接地过程：500kV 哈南—合心线路 B 相和 C 相先行短路，1ms 后 A 相短路，可看做哈南—合心线路发生三相短路故障。

故障线路两端开关跳闸时刻：近端（哈南侧）开关跳闸时刻为故障后 0.05s，远端（合心侧）开关跳闸时刻为故障后 0.07s。

2) 下午试验哈南—合心线保护动作情况

接地过程：500kV 哈南—合心线路 A 相和 C 相先行短路，1.4ms 后 B 相短路。同样可以认为哈南—合心线路发生三相短路故障。

哈南—合心线路两端开关跳闸时刻：近端（哈南侧）开关跳闸时刻为故障后 0.05s，远端（合心侧）开关跳闸时刻为故障后 0.07s。

2. 2005 年大扰动试验

1) 2005 年上午试验沙梨乙线保护动作情况

沙岭变：沙梨乙线高频保护及分相电流差动保护动作，沙梨乙线 5056 开关 A 相 57ms、B 相 54.5ms、C 相 49.8ms 切除故障电流。

梨树变：沙梨乙线高频保护及分相电流差动保护动作，两套微机保护距离一段动作，沙梨乙线 5022 开关 A 相 44.5ms、B 相 54.5ms、C 相 51ms 切除故障电流。

2) 2005 年上午试验合南线保护动作情况

合心变：合南线高频保护、工频变化量距离保护动作，两套微机保护距离一段动作，合南线 5031 开关 A 相 40ms、B 相 42ms、C 相 40ms 切除故障电流。

哈南变：合南线高频保护、工频变化量距离保护动作，两套微机保护距离一段动作，合南线 5042 开关 A 相 42ms、B 相 40ms、C 相 36ms 切除故障电流。

8.6.2　短路阻抗

1. 2004 年大扰动试验

1) 2004 年上午试验

短路点电压有效值 $U_a=5.8\text{kV}$，短路电流有效值 $I_a=15\text{kA}$，则短路阻抗可计算如下：

$$Z=\frac{U}{I}=\frac{5.8}{15}=0.386\ (\Omega)$$

由基准电压 $U_B=500\text{kV}$，基准容量 $S_B=100\text{MVA}$，则短路阻抗标幺值为

$$Z_* = \frac{Z}{Z_B} = \frac{ZS_B}{U_B^2} = \frac{0.386 \times 100}{500 \times 500} \approx 0.00015(\text{p. u.})$$

2) 2004 年下午试验

短路点电压有效值 $U_a=5.6\text{kV}$，短路电流有效值 $I_a=15\text{kA}$，则短路阻抗标幺值为

$$Z_* = \frac{Z}{Z_B} = \frac{ZS_B}{U_B^2} = \frac{0.373 \times 100}{500 \times 500} \approx 0.00015(\text{p. u.})$$

2. 2005 年大扰动试验

1) 2005 年上午试验

沙梨线梨树侧人工三相接地短路试验，短路点电压有效值为 9.7kV，短路电流有效值为 12.5kA，则短路电阻为 0.776Ω，在计算中选择基准电压为 500kV，基准容量为 100MVA，则短路电阻标幺值为 0.0003。

2) 2005 年下午试验

合南线哈南侧人工三相接地短路试验，短路点电压有效值为 3kV，短路电流有效值为 13kA，则短路电阻为 0.2307Ω，标幺值为 0.0001。

8.6.3 录波曲线

录波曲线详见中国电力科学研究院技术报告《东北电网大扰动试验动态数据曲线》、《东北大扰动试验发电机录波图》和《东北电网大扰动试验测试录波图(DF1024记录)》;《东北电网第二次大扰动试验动态数据曲线(梨树站三相短路)》、《东北电网第二次大扰动试验动态数据曲线(哈南站三相短路)》、《东北电网第二次大扰动试验测试录波图(DF1024)》和《东北电网第二次大扰动试验发电机录波图》。

8.6.4 小结

大扰动试验采用基于全球卫星定位系统的相量测量装置、中国电力科学研究院研制的 DF1024 便捷式波形记录仪和 WFLC 便携式电量记录分析仪，以及华北电力大学研制的负荷特性记录装置，获得了大量的动态数据和暂态数据。中国电力科学研究院试验测试小组技术人员对测试数据进行了分析和对比，确认绝大多数测试数据是可信的，可以满足试验仿真计算的要求。

8.7 励磁系统模型参数和小机组的调整

通过各种元件的模型和参数以及人工接地短路阻抗和短路切除时间等因素的敏感度分析，有如下结论：

(1) 在一定范围内修改短路点接地阻抗和短路切除时间对仿真的影响不大；

(2) 发电机模型和参数以及调速器模型对仿真的影响不大；

(3) 发电机励磁系统对电压波形影响较大；

(4) 接入低压网的小机组对电压波形和摇摆周期有一定影响，但对第一摆影响也不大；

(5) 将所分析的影响因素在合理的范围内均向着有利于更好地拟合实测曲线的方向进行的综合仿真结果，与实测数值仍有较大差距；

(6) 第一次大扰动试验中，哈尔滨地区甩负荷对扰动后稳态功率分布有较大影响，但对第一摆影响不大。

因此有必要对现行计算中所采用的发电机励磁系统的模型和参数进行调整与拟合。同时，为更好地拟合试验曲线，在仿真中也要考虑小机组的影响。在2004年大扰动试验的仿真计算中，还考虑了哈尔滨地区甩负荷。

8.7.1 励磁系统模型参数的调整

2004年大扰动试验前，对东北电网的17台发电机的励磁模型参数进行了实测。

2005年大扰动试验前，又对东北电网的11台发电机的励磁模型参数进行了实测。

对于试验前已实测过励磁系统模型参数的发电机，在仿真中均采用实测参数。同电厂内与实测发电机同型号采用同样励磁方式和调节器的发电机套用实测参数。

根据2004年大扰动试验的仿真分析，其他未实测的机组的励磁模型仍采用现行计算模型，但将大型水轮发电机的励磁系统的放大倍数改为50倍，汽轮发电机励磁系统的放大倍数改为100倍。

8.7.2 小机组调整

在当时的仿真计算数据中，已将接在较低电压等级的小机组和当地负荷相互抵消，这样的简化也就忽略了小机组对系统的电压支撑作用，以及对系统惯性的影响。为了使计算结果更加符合实际，更好地拟合试验曲线，根据试验期间记录的小机组容量和分布情况，在仿真计算中对东北电网的小机组和当地负荷进行了近似模拟。

模拟方法是在小机组接入的节点，接入一个同功率的负荷，使系统潮流仍保持不变(图8-3)。

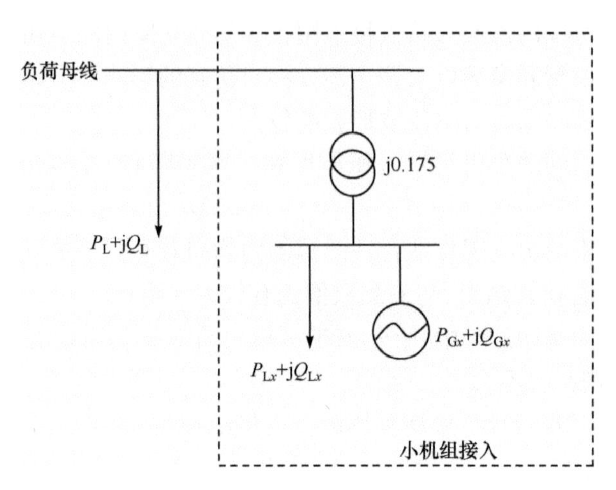

图 8-3　小机组接入的近似模拟

8.8　基于各种负荷模型的仿真计算与实测对比

8.8.1　计算条件

1. 仿真程序

采用 PSD 电力系统分析软件包和 PSASP 电力系统分析综合程序进行仿真计算。

2. 扰动故障

2004 年上午扰动试验：合南线哈南侧出口三相短路，故障切除时间采用近端 0.05s、远端 0.07s；短路阻抗采用 0.376Ω(0.00015p.u.)。

2004 年下午扰动试验：合南线哈南侧出口三相短路，故障切除时间采用近端 0.05s、远端 0.07s；短路阻抗采用 0.376Ω(0.00015p.u.)。

2005 年上午扰动试验：沙梨线梨树侧出口三相短路，故障切除时间为近端 0.054s、远端 0.057s；短路阻抗采用 0.776Ω(0.0003p.u.)。

2005 年下午扰动试验：合南线哈南侧出口三相短路，故障切除时间为 0.042s；短路阻抗采用 0.2307Ω(0.0001p.u.)。

3. 发电机及其调节系统的模型和参数

发电机模型和参数：采用现行的模型参数，东北、华北电网均采用 E''_q、E''_d 变化的详细模型。

调速系统模型和参数：采用现行的模型参数。

励磁系统和 PSS 模型和参数:采用 8.7.1 节调整后的参数。

发电机 PSS 按实际投运情况模拟。2004 年上午试验时,东北电网 PSS 投入运行的发电机共 30 台;2004 年下午试验时,PSS 全部退出;2005 年上午、下午试验中,东北电网 PSS 投入运行的发电机共 67 台。

小机组的模拟:采用 8.7.2 节调整后的方法模拟。

伊敏电厂 2# 机组快关汽门:2004 年下午试验时,伊敏电厂 2# 机组在三相短路后汽门关闭后又开启,40s 时跳机。经过对实测数据的分析,在仿真计算中以短路发生后 0.42s 关汽门,短路后 3.8s 开启汽门,可以基本模拟实测过程。

4. 负荷模型和参数

分别采用各种常见的负荷模型和参数进行仿真计算,具体模型参数见表 8-1～表 8-4。同时,也采用 2004 年第一次大扰动试验得到的“拟合模型”,对 2005 年的试验进行仿真对比。

拟合模型是根据 2004 年第一次大扰动试验仿真分析得到的一组与试验实测曲线拟合相对较好的负荷模型,其参数具体如下:

(1) 电动机负荷比例 60%,电动机负载率约 30%(初始滑差 0.007);

(2) 电动机参数采用表 8-2 的Ⅰ型电动机参数;

(3) 静态负荷比例为 40%,其中,恒定阻抗比例 30%,恒定电流比例 30%,恒定功率比例 40%;

(4) 静态模型不考虑频率因子。

表 8-1　所采用的负荷模型

名称	电动机比例/%	静态部分 ZIP 组成/%		
		Z	I	P
Ⅰ型电动机	50	100	0	0
Ⅱ型电动机	50	100	0	0
Ⅲ型电动机	50	100	0	0
4-6ZP	0	40	0	60
拟合模型	60	30	30	40

表 8-2　各模型的电动机参数

电动机类型	R_s	X_s	X_m	R_r	X_r	$2H$	s_0	C	k_α
Ⅰ型电动机	0	0.295	3.5	0.02	0.12	2	0.0116	0.85	0.15
Ⅱ型电动机	0	0.12	3.5	0.02	0.12	2	0.0116	0.85	0.15
Ⅲ型电动机	0	0.18	3.5	0.02	0.12	2	0.0116	0.85	0.15
拟合模型	0	0.295	3.5	0.02	0.12	2	0.007	0.85	0.15

表 8-3　IEEE 推荐的电动机参数

电动机类型	R_s	X_s	X_m	R_r	X_r	$2H$	A	B	负载率
1. 工业小电动机	0.031	0.1	3.2	0.018	0.18	1.4	1	0	0.6
2. 工业大电动机	0.013	0.067	3.8	0.009	0.17	3	1	0	0.8
3. 水泵	0.013	0.14	2.4	0.009	0.12	1.6	1	0	0.7
4. 厂用电	0.013	0.14	2.4	0.009	0.12	3	1	0	0.7
5. 居民负荷等值电动机	0.077	0.107	2.22	0.079	0.098	1.48	1	0	0.46
6. 居民与工业负荷等值电动机	0.035	0.094	2.8	0.048	0.163	1.86	1	0	0.6
7. 空调等值电动机	0.064	0.091	2.23	0.059	0.071	0.68	0.2	0	0.8

表 8-4　WSCC 典型电动机参数

R_s	X_s	X_m	R_r	X_r	$2H$	C	k_α
0.0068	0.1	3.4	0.018	0.07	1.0	0	1.0

8.8.2　仿真曲线示例

图 8-4～图 8-11 给出了励磁系统模型和参数调整、考虑小机组、2004 年上午试验考虑哈尔滨地区甩负荷、2004 年下午试验伊敏电厂 2＃机组快关后的典型仿真曲线。

1. 2004 年上午试验

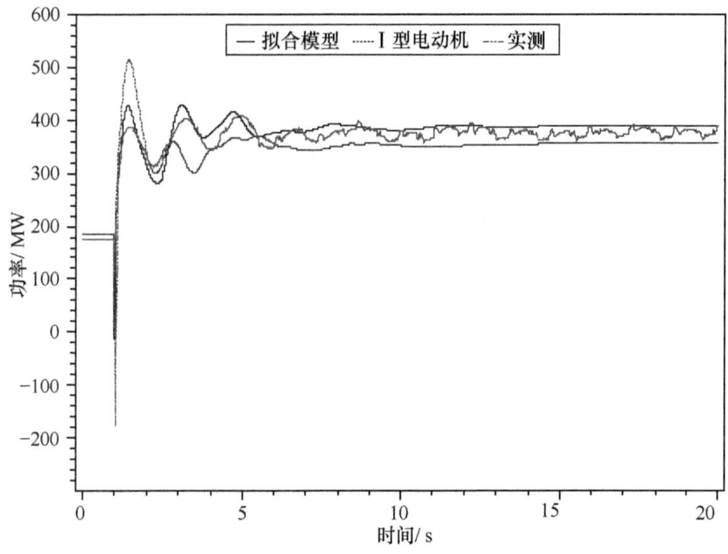

图 8-4　2004 年上午试验永包线功率曲线

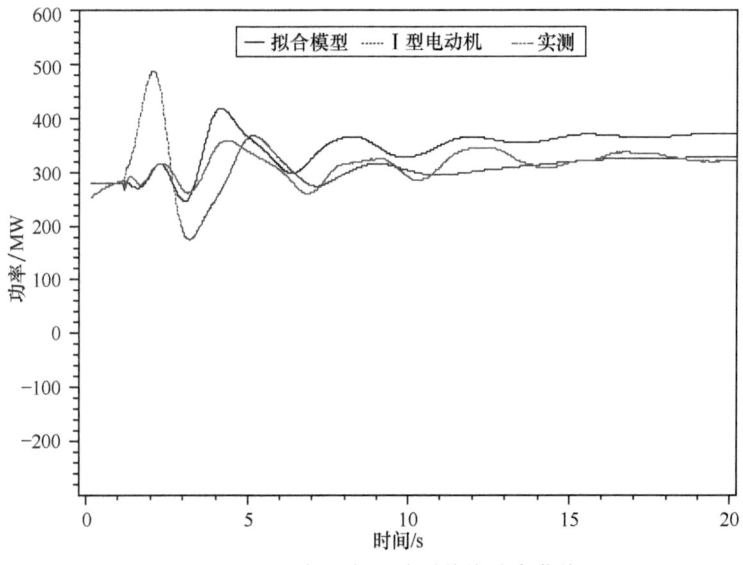

图 8-5　2004 年上午试验绥姜线功率曲线

2. 2004 年下午试验

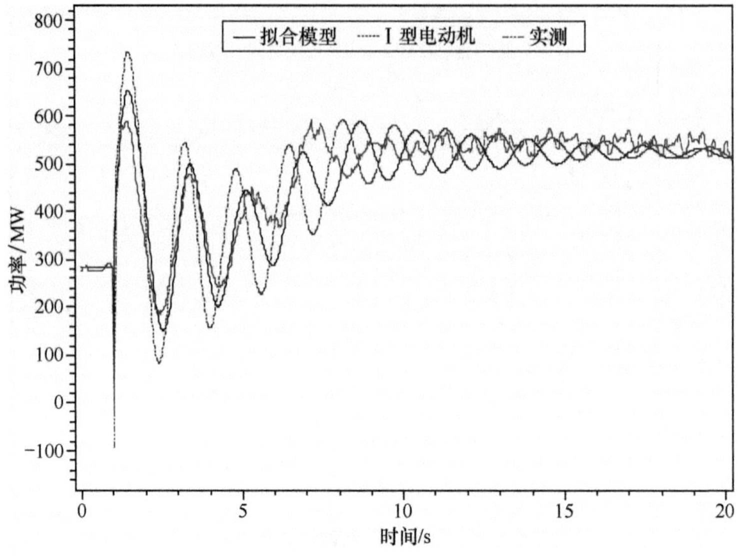

图 8-6　2004 年下午试验永包线功率曲线

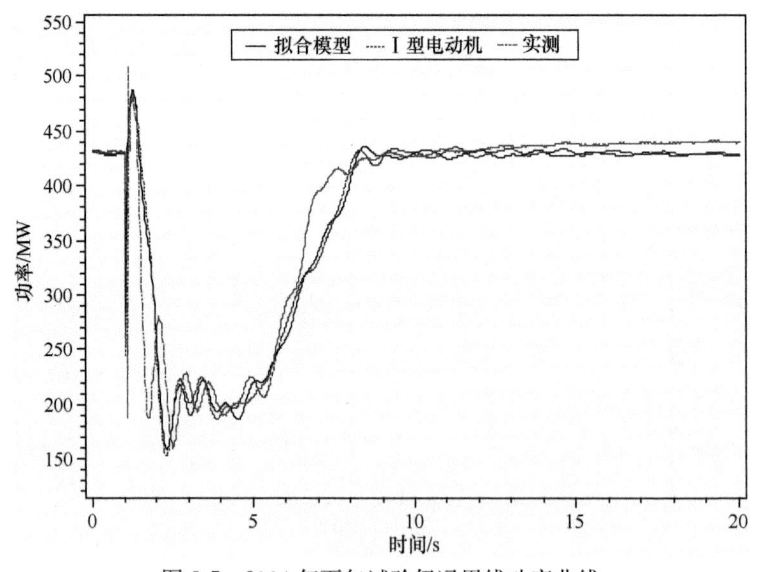

图 8-7　2004 年下午试验伊冯甲线功率曲线

3. 2005 年上午试验

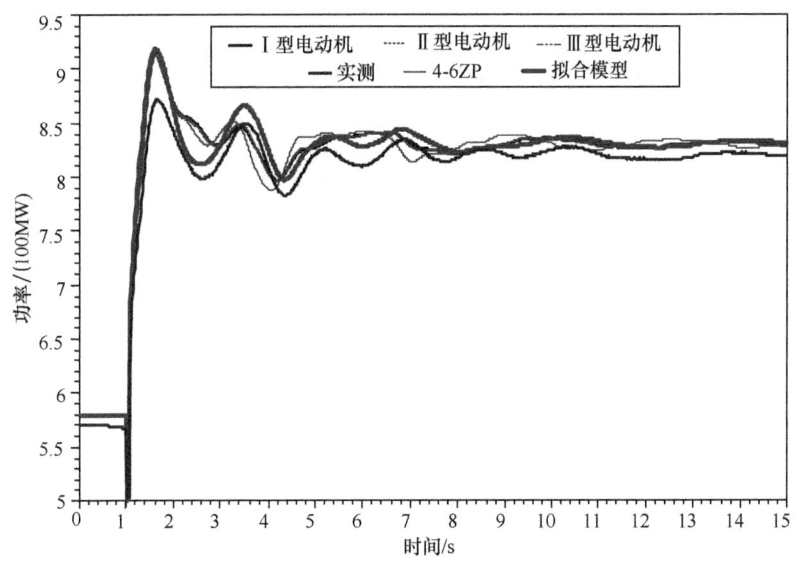

图 8-8　2005 年上午试验丰徐线功率曲线

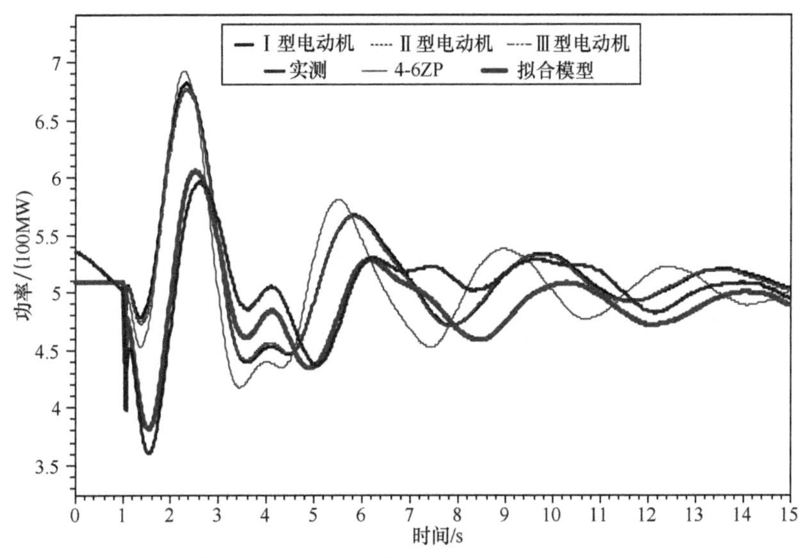

图 8-9　2005 年上午试验高姜线功率曲线

4. 2005 年下午试验

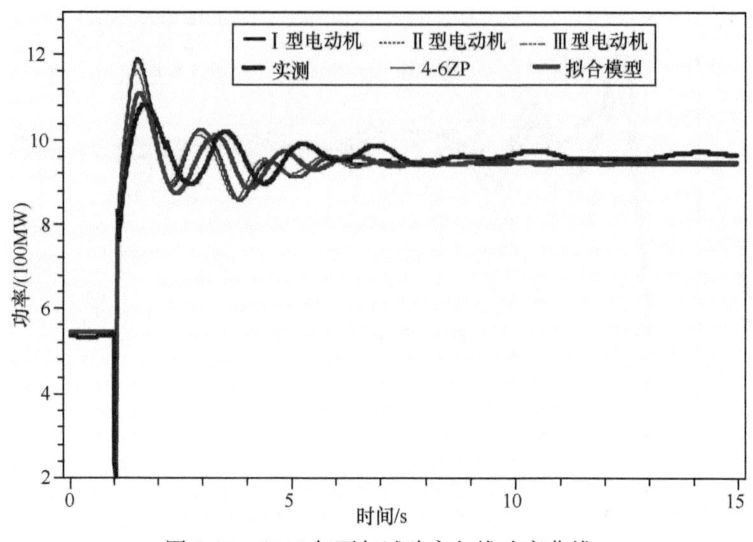

图 8-10　2005 年下午试验永包线功率曲线

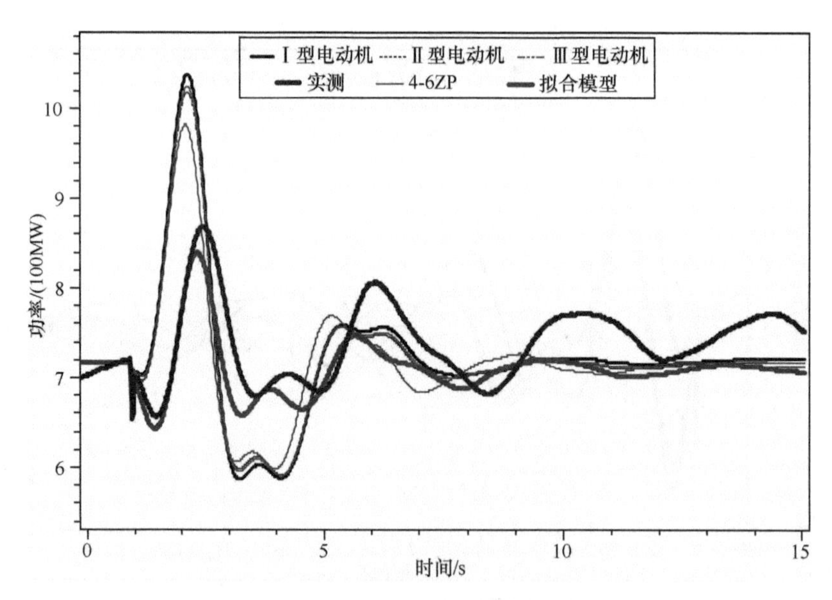

图 8-11　2005 年下午试验高姜线功率曲线

8.8.3　仿真结果分析

通过仿真计算与试验实测曲线的比较分析，可得到以下几点结论：

(1) 对于扰动试验的仿真计算分析，采用 4-6 静态模型、3-3-4 静态模型、50% Ⅰ型电动机+50%恒定阻抗模型、测辨模型、IEEE 6 模型、WSCC 典型模型等各种常见模型和参数的仿真计算结果相接近，但与实测结果差别都比较大。

(2) 对于仿真计算结果，特别是第一摆幅度来说，主要影响因素有电动机比例、电动机初始负载率，静态负荷中恒定阻抗和恒定功率的比例。

(3) 不改变初始滑差，只改变电动机定子电抗、惯性时间常数的标幺值，对仿真计算结果没有明显影响。

(4) 增大电动机在负荷中所占比例，减小电动机初始滑差，可以有效地降低仿真计算结果第一摆幅度。

(5) 静态部分采用恒定阻抗模型或恒定阻抗、恒定电流、恒定功率的组合模型(ZIP 模型)，对仿真的第一、二摆影响较大，采用 ZIP 模型(如 30%Z、30%I、40%P)拟合较好。

(6) 应用拟合模型，对 2004 年和 2005 年的四次人工三相接地短路进行仿真，计算结果表明，采用拟合模型的计算曲线和实测曲线比较接近，但动态过程的阻尼特性拟合较差。

8.9　考虑配电网络的综合负荷模型拟合参数与仿真分析

8.9.1　综合负荷模型的拟合参数

经过综合仿真计算分析，采用以下综合负荷模型参数，可以较好地拟合大扰动试验的实测曲线。

(1) 配电系统网络阻抗为 j0.06p.u.(以配电支路初始负荷为基准)。

(2) 电动机比例为 60%，负载率为 40%；参数(IEEE 2 工业大电动机)取 T_j=3s，R_s=0.013p.u.，X_s=0.067p.u，X_m=3.8p.u.，R_r=0.009p.u.，X_r=0.17p.u.(以电动机容量为基准)。

(3) 静态负荷比例为 40%，静态负荷构成为 30%恒定阻抗(Z)+30%恒定电流(I)+40%恒定功率(P)。

(4) 静态负荷功率因数：$\cos\varphi$=0.85。

(5) 厂用电负荷模型：电动机比例 100%，负载率 70%；参数(IEEE 4 厂用电)取 T_j=3s，R_s=0.013p.u.，X_s=0.14p.u.，X_m=2.4p.u.，R_r=0.009p.u.，X_r=0.12p.u.。

(6) 接于 110kV 以下的负荷不考虑配网电抗。

8.9.2　综合负荷模型拟合参数的说明

(1) 根据文献[35]的分析与等值计算，配电系统的网络阻抗取 j0.06。

(2) 我国负荷构成中电动机的比例一般为60%～70%,电动机比例取60%。电动机的负载率对第一摆的影响较大,取40%与实测曲线拟合较好。由于仿真过程的振荡周期小于实测曲线的振荡周期,因此选取转动惯量(T_j)较大的参数。电动机参数中,转子电阻(R_r)对第一摆影响较大,转子电阻越小,第一摆幅值越小。因此,选取IEEE 2型工业大电动机参数。

(3) 静态负荷部分,恒定阻抗比例越大,第一摆越大,经仿真分析,静态负荷取30%恒定阻抗+30%恒定电流+40%恒定功率,拟合较好。

(4) 不同行业、不同用电设备的无功消耗有很大不同。文献[36]给出了典型工业设备的无功功率、典型工厂及车间的无功负荷、工业分行业无功负荷构成、农业用电的无功负荷、城市用电及生活用电的功率因数。

① 工业平均功率因数为0.78(表8-5给出了分行业大用户的功率因数)。实际功率因数可能还略小一些,主要原因是设备轻载(电动机大马拉小车现象比较普遍,配电变压器轻载)。

表8-5　分行业大用户无功功率表[19]

行业	功率因数	行业	功率因数
煤炭工业	0.70	炼油工业	0.75
钢铁工业	0.74	纺织工业	0.74
有色金属	0.80	建筑材料	0.83
化学工业	0.86	造纸工业	0.77
金属加工	0.67	食品工业	0.83
汽车工业	0.73	医药工业	0.86
电子工业	0.86	平均	0.78

② 农业负荷平均功率因数为0.6～0.7。

③ 市政、生活用电的功率因数:高峰负荷时为0.80、低谷负荷时为0.70。

④ 综合负荷模型中电动机的负载率为40%,功率因数为0.80。

(5) 厂用电负荷几乎都是电动机负荷,因此,取100%电动机模型,并采用IEEE推荐的典型厂用电电动机参数。

(6) 由于110kV以下配电电网的阻抗较小,在综合负荷模型中不再考虑配电网络的阻抗,或取较小值0.001p.u.。

8.9.3　综合负荷模型的仿真曲线

分别对2004年和2005年四次大扰动试验进行数值仿真分析,计及小机组并采用最新励磁条件,负荷模型选取综合负荷模型,仿真计算结果如图8-12～图8-30所示。

关于拟合误差的计算:误差百分数$=\dfrac{\text{计算值}-\text{实测值}}{\text{实测值}}\times 100\%$。拟合误差计算结果见表 8-6～表 8-18。

1. 2004 年上午仿真曲线

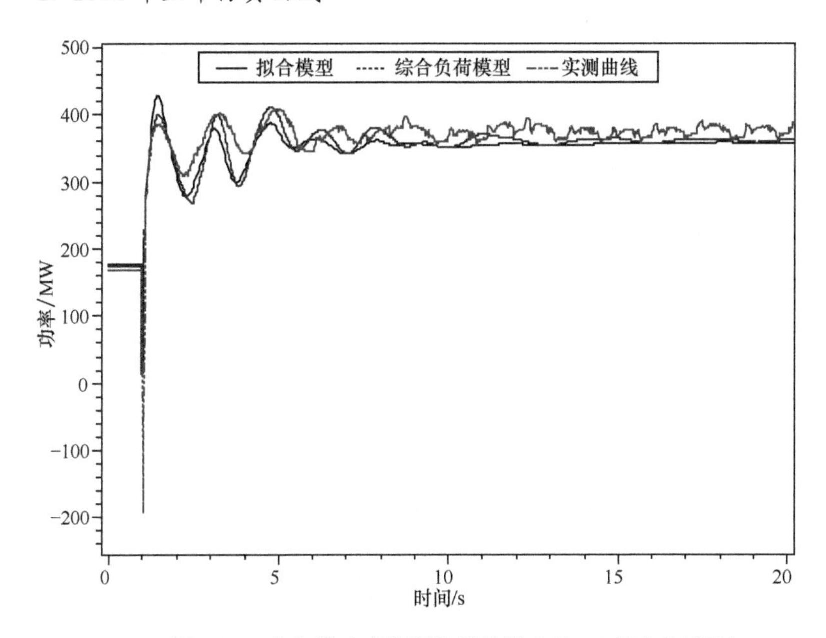

图 8-12　永包线功率仿真结果的影响(2004 年上午试验)

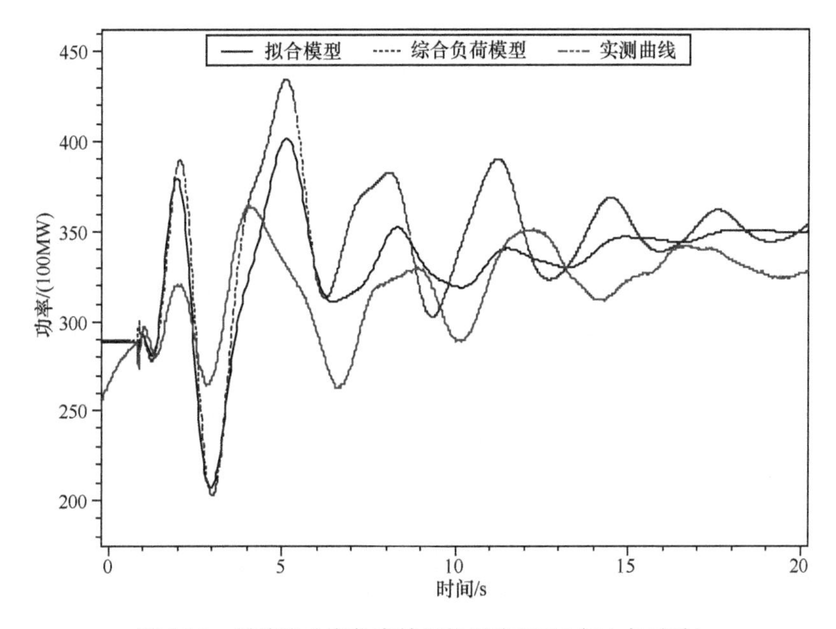

图 8-13　绥姜线功率仿真结果的影响(2004 年上午试验)

表 8-6　永包线拟合误差

仿真曲线	最大峰值/MW	最大峰值相对误差百分比/%	振荡周期/s	振荡周期相对误差百分比/%	最终值/MW	最终值相对误差百分比/%
实测曲线	389	—	1.855	—	375	—
综合模型	403	3.6	1.545	−16.71	361	−3.73

表 8-7　绥姜线拟合误差

仿真曲线	最大峰值/MW	最大峰值相对误差百分比/%	振荡周期/s	振荡周期相对误差百分比/%	最终值/MW	最终值相对误差百分比/%
实测曲线	320	—	3.51	—	326	—
综合模型	388	21.25	3.085	−12.11	349	6.08

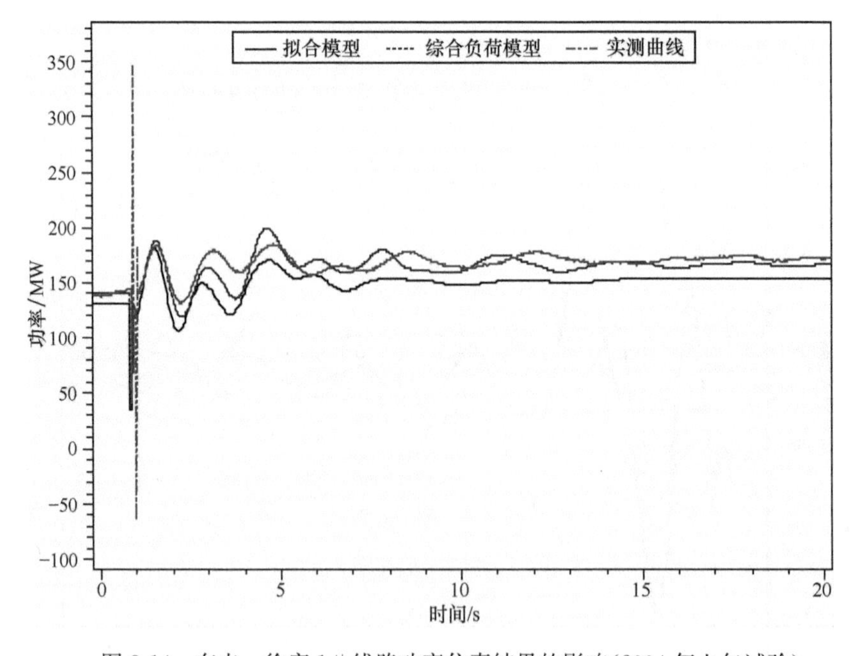

图 8-14　东丰—徐家 1#线路功率仿真结果的影响(2004 年上午试验)

表 8-8　丰徐线拟合误差

仿真曲线	最大峰值/MW	最大峰值相对误差百分比/%	振荡周期/s	振荡周期相对误差百分比/%	最终值/MW	最终值相对误差百分比/%
实测曲线	179	—	1.795	—	166	—
综合模型	183	2.23	1.6	−10.61	161	−3.01

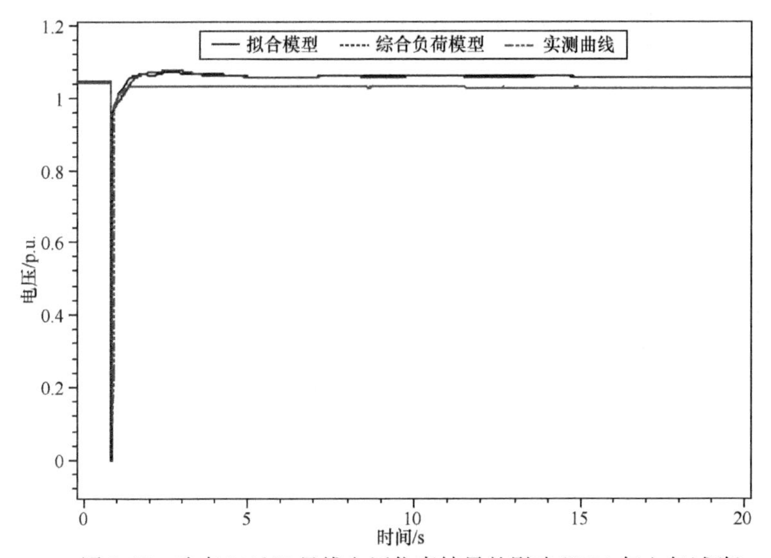

图 8-15　哈南 500kV 母线电压仿真结果的影响(2004 年上午试验)

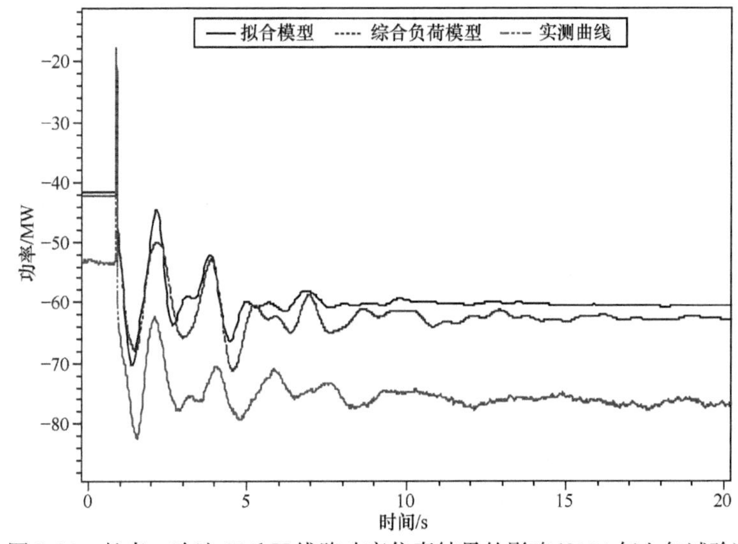

图 8-16　长春—哈达 220kV 线路功率仿真结果的影响(2004 年上午试验)

2. 2004 年下午仿真曲线

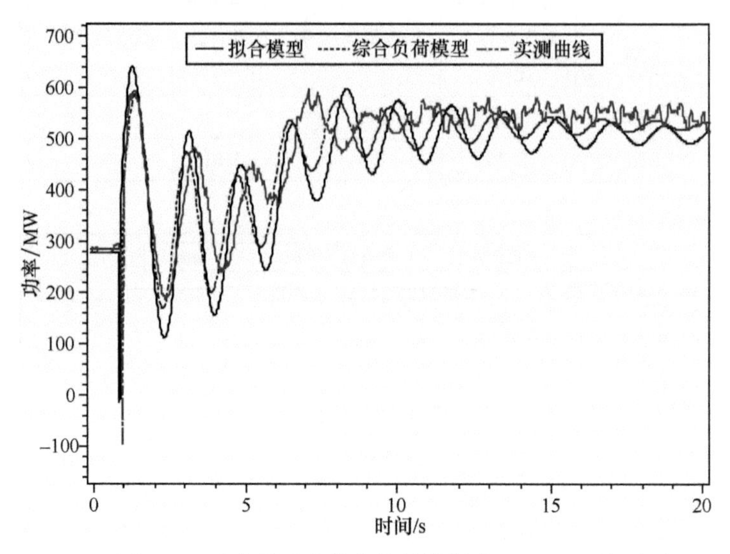

图 8-17　永包线功率仿真结果的影响(2004 年下午试验)

表 8-9　永包线拟合误差

仿真曲线	最大峰值/MW	最大峰值相对误差百分比/%	振荡周期/s	振荡周期相对误差百分比/%	最终值/MW	最终值相对误差百分比/%
实测曲线	586	—	1.89	—	533	—
综合模型	580	−1.02	1.62	−14.2857	525	−1.5009

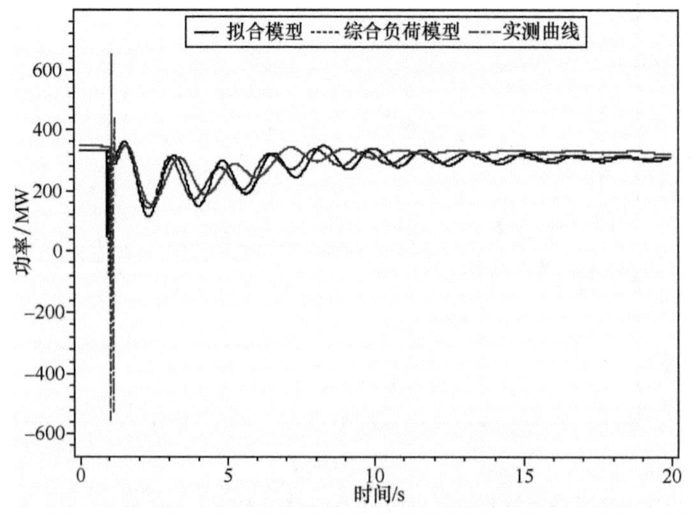

图 8-18　东丰—合心线路功率仿真结果的影响(2004 年下午试验)

表 8-10　丰合线拟合误差

仿真曲线	最大峰值/MW	最大峰值相对误差百分比/%	振荡周期/s	振荡周期相对误差百分比/%	最终值/MW	最终值相对误差百分比/%
实测曲线	354	—	1.77	—	338	—
综合模型	354	0	1.63	−7.9096	316	−6.5089

表 8-11　丰徐线拟合误差

仿真曲线	最大峰值/MW	最大峰值相对误差百分比/%	振荡周期/s	振荡周期相对误差百分比/%	最终值/MW	最终值相对误差百分比/%
实测曲线	215	—	1.735	—	200	—
综合模型	228	6.05	1.6	−7.781	188	−6

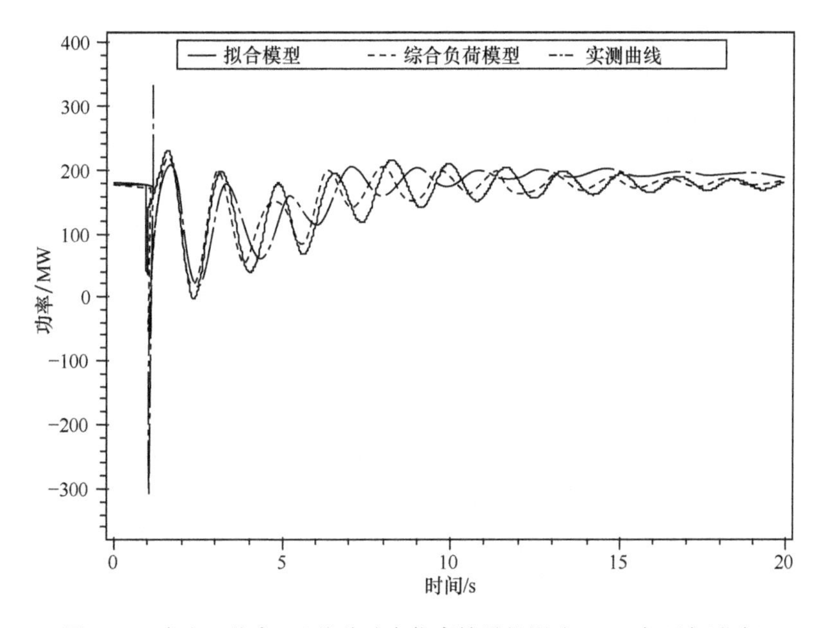

图 8-19　东丰—徐家 1# 线路功率仿真结果的影响(2004 年下午试验)

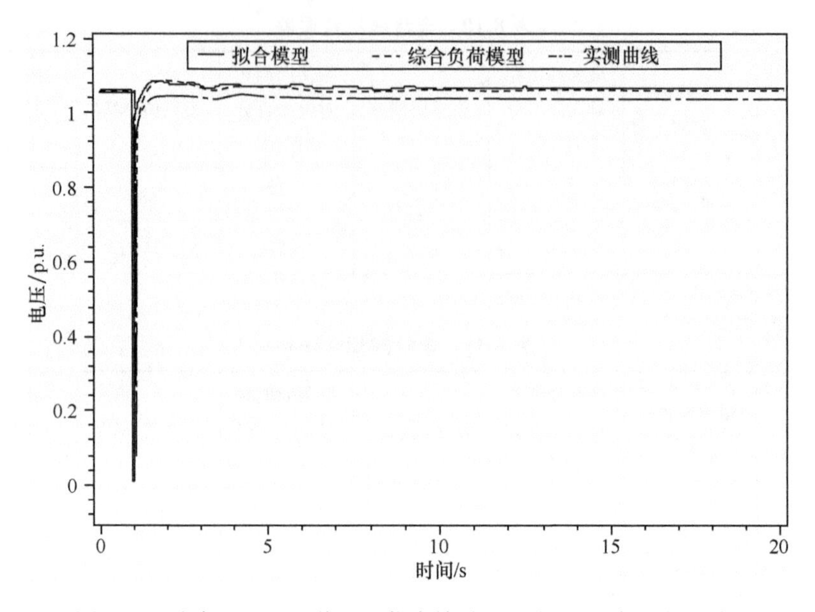

图 8-20　哈南 500kV 母线电压仿真结果的影响(2004 年下午试验)

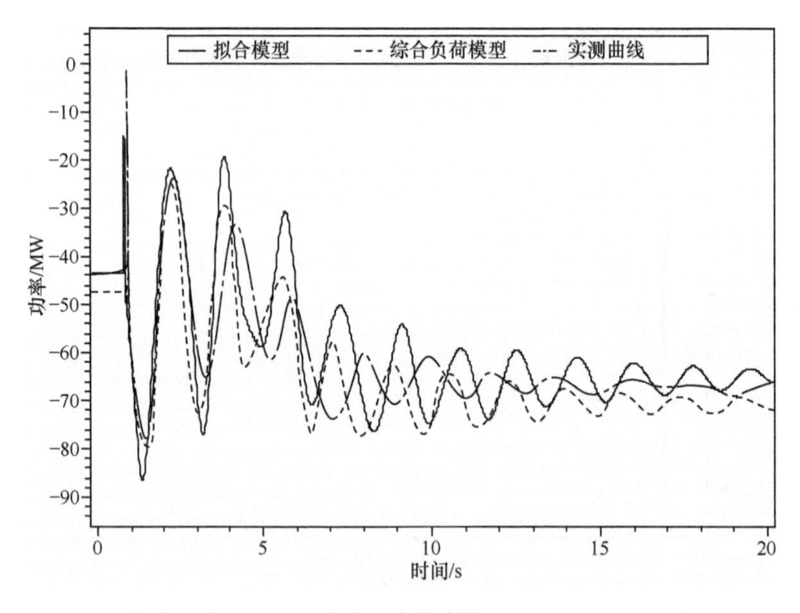

图 8-21　长春—哈达 220kV 线路功率仿真结果的影响(2004 年下午试验)

3. 2005 年上午仿真曲线

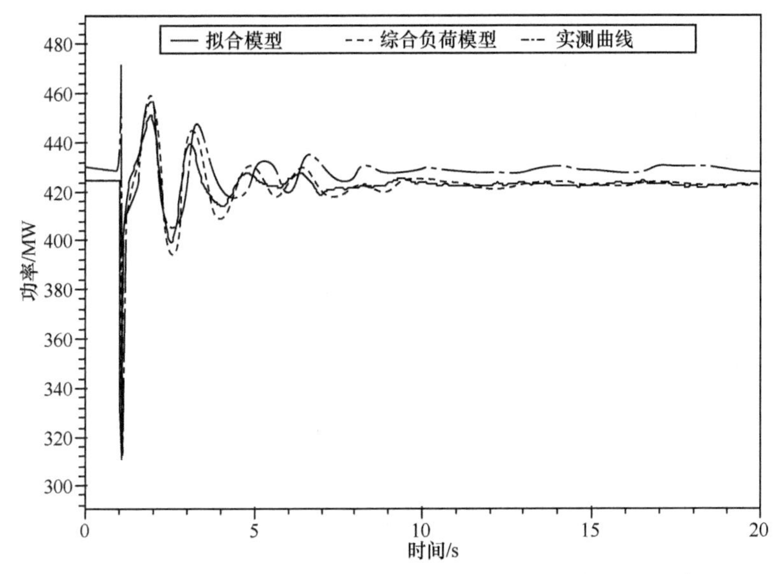

图 8-22　方永线功率仿真结果的影响(2005 年上午试验)

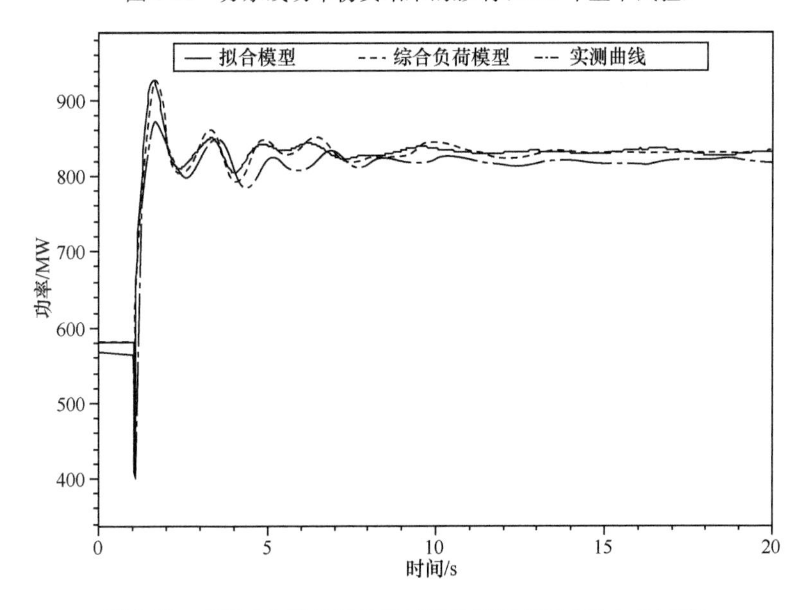

图 8-23　丰徐 1#线功率仿真结果的影响(2005 年上午试验)

表 8-12 方永线拟合误差

仿真曲线	最大峰值/MW	最大峰值相对误差百分比/%	振荡周期/s	振荡周期相对误差百分比/%	最终值/MW	最终值相对误差百分比/%
实测曲线	459	—	1.65	—	426	—
综合模型	456	−0.65	1.57	−4.85	422	−0.94

表 8-13 丰徐 1#线拟合误差

仿真曲线	最大峰值/MW	最大峰值相对误差百分比/%	振荡周期/s	振荡周期相对误差百分比/%	最终值/MW	最终值相对误差百分比/%
实测曲线	867	—	1.55	—	811	—
综合模型	925	6.69	1.6	3.23	831	2.47

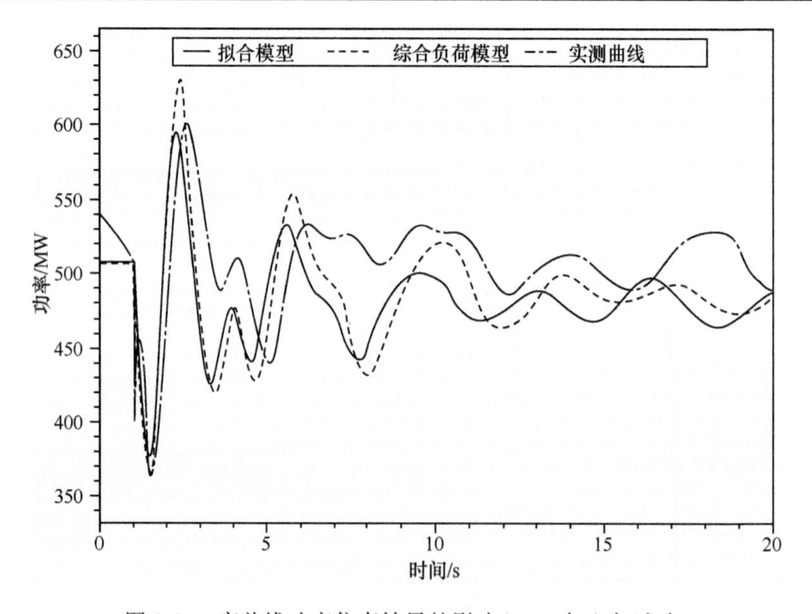

图 8-24 高姜线功率仿真结果的影响(2005 年上午试验)

表 8-14 高姜线拟合误差

仿真曲线	最大峰值/MW	最大峰值相对误差百分比/%	振荡周期/s	振荡周期相对误差百分比/%	最终值/MW	最终值相对误差百分比/%
实测曲线	601	—	2.45	—	465	—
综合模型	631	4.99	2.3	−6.12	481	3.44

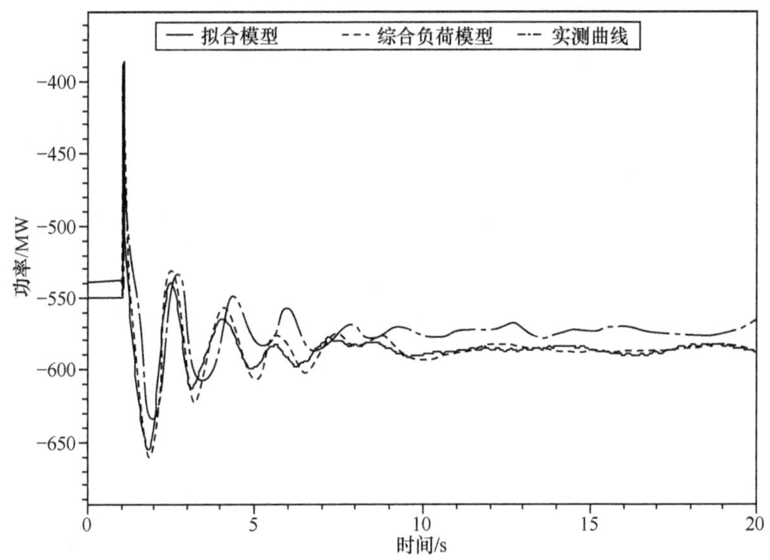

图 8-25　永包线功率仿真结果的影响(2005 年上午试验)

表 8-15　永包线拟合误差

仿真曲线	最大峰值/MW	最大峰值相对误差百分比/%	振荡周期/s	振荡周期相对误差百分比/%	最终值/MW	最终值相对误差百分比/%
实测曲线	－534	—	1.75	—	－571	—
综合模型	－530	－0.75	1.7	－2.86	－584	2.28

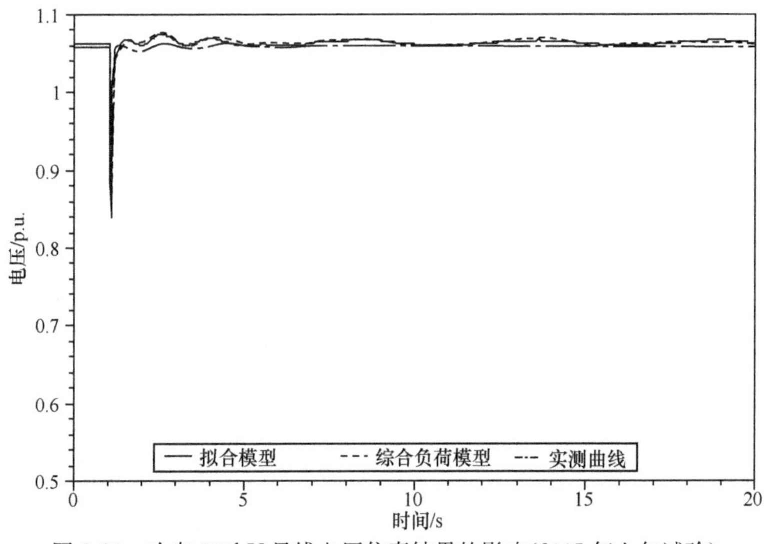

图 8-26　哈南 500kV 母线电压仿真结果的影响(2005 年上午试验)

4. 2005 年下午仿真曲线

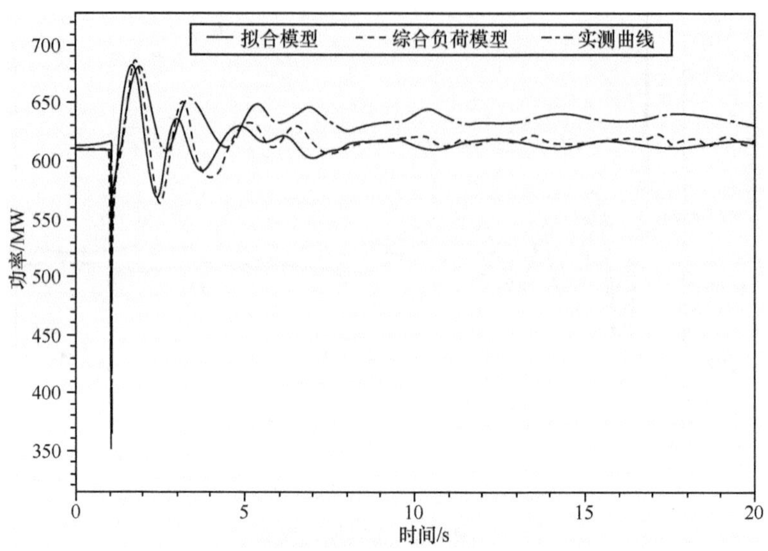

图 8-27 丰徐 1#线功率仿真结果的影响(2005 年下午试验)

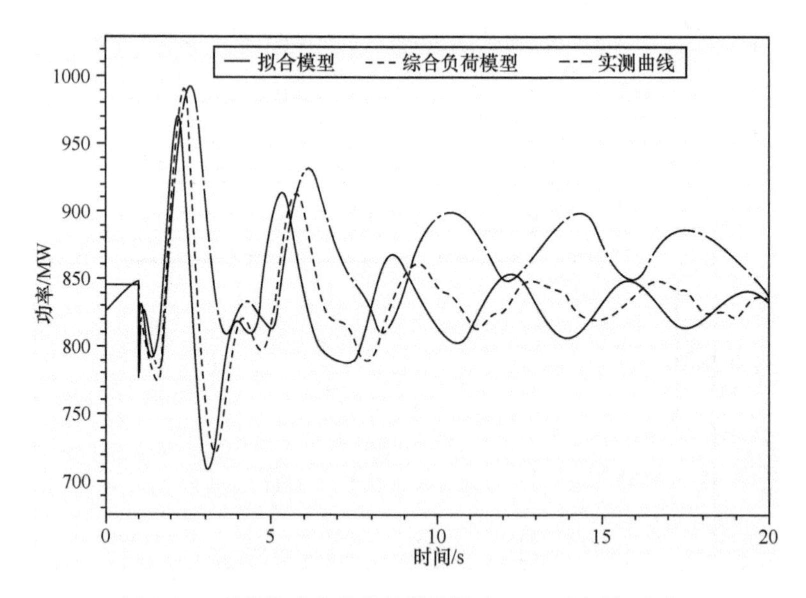

图 8-28 高姜线功率仿真结果的影响(2005 年下午试验)

表 8-16　丰徐 1＃线拟合误差

仿真曲线	最大峰值/MW	最大峰值相对误差百分比/%	振荡周期/s	振荡周期相对误差百分比/%	最终值/MW	最终值相对误差百分比/%
实测曲线	681	—	1.7	—	638	—
综合模型	687	0.88	1.75	0.0294	619	－0.0298

表 8-17　高姜线拟合误差

仿真曲线	最大峰值/MW	最大峰值相对误差百分比/%	振荡周期/s	振荡周期相对误差百分比/%	最终值/MW	最终值相对误差百分比/%
实测曲线	993	—	2.4	—	854	—
综合模型	990	－0.3	2.2	－0.0833	830	－0.0281

表 8-18　永包线拟合误差

仿真曲线	最大峰值/MW	最大峰值相对误差百分比/%	振荡周期/s	振荡周期相对误差百分比/%	最终值/MW	最终值相对误差百分比/%
实测曲线	－897	—	1.7	—	－973	—
综合模型	－815	－9.14	1.65	－0.0294	－929	－0.0452

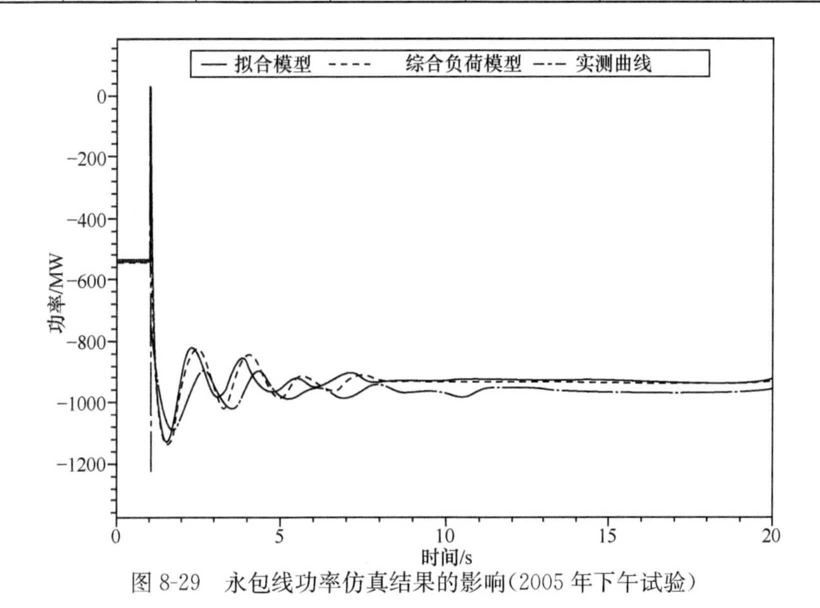

图 8-29　永包线功率仿真结果的影响(2005 年下午试验)

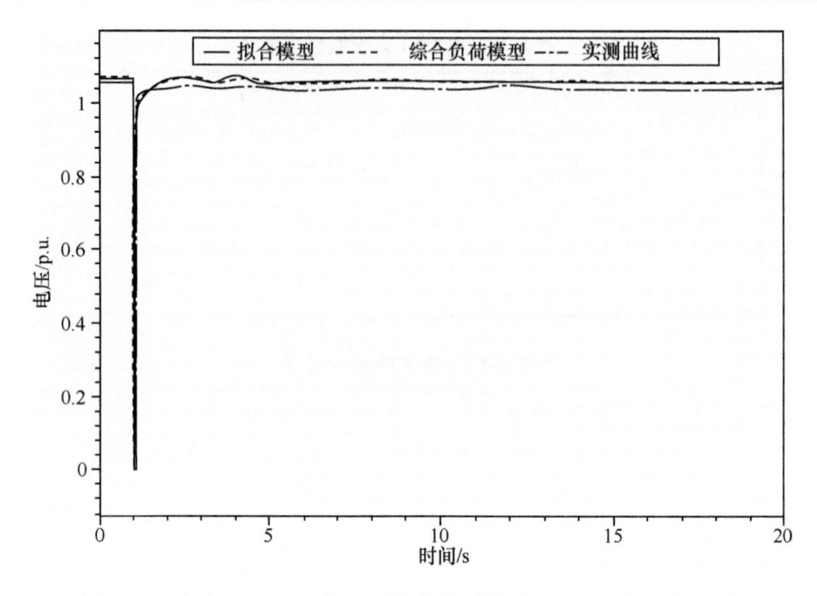

图 8-30 哈南 500kV 母线电压仿真结果的影响(2005 年下午试验)

8.9.4 采用综合负荷模型时暂态电压跌落计算曲线

本节给出 2005 年两次短路试验的暂态电压跌落曲线的对比。采用修正后的励磁模型参数、计及小机组影响、采用综合负荷模型条件下,对 2005 年两次短路试验时 220kV 母线暂态电压跌落情况进行计算,并与采用 I 型电动机(其他计算条件相同)的计算结果及实测曲线进行对比,计算结果如图 8-31～图 8-37 所示。从计算结果可以看出,采用综合负荷模型计算时,暂态电压跌落情况和实测结果比较接近,而采用 I 型电动机计算时,暂态电压跌落低于实测值较多。

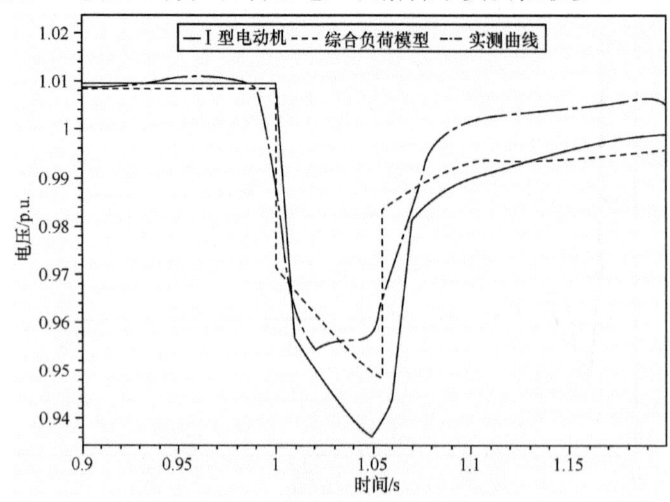

图 8-31 锦西 220kV 母线暂态电压跌落曲线(2005 年上午试验)

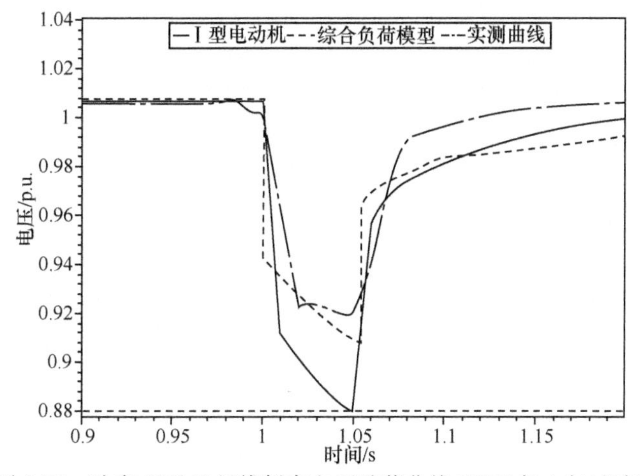

图 8-32　哈东 220kV 母线暂态电压跌落曲线(2005 年上午试验)

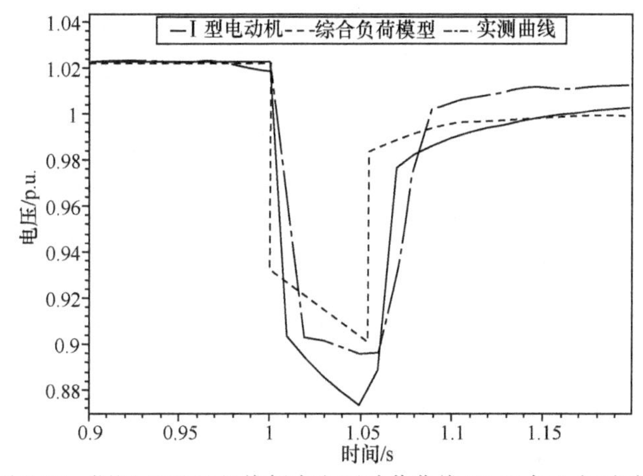

图 8-33　浑河 220kV 母线暂态电压跌落曲线(2005 年上午试验)

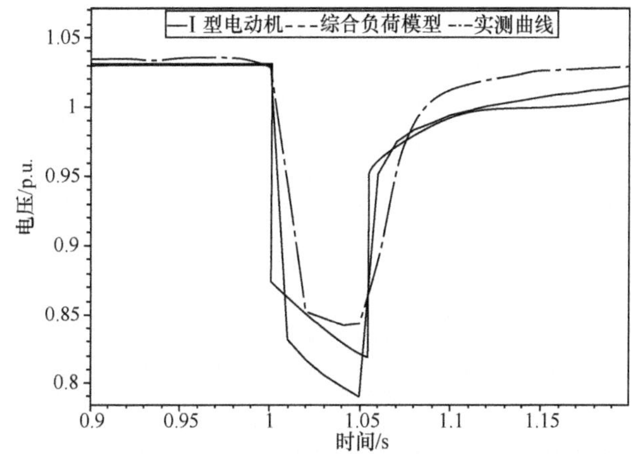

图 8-34　长春 220kV 母线暂态电压跌落曲线(2005 年上午试验)

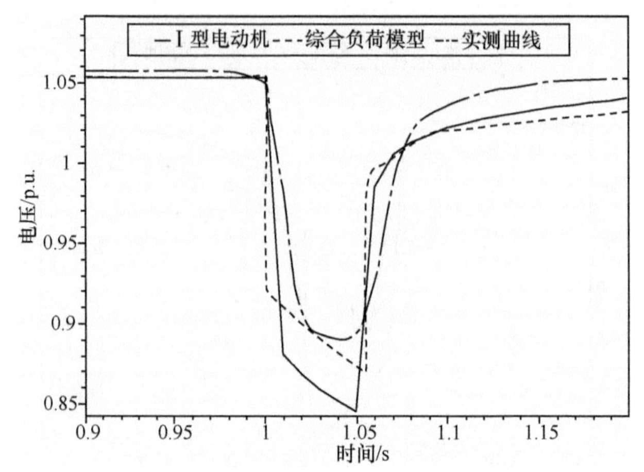

图 8-35　长春 220kV 母线暂态电压跌落曲线(2005 年下午试验)

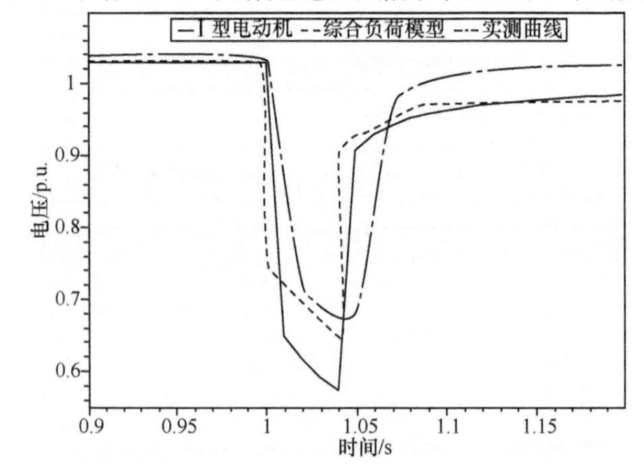

图 8-36　哈东 220kV 母线暂态电压跌落曲线(2005 年下午试验)

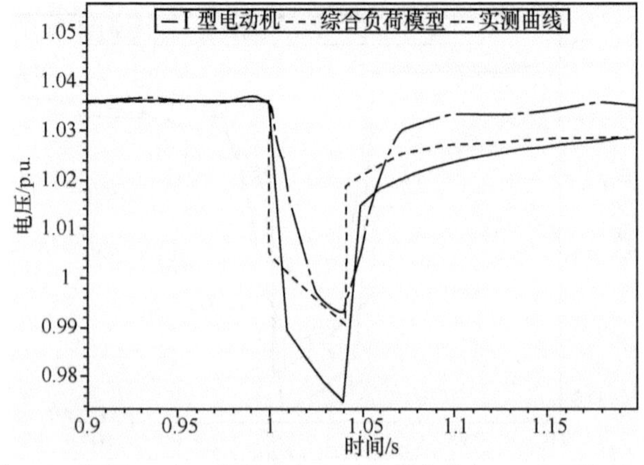

图 8-37　浑河 220kV 母线暂态电压跌落曲线(2005 年下午试验)

8.9.5　小结

由图 8-4～图 8-37 可以看出：对于 2004 年和 2005 年四次人工三相接地短路试验，在试验方式基本计算数据的基础上，考虑励磁模型修改、小电源接入等，采用综合负荷模型可以基本拟合东北-华北联网系统（2004 年上午和 2005 年上、下午）扰动试验和东北孤立电网（2004 年下午）扰动试验的实测曲线。这说明综合负荷模型可以较好地适应东北电网大扰动试验的仿真。

8.10　综合负荷模型参数灵敏度分析

本节以 2004 年东北电网冬腰方式为例，对综合负荷模型参数进行灵敏度分析。所有计算方式满足以下两个计算条件：

(1) 冯大断面包括冯屯—大庆 500kV 线路、齐齐哈尔—让湖两回 220kV 线路、富二—庆北两回 220kV 线路，该断面潮流不超过 1400MW。

(2) 黑龙江西部外送断面包括大庆—哈南 500kV 线路、新华—丰乐 220kV 线路、新华—长山 220kV 线路、火炬—中本 220kV 线路，该断面潮流不超过 800MW。

故障条件如下：

(1) 故障类型：三相短路，0.1s 切除故障线路。

(2) 故障地点：哈南—合心 500kV 线路的哈南侧、沙岭—梨树 500kV 线路的沙岭侧。

8.10.1　配电网系统电抗

综合负荷模型参数之一的配电网系统电抗的标幺值分别取 0.04、0.06、0.1、0.12 和 0.175，该标幺值以配电支路初始负荷为基准，综合负荷模型其他参数保持不变，仍取典型参数，配电网系统电抗对东北电网冬腰方式吉黑断面送电极限的影响见表 8-19，吉黑断面稳定极限变化率以系统电抗取值 0.06 为基准。表 8-19 的计算结果表明：对于综合负荷模型来说，系统电抗越大，吉黑断面送电极限越低。

表 8-19　配电网系统电抗对吉黑断面稳定极限影响

系统电抗/p.u.	稳定极限/MW	极限变化百分数
0.04	2140	6.5%
0.06	2010	标准
0.10	1930	−4%
0.12	1790	−11%
0.175	1700	−15%

失稳模式分析：表 8-19 中配电网系统电抗取 0.04、0.06 和 0.10，系统的失稳方式表现为黑龙江电网和主网之间首先失去稳定，振荡中心在 500kV 合心变电站附近；配电网系统电抗取 0.12 和 0.175，失稳模式均表现为东北和华北两网之间首先发生区域振荡失步，系统振荡中心在 500kV 绥中—姜家营线附近。

8.10.2 配电网系统电阻

综合负荷模型参数之一的配电网系统电阻标幺值分别取 0.0、0.01、0.03 和 0.05，该标幺值以配电支路初始负荷为基准，综合负荷模型其他参数保持不变，仍取典型参数，配电网系统电阻对东北电网冬腰方式吉黑断面送电极限的影响见表 8-20，吉黑断面稳定极限变化率以配电网系统电阻取值 0.0 为基准。表 8-20的计算结果表明：对于综合负荷模型来说，配电网系统电阻越大，吉黑断面送电极限越低。

表 8-20 配电网系统电阻对吉黑断面稳定极限影响

系统电阻/p.u.	稳定极限/MW	极限变化百分数
0.0	2010	标准
0.01	2000	−0.5%
0.03	1990	−1%
0.05	1970	−2%

失稳模式分析：表 8-20 中各种模型失稳模式表现为黑龙江电网和主网之间首先失去稳定，振荡中心在 500kV 合心变电站附近。

8.10.3 静态负荷功率因数

综合负荷模型参数之一的静态负荷功率因数分别取 0.75、0.85、0.95，其他参数采用典型值，静态负荷功率因数对东北电网冬腰方式吉黑断面送电极限影响见表 8-21，吉黑断面稳定极限变化率以静态负荷功率因数取 0.85 为基准。表 8-21 的计算结果表明：对于综合负荷模型而言，静态负荷功率因数越低，静态负荷吸收无功功率越大，系统稳定水平越低。

表 8-21 静态负荷功率因数对吉黑断面稳定极限影响

静态负荷功率因数	稳定极限/MW	极限变化百分数
0.75	1900	−5.5%
0.85	2010	标准
0.95	2120	5.5%

失稳模式分析：表 8-21 中各种模型失稳模式表现为黑龙江电网和主网之间首先失去稳定，振荡中心在 500kV 合心变电站附近。

8.10.4　电动机负载率

综合负荷模型参数之一的电动机负载率分别取 0.35、0.4、0.47，其他参数采用典型参数，电动机负载率对东北电网冬腰方式吉黑断面送电极限影响见表 8-22，吉黑断面稳定极限变化率以电动机负载率取 0.4 为基准。表 8-22 的计算结果表明：对于综合负荷模型而言，电动机负载率越低，相当于“大马拉小车”，系统稳定水平越高。

表 8-22　电动机负载率对吉黑断面稳定极限影响

电动机负载率	稳定极限/MW	极限变化百分数
0.35	2110	5%
0.4	2010	标准
0.47	1890	−6%

失稳模式分析：表 8-22 中各种模型失稳模式表现为黑龙江电网和主网之间首先失去稳定，振荡中心在 500kV 合心变电站附近。

8.10.5　静态负荷构成

改变综合负荷模型的静态负荷构成，静态负荷分别采用 100%恒定阻抗、100%恒定电流、100%恒定功率，其他参数采用典型参数，静态负荷构成对东北电网冬腰方式吉黑断面送电极限影响见表 8-23，吉黑断面稳定极限变化率以静态负荷采用 30%恒定阻抗＋30%恒定电流＋40%恒定功率为基准。

表 8-23　静态负荷构成对吉黑断面稳定极限影响

静态负荷构成	稳定极限/MW	极限变化百分数
100%恒定阻抗	2185	8%
100%恒定电流	2040	1%
30%Z+30%I+40%P	2010	标准
100%恒定功率	1750	−11%

失稳模式分析：表 8-23 各种模型失稳模式表现为黑龙江电网和主网之间首先失去稳定，振荡中心在 500kV 合心变电站附近。

8.10.6　小结

通过研究综合负荷模型参数(配电网系统电抗、静态负荷功率因数、电动机负载率、静态负荷构成)对 2004 年东北电网冬腰方式吉黑断面稳定极限的影响,分析了严重方式下综合负荷模型参数的灵敏度,具体结论如下:

(1) 在保证黑龙江冯大断面潮流不超过 1400MW、黑龙江西部外送断面潮流不超过 800MW 的条件下,系统失稳模式比较一致,均表现为黑龙江电网和主网之间首先失去稳定,振荡中心在合心变电站附近。对稳定水平影响相对较小。

(2) 在考虑联切伊敏一台机的条件下,系统失稳模式也比较一致,同样表现为黑龙江电网和主网之间首先失去稳定,振荡中心在合心变电站附近。

(3) 配电网系统电抗、静态负荷功率因数、电动机负载率以及静态负荷构成等参数对系统失稳模式和主要断面的稳定极限都有一定影响,其特点是:

① 配电网系统电抗越大,系统稳定水平越低。

② 静态负荷功率因数越低,系统稳定水平越低。

③ 电动机负载率越高,系统稳定水平越低。

④ 一般而言,综合负荷模型静态负荷成分恒定阻抗比例越高,系统稳定水平越高;相反,恒定功率比例越高,系统稳定水平越低。

8.11 结论和建议

1. 结论

(1) 对大扰动试验进行的仿真计算与实测曲线的对比分析表明,影响仿真精度的主要因素是励磁模型参数、负荷模型和小机组。

(2) 应用综合负荷模型和参数,采用调整后的励磁模型和参数并计及小机组的影响,对东北电网 2004 年和 2005 年所做的四次人工三相接地短路试验进行的仿真计算结果表明,仿真曲线与实测曲线吻合较好。

(3) 综合负荷模型弥补了现行负荷模型的不足,模型的物理结构比较合理,具有较好的可操作性,参数的数值选择对计算结果的影响具有一定的鲁棒性,可以较方便地模拟供电负荷系统,包括相关配电网络和无功补偿部分。

(4) 应用综合负荷模型和参数对当时的东北电网进行的仿真计算分析表明,其仿真计算结果优于当时采用的负荷模型,东北-华北联网方式下效果相对更为明显。

(5) 通过必要的扰动试验和在电网故障时录取系统动态数据,进行电网负荷模型校核和修正,建立适用于我国电网的负荷模型的技术路线和研究方法是正确、可行的。

2. 建议

(1) 东北电网特别是与华北、华中电网互联后是一个极其复杂的大型非线性系统,应该看到负荷模型问题的复杂性、艰巨性和长期性,应该采取积极、慎重的态度。

(2) 鉴于综合负荷模型及其拟合参数的相对合理性，以及能较好地拟合东北电网四次人工三相接地短路大扰动试验实测曲线的实际情况，建议在东北电网实际运行有关的稳定计算中试用。为慎重起见，在应用于指导电网实际运行时，应留有足够的裕度，并在实际应用中不断总结完善。

(3) 进一步开展综合负荷模型对于全国联网系统的适应性研究工作，建议由国家电网公司组织各有关单位联合进行。

(4) 在综合负荷模型适应性分析的基础上，进一步开展综合负荷模型的推广应用和有关基础理论的研究，其中包括配电网络的等值、低压网络小发电机组等值、电动机负荷的聚合、相关参数的选配原则等研究工作。

(5) 继续推进东北电网实时动态监测系统(WAMS)的建设，使之覆盖更广泛、布局更合理、功能更完善。通过东北电网实时动态监测系统，捕捉电网故障时系统动态过程，对综合负荷模型及其拟合参数(包括励磁模型及参数)不断地进行校正和完善，是非常必要的，这将是今后一项长期的工作任务。

(6) 继续开展发电机励磁系统(包括 PSS)参数的实测工作，对所有 200MW 及以上容量的火电机组和 50MW 及以上容量的水电机组的励磁系统的模型参数进行实测。

参考文献

[1] 中国电力科学研究院. 东北电网大扰动试验动态数据曲线(华北联网)[R]. 北京：中国电力科学研究院，2004.

[2] 中国电力科学研究院. 东北电网大扰动试验动态数据曲线(华北解列一)[R]. 北京：中国电力科学研究院，2004.

[3] 中国电力科学研究院. 东北电网大扰动试验动态数据曲线(华北解列二)[R]. 北京：中国电力科学研究院，2004.

[4] 中国电力科学研究院. 东北大扰动试验发电机录波图[R]. 北京：中国电力科学研究院，2004.

[5] 中国电力科学研究院. 东北电网大扰动试验测试录波图(DF1024 记录)[R]. 北京：中国电力科学研究院，2004.

[6] 中国电力科学研究院. 东北电网大扰动试验仿真分析[R]. 北京：中国电力科学研究院，2004.

[7] 东北电网有限公司. 东北电网第二次大扰动试验东北电网运行方式数据评估报告[R]. 沈阳：东北电网有限公司，2005.

[8] 中国电力科学研究院. 东北电网第二次大扰动试验系统参数与励磁系统测量数据评估报告[R]. 北京：中国电力科学研究院，2005.

[9] 中国电力科学研究院. 东北电网第二次大扰动试验动态数据曲线(梨树站三相短路)[R].

北京:中国电力科学研究院,2005.
[10] 中国电力科学研究院.东北电网第二次大扰动试验动态数据曲线(哈南站三相短路)[R].北京:中国电力科学研究院,2005.
[11] 中国电力科学研究院.东北电网第二次大扰动试验测试录波图(DF1024)[R].北京:中国电力科学研究院,2005.
[12] 中国电力科学研究院.东北电网第二次大扰动试验发电机录波图[R].北京:中国电力科学研究院,2005.
[13] 中国电力科学研究院.东北电网第二次大扰动试验仿真分析[R].北京:中国电力科学研究院,2005.
[14] 中国电力科学研究院.基于2005年东北电网励磁实测模型参数的补充计算和分析[R].北京:中国电力科学研究院,2005.
[15] 国家电网公司负荷模型研究工作组.负荷模型应用和研究调查报告[R].北京:中国电力科学研究院,2003.
[16] 国家电网公司负荷模型研究工作组.负荷建模技术的现状与发展[J].北京:中国电力科学研究院,2004.
[17] 汤涌.近期东北-华北-华中同步互联系统仿真计算中电动机参数选取的建议[R].北京:中国电力科学研究院,2005.
[18] 陆安定.发电厂变电所及电力系统的无功功率[M].北京:中国电力出版社,2003.
[19] 汤涌,张红斌,侯俊贤,等.考虑配电网络的综合负荷模型[J].电网技术,2007,31(5):34~38.
[20] 张东霞,汤涌,朱方,等.基于仿真计算和事故校验的电力负荷模型校核及调整方法研究[J].电网技术,2007,31(4):24~31.
[21] 王钢,陶家琪,徐兴伟,等.东北电网500kV人工三相接地短路试验总结[J].电网技术,2007,31(4):42~48.
[22] 张东霞,汤涌,朱方,等.东北电网大扰动试验方案研究[J].电网技术,2007,31(4):49~54.
[23] 张红斌,汤涌,张东霞,等.不同负荷模型对东北电网送电能力的影响分析[J].电网技术,2007,31(4):55~58.
[24] 贺仁睦,徐衍会,马进,等.人工三相短路试验数据验证的负荷实测建模方法[J].电网技术,2007,31(4):59~64.
[25] 黄梅,杨少兵.负荷建模中的负荷调查统计分类[J].电网技术,2007,31(4):65~68.
[26] 朱方,汤涌,张东霞,等.发电机励磁和调速器模型参数对东北电网大扰动试验仿真计算的影响[J].电网技术,2007,31(4):69~74.
[27] 汤涌,张东霞,张红斌,等.东北电网大扰动试验仿真计算中的综合负荷模型及其拟合参数[J].电网技术,2007,31(4):75~78.
[28] 侯凯元,刘家庆,邵广惠.配电网综合负荷模型在东北电网稳定计算中的应用[J].电网技术,2007,31(5):21~24.
[29] 徐兴伟,陶家琪,高德宾,等.实时动态监测系统在东北电网负荷建模中的作用[J].电网技

术,2007,31(5):45～49.

[30] 汤涌,张东霞,朱方,等. 东北电网大扰动试验仿真分析研究总报告[R]. 北京:中国电力科学研究院,2005.

[31] 张东霞,汤涌,蒋卫平. 东北电网大扰动试验方案[R]. 北京:中国电力科学研究院,2004.

[32] 蒋卫平,沈晓凡,孙刚,等. 东北电网三相瞬时人工接地试验方案[R]. 北京:中国电力科学研究院,2004.

[33] 蒋宜国,赵红光,朱方,等. 东北电网大扰动试验系统参数与励磁系统测试方案[R]. 北京:中国电力科学研究院,2004.

[34] 张红斌,汤涌,张东霞,等. 综合负荷建模的动模试验验证[R]. 北京:中国电力科学研究院,2005.

[35] IEEE Task Force on Load Representation for Dynamic Performance. Standard load models for power flow and dynamic performance simulation[J]. IEEE Transactions on Power Systems, 1995,10(3):1302～1313.

[36] Pereira L, Kosterev D, Mackin P, et al. An interim dynamic induction motor model for stability studies in the WSCC[J]. IEEE Transactions on Power Systems,2002,17(4):1108～1115.

第9章 我国电网综合负荷模型建模研究

9.1 各区域电网综合负荷模型建模情况

为推动考虑配电网络的综合负荷模型在全国电网推广和应用，2007年国家电网公司启动了“负荷模型参数深化研究和适应性分析”项目的研究工作[1~10]。自此，中国电力科学研究院与东北电网、华北电网、西北电网和华中电网四个区域电网公司合作，首先对这四个区域电网的所有220(330)kV变电站的负荷特性和构成展开普查工作，涉及的负荷站点超过1700多个，并选择了120个变电站对其负荷详细构成及负荷区网络拓扑结构等数据进行详细调查。

在收到各网公司的普查和详细调查数据后，中国电力科学研究院负荷模型工作组对其进行整理和分析，结合统计综合法和综合负荷模型建模方法对所有的220(330)kV变电站进行了分类，并对120个负荷变电站进行了综合负荷模型的建模研究工作，推荐了适用于各区域电网的综合负荷模型参数。

9.1.1 华北电网综合负荷模型建模

华北电网各站目前均采用相同的负荷模型及参数，这显然不符合实际情况。为在华北电网推广应用考虑配电网络的综合负荷模型，提高电网仿真计算的准确度，保障电网安全、可靠、经济地运行，华北电网公司电力调度通信中心与中国电力科学研究院系统研究所2007年开始共同开展了“华北电网负荷模型深化研究及适应性分析”课题研究，组织开展京津唐网、河北南网、山西网、山东省网、内蒙古网内220kV变电站负荷类型调研工作。依据调研资料研究提供京津唐网各地区负荷构成，提供各类典型负荷的综合负荷模型和参数(分夏季和冬季)，并结合华北各省网相关子项目的工作成果，研究负荷模型及参数对华北电网稳定性的影响。

在华北电网有限公司的统一协调下，华北电力调度通信中心与中国电力科学研究院共同开展了“华北电网负荷模型深化研究及适应性分析”课题研究，对华北电网的北京、天津、河北、山西、山东、内蒙古6个省(市、自治区)及冀北5市(唐山、张家口、秦皇岛、承德、廊坊)电力(供电)公司所有220kV变电站进行了负荷普查、调研、统计工作，并对各负荷站点按负荷性质进行了分类，确定了各省(市、自治区)各类负荷需要重点调研的典型负荷站点，并对选取的典型负荷类型变电站分冬季和夏季分别进行详细调查，利用统计综合法得到了各典型变电站的考虑配电网络的综合负荷模型参数。通过合理归并和外推，分别得到了适合各省(市、自治区)的各类负荷(包括工业类、工业居民类、工业农业类、工业居民农业类、商业居民类、居民农业类、钢铁类、高耗能类及电解类负荷)的统一综合负荷模型。另外,还采用了各省(市、自治区)单独开展的相关负荷建模子项目的主要研究成果,通过对天津、河北、山西、山东、内蒙古和冀北5市(由于北京电网负荷构成的特殊性,不考虑在内)的各类统一综合负荷模型进行对比综合,得到了华北全网的各种类型负荷的统一综合负荷模型。

经过普查、详细统计调查以及分析归类,将华北电网220kV变电站根据所供的负荷特性分为工业负荷、工业居民混合负荷、工业农业混合负荷、居民农业混合负荷、商业居民混合负荷、工业居民农业混合负荷、高耗能工业负荷、电解铝工业负荷、钢铁类工业负荷及厂用电负荷。

根据普查和详细调查结果,在华北电网中工业居民负荷所占的比例最大,共占全网总负荷约32.9%,其次是工业负荷约占24.7%,工业居民农业负荷占16.8%,商业居民负荷占7.6%。华北全网各类负荷的详细构成如表9-1所示。

表9-1　华北电网负荷构成

类型	220kV站点数	所占比例/%
工业居民	253	32.9
普通工业	155	24.7
工业居民农业	98	16.8
商业居民	50	7.6
工业农业	23	5.9
钢铁	32	5.4
高耗能	27	5.2
电解铝	5	1.5
总计	643	100

表9-2～表9-11为华北电网的统一综合负荷模型。

1. 工业类负荷

表9-2　各省地区工业类负荷综合负荷模型参数

电动机参数	R_s	X_s	X_m	R_r	X_r	$2H$	电动机比例/%	负载率
	0.016	0.117	3.67	0.0088	0.117	2.85	83	0.4
静态参数	Z_P%	Z_Q%	I_P%	I_Q%	P_P%	P_Q%	R^*	X^*
	25	25	65	65	10	10	0.006	0.068

注:T_j表示电动机惯性时间常数;R_s表示电动机定子电阻;X_s表示电动机定子电抗;X_m表示电动机激磁电抗;R_r表示电动机转子电阻;X_r表示电动机转子电抗;R^*表示配网支路电阻;X^*表示配网支路电抗;Z_P%表示静态有功负荷构成中的恒定阻抗成分;Z_Q%表示静态无功负荷构成中的恒定阻抗成分;I_P%表示静态有功负

荷构成中的恒定电流成分；I_Q%表示静态无功负荷构成中的恒定电流成分；P_P%表示静态有功负荷构成中的恒定功率成分；P_Q%表示静态无功负荷构成中的恒定功率成分。以下同。电动机负载率为40%。

2. 工业居民类负荷

表 9-3　各省地区工业居民类负荷综合负荷模型参数

电动机参数	R_s	X_s	X_m	R_r	X_r	$2H$	电动机比例/%	负载率
	0.03	0.116	3.29	0.011	0.116	2.2	60	0.4
静态参数	Z_P%	Z_Q%	I_P%	I_Q%	P_P%	P_Q%	R^*	X^*
	35	35	45	45	20	20	0.007	0.072

3. 工业农业类负荷

表 9-4　各省地区工业农业类负荷综合负荷模型参数

电动机参数	R_s	X_s	X_m	R_r	X_r	$2H$	电动机比例/%	负载率
	0.02	0.12	3.45	0.009	0.12	2.5	65	0.4
静态参数	Z_P%	Z_Q%	I_P%	I_Q%	P_P%	P_Q%	R^*	X^*
	20	20	70	70	10	10	0.01	0.09

4. 工业居民农业类负荷

表 9-5　各省地区工业居民农业类负荷综合负荷模型参数

电动机参数	R_s	X_s	X_m	R_r	X_r	$2H$	电动机比例/%	负载率
	0.022	0.118	3.4	0.01	0.118	2.3	60	0.4
静态参数	Z_P%	Z_Q%	I_P%	I_Q%	P_P%	P_Q%	R^*	X^*
	25	25	55	55	20	20	0.006	0.07

5. 商业居民类负荷统一综合负荷模型

表 9-6　华北全网商业居民类负荷统一综合负荷模型参数

电动机参数	R_s	X_s	X_m	R_r	X_r	$2H$	电动机比例/%	负载率
	0.082	0.1	2.11	0.07	0.1	0.86	55	0.4
静态参数	Z_P%	Z_Q%	I_P%	I_Q%	P_P%	P_Q%	R^*	X^*
	35	35	40	40	25	25	0.0007	0.04

6. 居民农业类负荷

表 9-7　华北全网居民农业类负荷统一综合负荷模型参数

电动机参数	R_s	X_s	X_m	R_r	X_r	$2H$	电动机比例/%	负载率
	0.03	0.124	3.0	0.017	0.124	1.5	70	0.4
静态参数	Z_P%	Z_Q%	I_P%	I_Q%	P_P%	P_Q%	R^*	X^*
	20	20	40	40	40	40	0.013	0.11

除了上述 6 类常用负荷模型外，华北电网尚存在一定容量的特殊负荷，例如钢铁工业和高耗能工业，其参数如下所述。

7. 钢铁工业类负荷统一综合负荷模型

表 9-8　华北全网钢铁类负荷统一综合负荷模型参数

电动机参数	R_s	X_s	X_m	R_r	X_r	$2H$	电动机比例/%	负载率
	0.0132	0.1168	3.7	0.0089	0.1168	3.0	80	0.4
静态参数	Z_P%	Z_Q%	I_P%	I_Q%	P_P%	P_Q%	R^*	X^*
	0	0	100	100	0	0	0	0

8. 高耗能工业类负荷统一综合负荷模型

表 9-9　华北全网高耗能类负荷统一综合负荷模型参数

电动机参数	R_s	X_s	X_m	R_r	X_r	$2H$	电动机比例/%	负载率
	0.013	0.117	3.72	0.0085	0.117	2.9	50	0.4
静态参数	Z_P%	Z_Q%	I_P%	I_Q%	P_P%	P_Q%	R^*	X^*
	5	5	90	90	5	5	0.008	0.08

9. 电解类工业负荷统一综合负荷模型

表 9-10　华北全网电解类负荷统一综合负荷模型参数

电动机参数	R_s	X_s	X_m	R_r	X_r	$2H$	电动机比例/%	负载率
	0.0132	0.1168	3.7	0.0089	0.1168	3.0	10	0.4
静态参数	Z_P%	Z_Q%	I_P%	I_Q%	P_P%	P_Q%	R^*	X^*
	0	0	100	100	0	0	0	0

10. 厂用电负荷统一综合负荷模型

表 9-11 华北全网厂用电负荷统一综合负荷模型参数

电动机参数	R_s	X_s	X_m	R_r	X_r	$2H$	电动机比例/%	负载率
	0.013	0.14	2.4	0.009	0.12	3.0	100	0.4
静态参数	Z_P%	Z_Q%	I_P%	I_Q%	P_P%	P_Q%	R^*	X^*
	0	0	0	0	0	0	0	0

注:厂用电电动机负载率为 70%。

另外,北京作为现代大都市,其负荷构成及特性具有一定特殊性和代表性,不宜与华北电网其他省(市)的模型参数进行归并,作为特殊负荷处理。其他大型商业城市负荷模型可以借鉴北京的负荷模型。

9.1.2 西北电网综合负荷模型建模

根据西北电网负荷类型普查结果,拟订选取非高耗能工业负荷、电解类高耗能工业负荷、混合类高耗能工业负荷、工业居民混合负荷、非高耗能工业农业混合负荷、高耗能工业农业混合负荷、工业居民农业混合负荷类型变电站 7 种类型的典型 330(220)kV 站点,开展配电网络、负荷构成和负荷特性的详细调查。

普查结果显示,西北电网 2007 年夏季大方式时普查的 330(220)kV 负荷站点共 103 个,其中工业居民负荷站点最多,有 32 个,其次是 20 个非高耗能工业负荷站点。表 9-12 为西北电网 2007 年夏季大方式下的负荷构成情况。从表 9-12 可见,陕西普查的 31 个 330(220)kV 负荷站点中工业居民混合负荷类型站点最多,有 20 个;宁夏普查的 26 个 330(220)kV 负荷站点中工业居民混合负荷类型站点最多,有 12 个;甘肃普查的 37 个 330(220)kV 负荷站点中工业居民农业混合负荷类型站点最多,有 9 个;青海普查的 9 个 330(220)kV负荷站点中混合高耗能工业负荷类型和工业居民混合负荷类型站点最多,各有 2 个。

表 9-12 西北电网 2007 年夏季大方式负荷构成

类型	330(220)kV 站点数				
	陕西	甘肃	宁夏	青海	总计
非高耗能工业	3	4	12	1	20
电解类高耗能工业	1	5	1	1	8

续表

类型	330(220)kV 站点数				
	陕西	甘肃	宁夏	青海	总计
混合高耗能工业	1	4	4	2	11
居民	0	0	2	0	2
工业居民	20	7	3	2	32
非高耗能工业农业	3	1	1	0	5
高耗能工业农业	0	7	0	1	8
工业居民农业	3	9	3	2	17
总计	31	37	26	9	103

表 9-13～表 9-20 为西北电网的统一综合负荷模型。

1. 非高耗能工业负荷类型统一综合负荷模型

表 9-13　西北全网非高耗能工业负荷统一综合负荷模型参数

电动机参数	R_s	X_s	X_m	R_r	X_r	$2H$	电动机比例/%	负载率
	0.014	0.117	3.7	0.009	0.117	2.9	80	0.4
静态参数	Z_P%	Z_Q%	I_P%	I_Q%	P_P%	P_Q%	R^*	X^*
	10	10	85	85	5	5	0.005	0.1

2. 工业居民负荷类型统一综合负荷模型

表 9-14　西北全网工业居民负荷统一综合负荷模型参数

电动机参数	R_s	X_s	X_m	R_r	X_r	$2H$	电动机比例/%	负载率
	0.02	0.12	3.5	0.01	0.12	2.55	65	0.4
静态参数	Z_P%	Z_Q%	I_P%	I_Q%	P_P%	P_Q%	R^*	X^*
	25	25	65	65	10	10	0.007	0.09

3. 普通工业农业负荷类型统一综合负荷模型

表 9-15　西北全网普通工业农业负荷统一综合负荷模型参数

电动机参数	R_s	X_s	X_m	R_r	X_r	$2H$	电动机比例/%	负载率
	0.02	0.12	3.35	0.012	0.12	2.4	75	0.4
静态参数	Z_P%	Z_Q%	I_P%	I_Q%	P_P%	P_Q%	R^*	X^*
	10	10	80	80	10	10	0.003	0.055

4. 高耗能工业农业负荷类型统一综合负荷模型

表 9-16 西北全网高耗能工业农业负荷统一综合负荷模型参数

电动机参数	R_s	X_s	X_m	R_r	X_r	$2H$	电动机比例/%	负载率
	0.02	0.12	3.4	0.011	0.12	2.45	45	0.4
静态参数	Z_P%	Z_Q%	I_P%	I_Q%	P_P%	P_Q%	R^*	X^*
	5	5	90	90	5	5	0.01	0.09

5. 工业居民农业类型统一综合负荷模型

表 9-17 西北全网工业居民农业负荷统一综合负荷模型参数

电动机参数	R_s	X_s	X_m	R_r	X_r	$2H$	电动机比例/%	负载率
	0.018	0.12	3.5	0.011	0.12	2.5	50	0.4
静态参数	Z_P%	Z_Q%	I_P%	I_Q%	P_P%	P_Q%	R^*	X^*
	25	25	60	60	15	15	0.002	0.05

6. 特殊负荷类型统一综合负荷模型

1）直供电解类

表 9-18 西北全网电解类负荷统一综合负荷模型参数

电动机参数	R_s	X_s	X_m	R_r	X_r	$2H$	电动机比例/%	负载率
	0.013	0.117	3.8	0.009	0.117	2.81	10	0.4
静态参数	Z_P%	Z_Q%	I_P%	I_Q%	P_P%	P_Q%	R^*	X^*
	0	0	100	100	0	0	0	0

2）混合高耗能类

表 9-19 西北全网混合高耗能负荷统一综合负荷模型参数

电动机参数	R_s	X_s	X_m	R_r	X_r	$2H$	电动机比例/%	负载率
	0.014	0.117	3.7	0.009	0.117	2.93	25	0.4
静态参数	Z_P%	Z_Q%	I_P%	I_Q%	P_P%	P_Q%	R^*	X^*
	0	0	100	100	0	0	0.01	0.11

7. 厂用电负荷统一综合负荷模型

表 9-20 西北全网厂用电负荷统一综合负荷模型参数

电动机参数	R_s	X_s	X_m	R_r	X_r	$2H$	电动机比例/%	负载率
	0.013	0.14	2.4	0.009	0.12	3.0	100	0.7
静态参数	Z_P%	Z_Q%	I_P%	I_Q%	P_P%	P_Q%	R^*	X^*
	—	—	—	—	—	—	0.0	0.0

9.1.3 华中电网综合负荷模型建模

经过普查、详细统计调查以及分析归类，将华中电网220kV变电站根据所供的负荷特性分为工业负荷、工业居民混合负荷、商业居民混合负荷、工业农业混合负荷、居民农业混合负荷、工业居民农业混合负荷、电解类工业负荷和钢铁工业类负荷8大类。

根据华中电网所提供的方式数据，华中电网的220kV负荷站点约有700个，其中工业居民负荷站点最多，共有390个，其次是工业负荷站点，有113个。表9-21为华中电网大方式下各类负荷的构成情况。华中电网大方式下，工业居民负荷容量占全网总负荷的比重最大，达55.76%；工业负荷容量所占比重仅次于工业居民负荷，为15.66%；高耗能电解类负荷比较多，占全网负荷的8.8%；华中电网的商业居民负荷的比例也较高，约占全网总负荷的6.11%。另外，华中电网厂用电负荷容量约占全网总负荷的9.6%。

表 9-21 华中电网大方式负荷构成

类型	220kV负荷站点数	所占比例/%
工业	113	15.66
工业居民	390	55.76
商业居民	36	6.11
工业农业	18	2.68
居民农业	12	2.23
工业居民农业	66	5.22
电解	36	8.80
钢铁	29	3.53
总计	700	100

表9-22～表9-30为华中电网的统一综合负荷模型。

1. 工业负荷类型

表 9-22 华中全网工业负荷综合负荷模型参数

电动机参数	R_s	X_s	X_m	R_r	X_r	$2H$	电动机比例/%	负载率
	0.018	0.117	3.6	0.009	0.117	2.8	75	0.4
静态参数	Z_P%	Z_Q%	I_P%	I_Q%	P_P%	P_Q%	R^*	X^*
	10	10	85	85	5	5	0.003	0.07

2. 商业居民负荷类型

表 9-23 华中全网商业居民负荷综合负荷模型参数

电动机参数	R_s	X_s	X_m	R_r	X_r	$2H$	电动机比例/%	负载率
	0.083	0.095	2.1	0.046	0.095	0.93	45	0.4
静态参数	Z_P%	Z_Q%	I_P%	I_Q%	P_P%	P_Q%	R^*	X^*
	20	20	55	55	25	25	0.001	0.07

3. 工业居民负荷类型

表 9-24 华中全网工业居民负荷综合负荷模型参数

电动机参数	R_s	X_s	X_m	R_r	X_r	$2H$	电动机比例/%	负载率
	0.03	0.116	3.3	0.012	0.116	2.3	50	0.4
静态参数	Z_P%	Z_Q%	I_P%	I_Q%	P_P%	P_Q%	R^*	X^*
	25	25	55	55	20	20	0.007	0.07

4. 工业农业负荷类型

表 9-25 华中全网工业农业负荷综合负荷模型参数

电动机参数	R_s	X_s	X_m	R_r	X_r	$2H$	电动机比例/%	负载率
	0.035	0.111	3.11	0.01	0.111	2.4	65	0.4
静态参数	Z_P%	Z_Q%	I_P%	I_Q%	P_P%	P_Q%	R^*	X^*
	20	20	60	60	20	20	0.002	0.05

5. 居民农业负荷类型

表 9-26 华中全网居民农业负荷综合负荷模型参数

电动机参数	R_s	X_s	X_m	R_r	X_r	$2H$	电动机比例/%	负载率
	0.046	0.114	2.76	0.017	0.114	1.67	35	0.4
静态参数	$Z_P\%$	$Z_Q\%$	$I_P\%$	$I_Q\%$	$P_P\%$	$P_Q\%$	R^*	X^*
	20	20	60	60	20	20	0.014	0.1

6. 工业居民农业负荷类型

表 9-27 华中全网工业居民农业负荷综合负荷模型参数

电动机参数	R_s	X_s	X_m	R_r	X_r	$2H$	电动机比例/%	负载率
	0.027	0.116	3.3	0.01	0.116	2.5	45	0.4
静态参数	$Z_P\%$	$Z_Q\%$	$I_P\%$	$I_Q\%$	$P_P\%$	$P_Q\%$	R^*	X^*
	15	15	75	75	10	10	0.02	0.09

7. 钢铁工业负荷类型

表 9-28 华中全网钢铁负荷综合负荷模型参数

电动机参数	R_s	X_s	X_m	R_r	X_r	$2H$	电动机比例/%	负载率
	0.013	0.117	3.7	0.0089	0.117	3.0	80	0.4
静态参数	$Z_P\%$	$Z_Q\%$	$I_P\%$	$I_Q\%$	$P_P\%$	$P_Q\%$	R^*	X^*
	0	0	100	100	0	0	0	0

8. 电解工业负荷类型

表 9-29 华中全网电解工业负荷综合负荷模型参数

电动机参数	R_s	X_s	X_m	R_r	X_r	$2H$	电动机比例/%	负载率
	0.013	0.117	3.7	0.0089	0.117	3.0	10	0.4
静态参数	$Z_P\%$	$Z_Q\%$	$I_P\%$	$I_Q\%$	$P_P\%$	$P_Q\%$	R^*	X^*
	0	0	100	100	0	0	0	0

9. 厂用电负荷类型

表 9-30　华中全网厂用电负荷综合负荷模型参数

电动机参数	R_s	X_s	X_m	R_r	X_r	$2H$	电动机比例/%	负载率
	0.013	0.14	2.4	0.009	0.12	3.0	100	0.7
静态参数	Z_P%	Z_Q%	I_P%	I_Q%	P_P%	P_Q%	R^*	X^*
	—	—	—	—	—	—	—	—

注：厂用电负荷的电动机负载率为 70%。

9.1.4　东北电网综合负荷模型建模

将东北电网 220kV 变电站根据所供的负荷特性分为工业负荷、商业居民混合负荷、工业居民混合负荷、工业农业混合负荷、居民农业混合负荷、工业居民农业混合负荷、石油类工业、钢铁类工业、电解类高耗能工业负荷 9 大类。

根据东北电网所提供的方式数据，东北电网的 220kV 负荷站点约有 274 个，其中工业居民负荷站点最多，共有 84 个，其次是工业农业和工业居民农业负荷站点，各有 51 个。表 9-31 为东北电网大方式下的各类负荷的构成情况。东北电网大方式下，工业居民负荷容量占全网总负荷的比重最大，达 32.36%；东北电网工业负荷容量所占比重仅次于工业居民负荷，为 23.52%；工业农业混合类负荷也比较多，占全网负荷的 16.12%；东北电网的工业居民农业混合负荷的比例也较高，约占全网总负荷的 10.6%。

表 9-31　东北电网大方式负荷构成

类型	220kV 负荷站点数	所占比例/%
工业	48	23.52
商业居民	10	4.67
工业居民	84	32.36
工业农业	51	16.12
居民农业	15	2.76
工业居民农业	51	10.60
石油	6	3.97
钢铁	6	3.80
电解类高耗能	3	2.21
总计	274	100

表 9-32～表 9-41 为东北电网的统一综合负荷模型。

1. 工业负荷类型

表 9-32 东北全网工业负荷统一综合负荷模型参数

电动机参数	R_s	X_s	X_m	R_r	X_r	$2H$	电动机比例/%	负载率
	0.015	0.117	3.68	0.009	0.117	3.0	75	0.4
静态参数	$Z_P\%$	$Z_Q\%$	$I_P\%$	$I_Q\%$	$P_P\%$	$P_Q\%$	R^*	X^*
	20	20	70	70	10	10	0.006	0.07

2. 商业居民负荷类型

表 9-33 东北全网商业居民负荷统一综合负荷模型参数

电动机参数	R_s	X_s	X_m	R_r	X_r	$2H$	电动机比例/%	负载率
	0.032	0.096	2.69	0.032	0.096	1.003	20	0.4
静态参数	$Z_P\%$	$Z_Q\%$	$I_P\%$	$I_Q\%$	$P_P\%$	$P_Q\%$	R^*	X^*
	20	20	50	50	30	30	0.001	0.07

3. 工业居民负荷类型

表 9-34 东北全网工业居民负荷统一综合负荷模型参数

电动机参数	R_s	X_s	X_m	R_r	X_r	$2H$	电动机比例/%	负载率
	0.02	0.12	3.45	0.012	0.12	2.3	45	0.4
静态参数	$Z_P\%$	$Z_Q\%$	$I_P\%$	$I_Q\%$	$P_P\%$	$P_Q\%$	R^*	X^*
	30	30	45	45	25	25	0.002	0.05

4. 工业农业负荷类型

表 9-35 东北全网工业农业混合负荷统一综合负荷模型参数

电动机参数	R_s	X_s	X_m	R_r	X_r	$2H$	电动机比例/%	负载率
	0.017	0.12	3.6	0.01	0.12	2.7	45	0.4
静态参数	$Z_P\%$	$Z_Q\%$	$I_P\%$	$I_Q\%$	$P_P\%$	$P_Q\%$	R^*	X^*
	10	10	80	80	10	10	0.02	0.1

5. 居民农业负荷类型

表 9-36 东北全网居民农业负荷统一综合负荷模型参数

电动机参数	R_s	X_s	X_m	R_r	X_r	$2H$	电动机比例/%	负载率
	0.019	0.122	3.515	0.012	0.122	2.47	20	0.4
静态参数	Z_P%	Z_Q%	I_P%	I_Q%	P_P%	P_Q%	R^*	X^*
	10	10	80	80	10	10	0.02	0.06

6. 工业居民农业负荷类型

表 9-37 东北全网工业居民农业混合负荷统一综合负荷模型参数

电动机参数	R_s	X_s	X_m	R_r	X_r	$2H$	电动机比例/%	负载率
	0.018	0.12	3.5	0.011	0.12	2.5	50	0.4
静态参数	Z_P%	Z_Q%	I_P%	I_Q%	P_P%	P_Q%	R^*	X^*
	25	25	60	60	15	15	0.02	0.08

7. 石油工业负荷类型

表 9-38 东北全网石油负荷统一综合负荷模型参数

电动机参数	R_s	X_s	X_m	R_r	X_r	$2H$	电动机比例/%	负载率
	0.014	0.117	3.7	0.009	0.117	3.0	85	0.4
静态参数	Z_P%	Z_Q%	I_P%	I_Q%	P_P%	P_Q%	R^*	X^*
	25	25	75	75	0	0	0.01	0.07

8. 钢铁工业负荷类型

表 9-39 东北全网钢铁负荷统一综合负荷模型参数

电动机参数	R_s	X_s	X_m	R_r	X_r	$2H$	电动机比例/%	负载率
	0.013	0.117	3.7	0.0089	0.117	3.0	80	0.4
静态参数	Z_P%	Z_Q%	I_P%	I_Q%	P_P%	P_Q%	R^*	X^*
	0	0	100	100	0	0	0	0

9. 电解工业负荷类型

表 9-40　东北全网电解工业负荷统一综合负荷模型参数

电动机参数	R_s	X_s	X_m	R_r	X_r	$2H$	电动机比例/%	负载率
	0.013	0.117	3.7	0.0089	0.117	3.0	10	0.4
静态参数	Z_P%	Z_Q%	I_P%	I_Q%	P_P%	P_Q%	R^*	X^*
	0	0	100	100	0	0	0	0

10. 厂用电负荷类型

表 9-41　东北全网厂用电负荷统一综合负荷模型参数

电动机参数	R_s	X_s	X_m	R_r	X_r	$2H$	电动机比例/%	负载率
	0.013	0.14	2.4	0.009	0.12	3.0	100	0.7
静态参数	Z_P%	Z_Q%	I_P%	I_Q%	P_P%	P_Q%	R^*	X^*
	—	—	—	—	—	—	—	—

注:厂用电负荷的电动机负载率为70%。

9.1.5 浙江电网综合负荷模型建模

自2007年开始,浙江省电力试验研究院与中国电力科学研究院系统研究所、温州电业局共同开展了“浙江电网负荷模型研究”课题,组织开展浙江电网内220kV变电站负荷类型调研工作,依据调研资料研究浙江电网负荷构成,提出各类典型负荷的综合负荷模型和参数。

经过详细统计分析,浙江电网220kV变电站可分为三种主要负荷类型,即工业负荷、商业居民混合负荷和工业居民混合负荷。分别选择典型的变电站上田、永强和城西进行负荷详细调查、统计和分析,通过对各站的调查数据进行统计分析计算,确定负荷设备类型、各设备类型占有的比例和设备类型参数;对所有设备类型进行综合计算,将其综合成一组负荷模型参数,从而建立了三种类型的220kV变电站的综合负荷模型,见表9-42～表9-44。对这三个220kV变电站负荷的综合负荷模型和原系统(包括原系统负荷区的110kV配电网络、无功补偿,以及110kV、35kV、10kV负荷节点的系统)进行仿真对比,验证了综合负荷模型的有效性。

此外,为准确模拟110kV变电站负荷,对110kV双岭变电站也进行了综合负荷模型建模研究。

表 9-42 浙江电网工业类综合负荷模型参数

电动机参数	R_s	X_s	X_m	R_r	X_r	A	B	$2H$	电动机比例/%
	0.015	0.118	3.676	0.01	0.118	0.85	0	2.84	70
静态参数	Z_P%	Z_Q%	I_P%	I_Q%	P_P%	P_Q%	R^*	X^*	静态负荷功率因数
	10	10	70	70	20	20	0.003	0.078	0.85

表 9-43 浙江电网商业居民类综合负荷模型参数

电动机参数	R_s	X_s	X_m	R_r	X_r	A	B	$2H$	电动机比例/%
	0.023	0.126	3.39	0.0136	0.126	0.85	0	2.14	35
静态参数	Z_P%	Z_Q%	I_P%	I_Q%	P_P%	P_Q%	R^*	X^*	静态负荷功率因数
	33	33	32	32	35	35	0.002	0.062	0.85

表 9-44 浙江电网工业居民类综合负荷模型参数

电动机参数	R_s	X_s	X_m	R_r	X_r	A	B	$2H$	电动机比例/%
	0.015	0.118	3.67	0.01	0.118	0.85	0	2.82	55
静态参数	Z_P%	Z_Q%	I_P%	I_Q%	P_P%	P_Q%	R^*	X^*	静态负荷功率因数
	34	34	43	43	23	23	0.004	0.081	0.85

9.2 综合负荷模型应用管理细则

9.2.1 建立综合负荷模型数据库

根据统计综合法和综合负荷模型建模方法建立适合于各区域电网的综合负荷模型，组建各区域电网的综合负荷模型数据库。

9.2.2 规划负荷站点的综合负荷模型应用细则

对于规划中的220kV(或330kV)变电站如何使用综合负荷模型，如果已经明确知道该变电站所供负荷的类型，如工业负荷、电解铝负荷等，则可直接套用综合负荷模型数据库中该类负荷的综合负荷模型参数；否则采用数据库中的工业居民负荷的综合负荷模型参数(因为根据普查结果，工业居民混合负荷在各区域电网中所占的比例均是最大的)。

9.2.3　已投入运行中的负荷站点的综合负荷模型应用细则

对于已投入运行中的 220kV(或 330kV)变电站,如果已确定该负荷站点所供负荷的类型,则可直接套用综合负荷模型数据库中相应类型的综合负荷模型参数;如果没有该站的普查数据而无法对其进行分类,则应对该站的负荷特性进行普查以确定其负荷类型,然后直接套用相应类型的综合负荷模型参数。

参考文献

[1] 邱丽萍,赵兵,张文朝,等. 综合负荷模型对大区互联电网稳定特性的影响[J]. 电网技术,2010,34(10): 82～87.

[2] 邱丽萍,张文朝,汤涌,等. 华北电网综合负荷建模研究[J]. 电网技术,2010,34(3): 72～78.

[3] 王琦,张文朝,汤涌,等. 统计综合法负荷建模中的调查方法及应用[J]. 电网技术,2010,34(2): 104～108.

[4] 汤涌,赵兵,张文朝,等. 综合负荷模型参数的深化研究及适应性分析[J]. 电网技术,2010,34(2): 57～63.

[5] 赵兵,汤涌,张文朝,等. 基于故障拟合法的综合负荷模型验证与校核[J]. 电网技术,2010,34(1): 45～50.

[6] 王琦,邱丽萍,张文朝,等. 负荷模型参数模型深化研究及适应性分析[R]. 北京:中国电力科学研究院,2009.

[7] 赵兵. 综合负荷模型建模理论及各类负荷的典型结构和参数研究[R]. 北京:中国电力科学研究院,2009.

[8] 王琦,赵兵,张文朝. 适用于各区域电网的综合负荷模型(SLM)的典型参数研究[R]. 北京:中国电力科学研究院,2009.

[9] 邱丽萍,赵兵,张文朝. 负荷模型深化研究及适应性分析[R]. 北京:中国电力科学研究院,2009.

[10] 赵兵,邱丽萍,王琦,等. 综合负荷模型在各区域电网的应用[R]. 北京:中国电力科学研究院,2009.

第 10 章 负荷模型对仿真的影响与建模原则

10.1 负荷模型对电力系统仿真计算的影响

电力系统的数字仿真已成为电力系统规划设计、调度运行和分析研究的主要工具，电力系统各元件的数学模型以及由其构成的全系统数学模型是电力系统数字仿真的基础，模型的准确与否直接影响着仿真结果和以此为基础的决策方案。仿真所用模型和参数是仿真准确性的重要决定因素。目前发电机组和输电网络的模型已比较成熟，相对而言，负荷模型仍较简单，主要采用经验性的典型模型和参数。

随着电力系统的不断发展，电力系统的复杂程度加强、规模扩大、稳定性问题更突出，负荷模型对系统计算结果的影响已变得不容忽视。大量仿真计算和试验验证表明[1~91]：负荷特性对系统仿真计算结果具有重要影响，不同的负荷模型对系统潮流、短路电流、暂态稳定、动态稳定、电压稳定、频率稳定的仿真计算结果都具有不同程度的影响，进而对以仿真计算为基础的电力系统发展规划方案、运行方式和安全稳定控制措施都会产生重大影响。

10.1.1 负荷模型对潮流计算的影响

IEEE 负荷建模工作组 1988 年在北美电力系统的 30 多个企业的问卷调查结果显示，在事故前后的静态潮流计算中，绝大多数采用恒定功率负荷模型，仅少数采用功率依电压变化的负荷模型[1]。在潮流计算中，当电网运行条件良好时，节点电压运行于额定值附近，采用恒定功率负荷模型的潮流计算一般不存在收敛性问题。但对于运行条件恶化的电网，如故障后断开线路或切除发电机组等，系统电压偏离额定值较大时，采用恒定功率负荷模型的潮流计算则存在收敛性问题，而采用考虑实际负荷功率随电压变化特性的负荷模型(如 ZIP 模型或幂函数模型等)时，潮流计算的收敛性就可以得到改善。也就是说，采用恰当的负荷模型能改善潮流的收敛性及故障后潮流计算的精度。

需要指出的是，正常潮流计算的主要任务是确定在给定的负荷功率和发电出力条件下的系统潮流分布，如果采用非恒定功率模型，虽然提高了潮流计算的收敛性，但是潮流计算收敛后，负荷节点的功率可能偏离给定值。如果要得到给定的负荷功率，就需要反复调整计算。因此，功率依电压变化的负荷模型，主要适用于故障后的潮流计算。

10.1.2　负荷模型对短路电流的影响

随着电网结构的不断加强,短路电流超标问题日益突出。如果短路电流计算偏大,则可能导致安装或更换大容量断路器,使电网运行经济性较差;如果短路电流计算结果偏小,则可能导致设备损坏,给系统的安全运行带来隐患。

不同负荷模型对系统短路电流计算结果的影响是不同的,需要深入研究负荷模型对短路电流计算结果的影响,确定符合实际的负荷模型。

静态负荷模型不提供短路电流,对于远端短路点的短路电流有分流作用。其中,恒定阻抗负荷分流效果最为不明显,恒定功率负荷分流效果最为明显。所以将静态负荷作为恒定阻抗负荷的处理方式,得到的短路电流计算结果偏大。

感应电动机负荷模型提供短路电流。感应电动机反馈的短路电流大小与电动机容量成正比;在综合负荷模型中,如果感应电动机负荷的比例偏大,将导致短路电流偏大,反之,则导致短路电流偏小。

配电网络的阻抗会使短路电流减小。所以,考虑配电网络的综合负荷模型中,还要准确模拟配电网络阻抗。

文献[2]从短路电流技术标准制定、实用计算方法等方面分析了我国短路电流计算中对负荷模型的处理。以河南电网为例,分析了负荷模型对河南电网电流计算的影响,指出负荷模型对计算结果影响较大,并认为:现用的暂态稳定计算负荷模型未充分考虑各地区负荷的不同特点,计算结果偏于保守;使用考虑配电网络的综合负荷模型的计算结果更为合理。因此,在短路电流计算时,选取负荷模型尤其是感应电动机负荷模型的参数应慎重,建议选择考虑配电网络的综合负荷模型。

10.1.3　负荷模型对暂态稳定计算的影响

在系统受到扰动后的第一、二功角摇摆周期内,一般会出现电压降低的情况,特别是振荡中心附近。在此期间,负荷模型对暂态稳定计算的影响主要是通过负荷功率随电压、频率的变化而影响作用于发电机转子上的加速或减速转矩来表现的,也就是说,负荷消耗的功率随电压的变化将影响发电机的输入输出功率的不平衡,进而影响功角的偏移和系统的暂态稳定性。在对实际负荷特性缺乏了解的情况下,人们一直认为采用保守的负荷模型可以确保系统的安全运行,实际上由于电力系统的复杂性,同一种负荷模型处于系统的不同地点和在不同的故障条件下对系统稳定的影响不同,很难找到一个负荷模型使得系统的仿真计算结果总是偏于保守[1]。例如,实际负荷特性为恒定电流,其功率随电压幅值变化,而采用恒定阻抗模型来表示时,负荷功率随电压的平方变化,当负荷点位于加速的发电机附近,得到的分析结果偏于保守,因为恒定阻抗模型加剧了发电和功率消耗的不平衡;若负荷位于减速的发电机附近,则得到的分析结果偏于冒进。相反，用恒定功率模型表示恒定电流特性时，若负荷位于加速的发电机附近，得到的分析结果偏于冒进；若负荷位于减速的发电机附近，得到的分析结果则偏于保守。所以有必要对分析系统建立切合实际的负荷模型，而不能根据经验一概地采用某种负荷特性。

研究结果表明，采用静态负荷模型不足以准确描述系统在电压和频率变化较大情况下的负荷特性。例如，文献[3]在研究加拿大安大略西北部一个局部系统从互联大系统解列后的动态行为时，发现采用静态负荷模型和采用动态模型的计算结果相去甚远，所以该文献特别强调在较大电压、频率波动情况下的暂态稳定计算中采用动态负荷模型的必要性。

文献[4]认为，对于送端电网，电动机负荷有利于提高暂态稳定性；对于受端电网，电动机负荷的作用要具体分析。因此，对于送端电网，必须注意负荷模型的选取，保证模型和参数的准确度。采用电动机模型得到的计算结果需要在实际运行中比较其可信度，电动机在综合动态负荷中的比例以及恒定功率、恒定电流、恒定阻抗负荷的比例也需根据实际运行情况确定。

需要指出的是，在评价负荷模型对暂态稳定的影响时应主要考察负荷模型对诸如最大传输功率、故障极限切除时间等极限状态的影响。

10.1.4 负荷模型对小扰动动态稳定计算的影响

随着电网规模的扩大和区域电网互联，电力系统小扰动稳定问题越来越突出。在某些情况下，小扰动稳定性较弱所引起的低频振荡问题甚至成为限制电网发电能力、阻碍大型机组按设计满负荷并网发电的关键。

低频振荡过程常常引起系统的电压和频率变化，在这些情况下，负荷的电压和频率特性对振荡阻尼特性计算有明显的影响，特别是位于参与因子较高的机组和振荡中心附近的负荷特性，对系统的阻尼计算结果有很大的影响。普遍认为负荷的频率特性对系统的阻尼具有重要影响。

区域振荡可能涉及分布于系统中的许多发电机组，造成系统电压、频率的显著变化。在这种情况下，负荷的电压、频率特性对振荡的阻尼具有重要影响[5,6]。振荡阻尼的来源除励磁控制系统外，还有负荷特性、原动机转矩-速度特性和发电机阻尼绕组。对于大区互联系统，随着发电机间阻抗的增大，系统阻尼变弱，动态稳定问题更加突出。在分析区域振荡时，除考虑发电机励磁控制系统的作用外，原动机转矩-速度特性和负荷特性则是应该考虑的重要因素[7]。

文献[8]研究了动静态负荷特性对跨区域互联电网低频振荡阻尼特性的影响。得出了两点结论：①当系统采用统一的静态负荷模型时，系统振荡模式的阻尼比按照恒定阻抗、恒定电流、恒定功率的顺序逐渐减小；②当系统采用综合的动态负荷模型时，系统振荡模式的阻尼比随着感应电动机比例的增加逐渐增大。当系统采用综合动态负荷模型时，系统产生的阻尼转矩系数，与感应电动机的参数有很大关系。文献[9]认为送端负荷中的感应电动机增加阻尼，而受端负荷中的感应电动机却恶化阻尼。

文献[10]应用时域仿真和小扰动方法分析不同的机端负荷特性对系统阻尼的影响。得出两点结论：①机端负荷特性对系统阻尼的影响很大，电压变化越大，负荷吸收功率的灵敏度越高，负荷对阻尼的影响越大；②系统中负荷与 PSS 相互作用，不同负荷特性影响 PSS 控制信号的幅值和相位，在 PSS 整定计算中往往忽略了负荷的影响，采取所谓保守的做法，造成很大的误差，使得保守与冒进易位，在系统重负荷条件下表现尤为突出。

文献[11]关于负荷模型和参数对机电振荡模式阻尼特性的影响，给出了以下 7 点结论：

(1) 不同负荷模型对机电振荡模型的阻尼影响不同，在电力系统动态稳定性的研究中，应给予足够的重视。

(2) 有功功率频率因子对区域间振荡模式阻尼的影响的性质与联络线潮流的方向无关。正的有功功率频率因子提高区域间振荡模式阻尼，负的有功功率频率因子降低区域间振荡模式阻尼。

(3) 研究结果表明，负荷对振荡模式阻尼的影响与下述因素有关：使用的模型；负荷处于送端或受端；发电机有没有励磁调节器(AVR)、有没有电力系统稳定器(PSS)；互联系统联络线有功潮流的大小和方向。因此，不能简单地认为使用恒定功率模型(有负电阻特性)时的阻尼就一定比使用恒定阻抗(有正电阻特性)时的阻尼坏，在工程计算中，应尽量使用符合实际的负荷模型。

(4) 恒定功率负荷与电动机负荷对区域间振荡模式阻尼的影响在性质上基本相同。

(5) 由于负荷模型对区域间振荡模式阻尼的影响与发电机是否有 AVR、是否有 PSS 有关，因此在作负荷模型的拟合时，必须使用能反映实际励磁系统特性的励磁系统数学模型和参数。

(6) 实际大区互联系统负荷模型对区域间振荡模式阻尼的影响非常复杂，要找到规律性的结论，尚需进行更深入、更广泛的研究。

(7) 建议采用模型结构更符合实际的负荷模型和由统计综合法或实测辨识法得到的模型参数，并加强负荷模型参数的建模与验证工作。

总之，不同负荷类型对系统动态稳定的影响不同，负荷所处的位置、负荷的构成对系统动态稳定性也存在一定影响。具体的影响与系统运行状态、系统结构等因素相关。对于互联系统，负荷模型对区域间振荡模式阻尼的影响比简单系统要复杂得多，要找到规律性的结论，尚需进行更深入、更广泛的研究。

10.1.5　负荷模型对电压稳定计算的影响

电压稳定的计算与电力系统其他的定量计算相比较，对负荷模型的依赖程度更强。在电压稳定问题分析的文献中，凡提及电压稳定影响因素及仿真元件模型时，必首推负荷特性和负荷模型，这是因为负荷特性是电压失稳过程中最活跃、最关键的因素。文献[12]指出，在再现 1983 年瑞典电压崩溃事故的仿真计算中，开始采用简单的静态模型无法解释电压崩溃全过程，而后采用计及感应电动机、照明、冰箱、空调等用电设备特性的比较详细的负荷模型时才给整个过程以合理解释。这就足以说明，选择适当的负荷模型，是决定电压稳定性分析结果准确度与可信程度的关键。文献[13]和[14]则以感应电动机为负荷模型利用时域动态仿真研究电压稳定的机理和电动机参数的变化对电压稳定计算结果的影响。

负荷的持续增加使得负荷节点电压下降，系统逐步趋向紧张，当达到系统能够承受的最大负荷功率时，进一步增加的负荷需求将会导致系统电压崩溃。这个过程中，负荷在系统电压持续下降期间，其动态行为是值得关注的，实际系统由于动态负荷增加导致系统电压失稳的事故也屡见不鲜，如日本 1987 年东京大停电的主要诱发原因即是在夏峰期间短时间持续增加的空调负荷导致系统功率不足并在电压幅值下降很多的情况下吸收大量无功，最终导致电网大停电。这一过程用静态负荷模型和一般的静态分析方法如潮流和连续潮流等很难准确描述，需采用合适的动态负荷模型，并通过时域仿真计算才能解释。

文献[15]中给出 PJM 系统采用的负荷模型如图 10-1 所示。文中采用传统静态模型和图 10-1 所示的综合模型对系统进行仿真计算，研究表明，典型故障方式下，采用传统的对电压敏感的静态模型时，系统具有较好的电压稳定性，但若采用综合模型，系统则无法维持稳定直至电压崩溃。此外，综合模型的构成(如感应电动机比例)和感应电动机的模型对系统的电压稳定性也具有显著的影响。

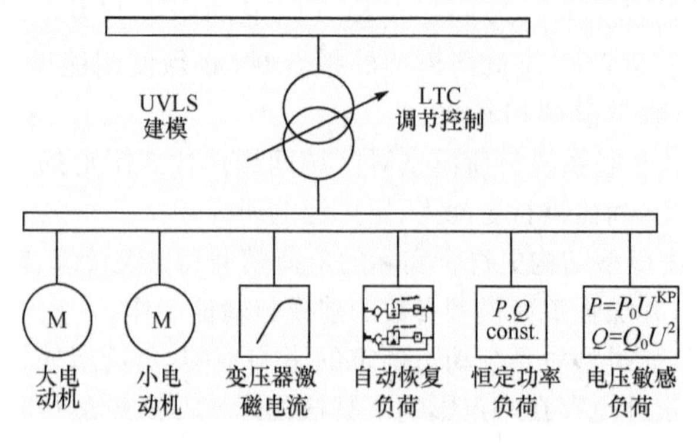

图 10-1　PJM 系统采用的负荷模型结构

10.1.6　负荷模型对频率稳定的影响

在系统频率变化时，系统的负荷功率也会随着频率的变化而变化，这种负荷功率随频率变化的特性称为负荷的频率特性，定义为单位频率变化对应的负荷功率变化。由于负荷性质的不同，其功率与频率变化的相互关系也是不同的。

电力系统实际运行中，不同的负荷具有不同的频率特性，在对负荷进行实测的基础上考虑负荷的频率特性有利于建立有效的低频减载方案。但目前实测系统负荷-频率特性非常困难，必须在孤立系统内部测量负荷-频率特性，并且希望频率在一定范围内可调，为了得到可靠的数据，还需要将负荷电压变化的影响与负荷频率变化的影响区分开，这就更加困难，由于系统中的负荷每时每刻都处于变化之中，要准确地统计出同一时刻各类负荷的大小，并精确分析出该时刻各类负荷关于频率的变化率是非常困难的。

10.1.7　综合负荷模型参数对系统稳定特性的影响

文献[16]研究分析了综合负荷模型对各区域电网的重要输送断面和局部电网稳定特性的影响，从电网的暂态稳定、动态稳定和电压稳定三个方面对比分析了综合负荷模型与现有负荷模型之间的差异。

文献[16]以小系统为例从受端电网电压恢复特性和互联电网动态稳定问题两方面，对比研究了综合负荷模型参数对电网稳定运行特性的影响。

图 10-2 对比了根据统计数据计算得到的几种综合负荷模型在系统故障后对受端电网母线电压恢复特性的影响。可以看出，相同的运行方式和故障条件下，不同综合负荷模型对母线电压恢复能力的影响差异比较大。影响电压恢复快慢的主要因素包括综合负荷模型的电动机、静态负荷(ZIP)的构成比例以及配网等值阻抗。因此，选择合适的负荷模型及参数对研究系统电压稳定是非常必要的。

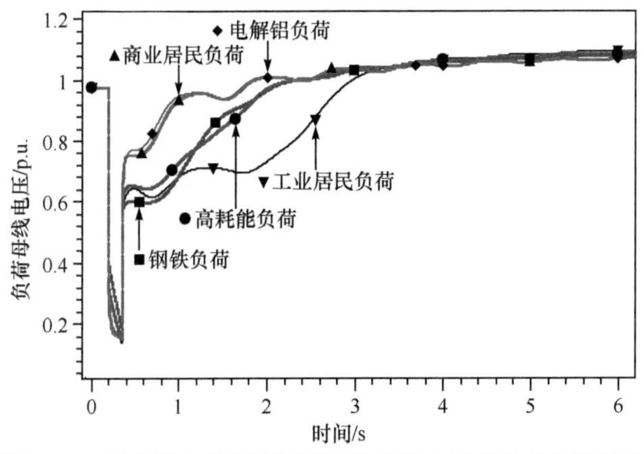

图 10-2　各类综合负荷模型对受端母线电压恢复特性的影响

图 10-3 以受端电网负荷的综合负荷模型为例，对比了综合负荷模型的电动机比例、静态负荷构成和配网等值阻抗的变化对互联系统区域间低频振荡阻尼特性的影响。可以看出，受端电网负荷综合负荷模型的电动机负荷比例和恒功率负荷比例越高、配网等值阻抗越小，系统的阻尼特性越强。但位于送端电网的负荷并不符合这种规律。如图 10-4 所示送端电网负荷综合负荷模型的电动机比例对阻尼的影响。

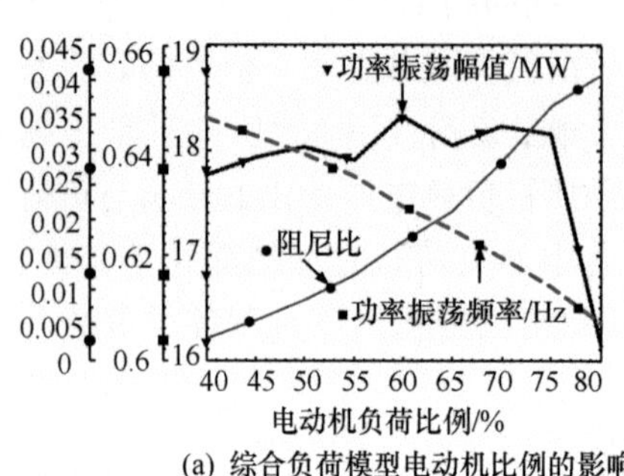

(a) 综合负荷模型电动机比例的影响

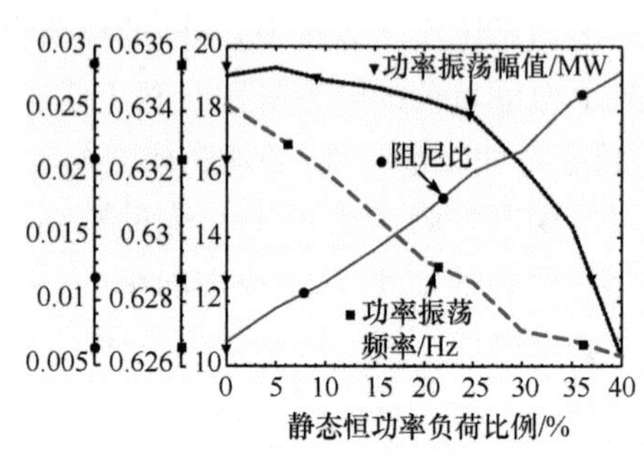

(b) 综合负荷模型静态负荷构成的影响

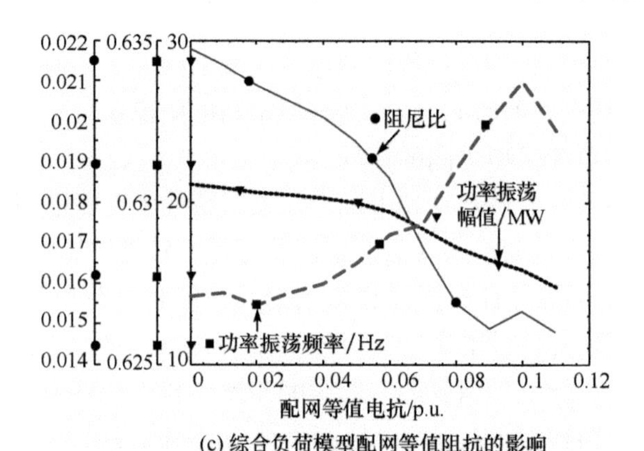

(c) 综合负荷模型配网等值阻抗的影响

图 10-3　综合负荷模型参数对系统阻尼特性的影响

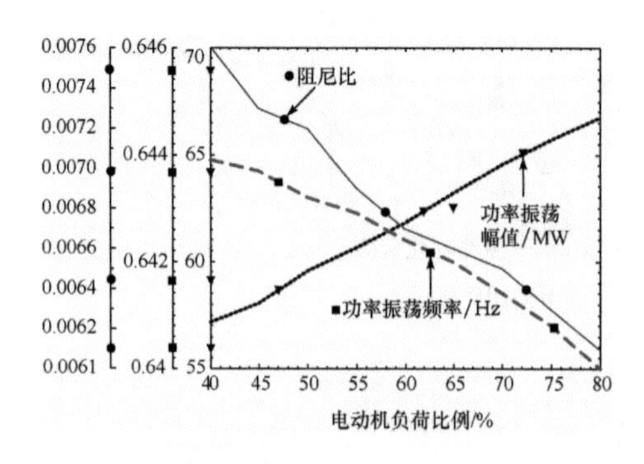

图 10-4　综合负荷模型参数对系统阻尼特性的影响

对比图 10-3(a)和图 10-4，两种情况电动机负荷比例的变化对阻尼特性的影响，虽然幅度不同，但变化趋势却正好相反。不仅是电动机比例，综合负荷模型的静态负荷构成和配网等值阻抗也是如此。这说明负荷模型对互联电网动态稳定的影响比较复杂，不仅与系统网络结构、运行方式、负荷模型参数有关，还与负荷在电网所处的位置有关。

总的来说，负荷特性对电力系统的影响比较大，必须重视。当缺乏精确负荷模型时，常常试图采用某种保守负荷模型，这种做法对现代复杂电力系统往往是危险的。因为负荷模型对复杂电力系统的总体影响事先难以确定，而且在某种情况下保守的负荷模型在另一种情况下可能产生冒进的结果，所以，必须建立和推广符合实际的负荷模型。

10.2　负荷建模的基本原则[92～101]

1. 必须保证系统动态特性不失真

电力系统仿真的目的是研究系统的稳定特性，确定系统的稳定水平，建立系统运行方式，分析系统的发展规划方案，研究保证系统安全稳定的技术措施。电力系统仿真的准确与否对电力系统的安全稳定运行、规划设计具有重大影响，而仿真结果的准确与否是由仿真所用模型和参数的准确性决定的。这就要求所采用的模型和参数得到的仿真结果不会导致系统主要动态特性失真。因此，在负荷建模研究中，必须保证所得到的负荷模型能够使得仿真所得到的系统动态特性不失真。

2. 能够保持系统的主要动态特征不失真

由于电力系统是复杂的大系统，精确地仿真其动态行为是十分困难的。因此，所建立的负荷模型和参数，应保证系统的主要动态特征不失真，如系统的电压稳定特性、功角稳定特性、小扰动动态稳定特性、频率稳定特性等。

3. 负荷模型物理意义明确，适应性强

负荷建模并不是针对单个用电设备的，所关心的是负荷群对外部系统所呈现的总体特性。但是，由于负荷的时变性、随机性、分布性、复杂性和多样性等特点，所建负荷模型不可能一成不变，因此，电力系统分析计算所采用的负荷模型必须具有明确的物理意义，适应性强，便于计算分析人员理解和应用，必要时，可根据运行方式和系统状态的变化及时调整模型和参数。

10.3 负荷建模的基础性工作[92~101]

1. 系统稳定特性分析

在开展电力系统负荷建模工作前，首先需要建立较为准确的系统模型和参数[包括发电机、励磁系统、调速系统、直流输电、电力电子装置(FACTS)等动态元件]。在此基础上，对本电网的系统动态特性进行深入的分析研究，找出影响系统稳定水平的主要因素，明确提高系统仿真精度的改进方向。例如，对于类似于单机无穷大系统的远距离输电系统，主要稳定问题是功角稳定，负荷模型对稳定特性的影响可能不大，提高仿真精度的主要症结是发电机及其控制系统的模型和参数；对于负荷集中、受电比例高的受端系统，电压稳定问题比较突出，负荷模型影响很大，因此，提高系统仿真精度的关键所在就是负荷模型。

2. 研究负荷模型及参数对系统稳定特性的影响

通过对不同运行方式、不同负荷模型及参数对系统稳定特性影响的仿真分析，研究负荷模型及参数对系统稳定特性的影响，尤其是负荷模型及参数对系统稳定水平、主要断面输送功率、系统安全稳定控制措施的影响，从而明确负荷模型的改进方向。例如，负荷模型对系统电压稳定性的影响，对低压切负荷配置的影响；负荷模型对系统频率特性的影响，对低频减负荷配置的影响；负荷模型对断面输送功率极限的影响，对联切机、联切负荷措施的影响。

3. 负荷模型及参数灵敏度分析

由于我国互联电网负荷节点多，分布广，不可能对所有地区、所有节点同时开展负荷建模工作。另外，对电力系统的主要稳定特性而言，并不是所有负荷全部敏感。因此，有必要通过负荷模型及参数的灵敏度分析，找出影响系统稳定特性的主要负荷点(变电站)和负荷参数。把握重点研究范围与关键负荷节点，明确开展负荷建模的地区和节点的优先顺序。由点到面，逐步建立与完善负荷模型，提高仿真计算准确度。

10.4 负荷建模的基本方法[92~101]

1. 负荷构成调查

由于负荷构成的多样性和复杂性，及其对负荷模型和参数的决定性影响，这就决定了负荷建模必须首先了解和掌握不同地区、不同节点、不同季节的负荷构成。负荷构成调查，应本着由粗到细的原则进行分类(如工业、居民、商业、农业等)，再确定各类负荷的构成(如大电动机、小电动机、空调、照明、灌溉、电解、冶金、轧钢、电弧炉等)。

2. 负荷元件的建模

根据负荷构成调查的结果,采用理论分析、动模试验或现场实测的方法,研究各负荷元件的动态特性,建立符合物理实际的负荷模型。

3. 负荷模型综合建模

采用统计综合法和总体测辨法相结合的方法,建立不同类型负荷的综合负荷模型,并且考虑配电网络与无功补偿,必要时应考虑接入低压电网的小机组(特别是边远的末端负荷点)的影响。

4. 综合负荷模型适应性分析

通过不同运行方式、不同故障形式的仿真分析,研究综合负荷模型对系统稳定特性和稳定水平的影响,评估和校核所建综合负荷模型的适应性。

5. 综合负荷模型验证

采用系统故障录波或专门的扰动试验,对包括综合负荷模型在内的系统仿真模型进行验证,不断修正和完善系统仿真模型,提高仿真准确度。

6. 建立负荷模型数据库

随着负荷建模工作的深入开展,应该建立和完善负荷元件模型库、分类综合模型库,以便直接调用、合成,建立新的、更为合理的综合负荷模型,提高负荷建模的工作效率和精度。

参考文献

[1] IEEE Task Force on Load Representation for Dynamic Performance. Load representation for dynamic performance analysis[J]. IEEE Transactions on Power Systems, 1993,8(2):472～482.

[2] 刘楠,唐晓骏,马世英,等. 负荷模型对电力系统短路电流计算的影响[J]. 电网技术,2011, 35(8): 144～149.

[3] Vaahedi E, El-Din H M Z, Price W W. Dynamic load modeling in large scale stability studies [J]. IEEE Transactions on Power Systems, 1988, 3(3): 1039～1045.

[4] 曹路,励刚,武寒. 电动机负荷模型对华东电网暂态稳定性的影响分析[J]. 电网技术,2007, 31(5):6～10.

[5] Milanovic J V, Hiskens I A. Effects of load dynamics on power system damping [J]. IEEE Transactions on Power Systems,1995,10(2):1022～1028.

[6] Hiskens I A, Milanovic J V. Load modeling in studies of power system damping[J]. IEEE Transactions on Power Systems, 1995, 10(4): 1781～1786.

[7] Concordia C, Ihara S. Load representation in power stability studies[J]. IEEE Transactions on Power Apparatus and Systems, 1982, 101(4): 969～977.

[8] 云雷，刘涤尘，张琳，等. 负荷特性对跨区大电网低频振荡的影响研究[J]. 电力自动化设备，2009, 29(8): 41～45.

[9] 鞠平，马大强. 电力负荷的动静特性对低频振荡阻尼的影响分析[J]. 浙江大学学报，1989, 23(5): 750～760.

[10] 李颖，贺仁睦. 负荷与 PSS 的相互作用对系统动态稳定的影响[J]. 电力系统自动化，2004, 28(8): 40～43.

[11] 刘增煌，李文锋，陶向宇，等. 跨大区互联电网低频振荡机理分析及控制策略的研究[R]. 北京：中国电力科学研究院，2007.

[12] Walve K. Modelling of power system components at severe disturbances[C]. International Conference on Large High Voltage Electric Systems, Paris, 1986.

[13] Sekine Y, Ohtsuki H. Cascaded voltage collapse[J]. IEEE Transactions on Power Systems, 1990, 5(1): 250～256.

[14] El-Sadek M Z, Adbelbarr F N. Effects of induction motor load in proving transient voltage instabilities in power systems [J]. Electric Power System Research, 1989, 17: 119～127.

[15] Koessler R, Qiu W Z, Patel M, et al. Voltage stability study of the PJM system following extreme disturbances [J]. IEEE Transactions on Power Systems, 2007, 22(1): 285～293.

[16] 汤涌，赵兵，张文朝，等. 综合负荷模型参数的深化研究及适应性分析[J]. 电网技术，2010, 34(2): 57～63.

[17] 贺仁睦，叶静，林盾，等. 负荷模型及参数对系统动态过程中频率的影响[J]. 电力系统自动化，2010, 34(24): 27～30.

[18] IEEE Computer Analysis of Power Systems Working Group of the Computer and Analytical Methods Subcommittee—Power System Engineering Committee. System load dynamics—Simulation effects and determination of load constants [J]. IEEE Transactions on Power Apparatus and Systems, 1973, 92(2): 600～609.

[19] IEEE Task Force on Load Representation for Dynamic Performance. Standard load models for power flow and dynamic performance simulation[J]. IEEE Transactions on Power Systems, 1995, 10(3): 1302～1313.

[20] 富山 勝幸. 系統解析のための「動的負荷モデル」の検討[J]. 電気学会論文誌 B, 1999.

[21] El-hawary M E, Dias L G. Incorporation of load models in load-flow studies. Form of model effects [J]. IEE Proceedings of Generation, Transmission and Distribution, 1987, 134(1): 27～30.

[22] Popovic D, Hiskens I A, Hill D J. Investigations of load-tap change interaction[J]. Electrical Power & Energy Systems, 1996, 18(2): 81～97.

[23] Pal M K. Assessment of corrective measures for voltage stability considering loads dynamics

[J]. Electrical Power & Energy Systems, 1995,17(5):325～334.

[24] Tanneeru S,Mitra J,Patil Y J, et al. Effect of large induction motors on the transient stability of power systems[C]. 39th of Power Symposium, Las Cruces, 2007: 223～228.

[25] Alberto L F C, Bretas N G. Synchronism versus stability in power systems: Frequency dependent loads[C]. International Conference on Power System Technology, Beijing, 1998, 2: 1341～1345.

[26] 贺仁睦. 负荷模型在电力系统计算中的作用及其发展[J]. 华北电力学院学报,1985,(3): 1～8.

[27] 韩冬,马进,贺仁睦,等. 负荷模型不确定性对电力系统动态仿真的影响[J]. 中国电机工程学报,2008,28(19): 69～74.

[28] 马进,徐昊,张国飞,等. 基于特征值灵敏度的负荷模型对系统阻尼影响的分析方法[J]. 电网技术,2011,35(7): 87～90.

[29] 邱丽萍,赵兵,张文朝,等. 综合负荷模型对大区互联电网稳定特性的影响[J]. 电网技术,2010,34(10): 82～87.

[30] 宋军英,陈辉华,唐外文. 不同负荷模型对湖南电网暂态稳定水平的影响[J]. 电网技术,2007,31(5): 29～33.

[31] 张红斌,汤涌,张东霞,等. 不同负荷模型对东北电网送电能力的影响分析[J]. 电网技术,2007,31(4): 55～58.

[32] 李美燕,马进. 负荷模型不确定性对电网动态影响的分析方法[J]. 电力系统自动化,2010,34(7):16～19.

[33] 郑竞宏,李康,朱守真. 暂态稳定分析中负荷模型主导参数研究[J]. 电力自动化设备,2009,29(9):1～5.

[34] 张进,贺仁睦,王鹏,等. 送端感应电动机负荷无功特性对送出极限的影响[J]. 电力系统自动化,2005,29(4):24～27.

[35] 王正风,薛禹胜,杨卫东. 受端负荷模型对交直流系统稳定性的影响[J]. 电力系统自动化,2006,30(18):13～16.

[36] 杨超平,贺文,张惠玲,等. 宁夏电网安全稳定分析负荷建模[J]. 电力系统自动化,2007,31(7):104～107.

[37] 杨艳,赵书强,朱洪波. 计及负荷特性的电力系统低频振荡分析[J]. 电力自动化设备,2004,24(1):34～37.

[38] 刘杨华,李欣然,林舜江,等. 基于不同负荷模型的湖南电网暂态稳定仿真计算[J]. 河南科技大学学报(自然科学版),2005,26(6):92～95.

[39] 李勇,徐友平,肖华,等. 华中电网稳定计算用负荷模型参数仿真研究[J]. 电网技术,2007,31(5):17～20.

[40] 张鹏飞,罗承廉,孟远景,等. 河南电网送端和受端负荷模型对稳定极限的影响[J]. 电网技术,2007,31(6):51～55.

[41] 孙华东,周孝信,李若梅. 感应电动机负荷参数对电力系统暂态电压稳定性的影响[J]. 电网技术,2005,29(23):1～6.

[42] 张惠藩,张尧,夏成军,等.负荷特性对特高压紧急直流功率支援的影响[J]. 电力系统自动化,2008,32(6):41～45.

[43] 安宁,周双喜,朱凌志,等.负荷特性对江苏电网电压稳定性影响的仿真分析[J]. 中国电力,2006,39(8):16～20.

[44] 杨艳,赵书强. 负荷特性对电力系统低频振荡阻尼的影响[J]. 电力自动化设备,2003,23(11):13～17.

[45] 张明理,王天,唐果,等. 负荷模型对系统暂态稳定计算的影响[J]. 电网技术,2007,31(22):26～29.

[46] 陈峰,张建平,黄文英,等.负荷模型对福建-华东联网暂态功角稳定性的影响[J]. 电力系统自动化,2001,25(21):55～57.

[47] 方舒燕,杨乃贵,连世元,等.负荷模型对电力系统暂态稳定计算的影响[J]. 电力系统自动化,1999,23(19):48～50.

[48] 孙衢,徐光虎,陈陈. 负荷模型动态特性不确定性对低频振荡的影响[J]. 电力系统自动化,2003, 27(10):11～14.

[49] 赵勇,张建平. 福州地区负荷模型影响福建电网暂态稳定性的机理[J]. 电力系统自动化,2005,29(12):77～82.

[50] 吴红斌,丁明,李生虎,等.发电机和负荷模型对暂态稳定性影响的概率分析[J]. 电网技术,2004,28(1):19～21.

[51] 张鹏飞,罗承廉,孟远景,等.动态负荷模型比例对电网稳定性影响分析[J]. 继电器,2006,34(11):24～27.

[52] 韩如月,杨雯,孟祥东,等.负荷模型对电力系统暂态稳定极限切除时间的影响[J]. 内蒙古工业大学学报(自然科学版),2009,28(4):301～305.

[53] 帅丽,马进,肖友强. 负荷模型对 PSS 参数整定的影响[J]. 现代电力,2010,27(2):1～5.

[54] 李宝国,鲁宝春,刘毅.负荷模型与静态电压稳定性研究[J]. 继电器,2003,31(6):5～8.

[55] 段献忠,包黎昕. 电力系统电压稳定分析和动态负荷建模[J]. 电力系统自动化,1999,23(19):25～29

[56] 李欣然,贺仁睦,章健,等.负荷特性对电力系统静态电压稳定性的影响及静态电压稳定性广义实用判据[J]. 中国电机工程学报,2001,19(4):26～30.

[57] 谢惠藩,张尧,夏成军,等.负荷特性对特高压紧急直流功率支援的影响[J]. 电力系统自动化,2008, 32(6):41～45.

[58] Stefopoulos G K, Meliopoulos A P S, Cokkinides G J. Voltage-load dynamics: Modeling and control[C]. 2007 iREP Symposium—Bulk Power System Dynamics and Control—Ⅶ, Revitalizing Operational Reliability, Charleston, 2007.

[59] Meliopoulos A P S, Cokkinides G J, Stefopoulos G K. Voltage stability and voltage recovery: Effects of electric load dynamics[C]. IEEE International Symposium on Circuits and Systems, Kos, 2006.

[60] Li M Y, Ma J, Dong Z Y. Uncertainty analysis of load models in small signal stability[C]. International Conference on Sustainable Power Generation and Supply, Nanjing, 2009: 1～6.

[61] Zhang J S, Zhang Y, Zong X H, et al. Transient security assessment of the China southern power grid considering induction motor loads[C]. IEEE Power India Conference, New Delhi, 2006.

[62] Tan A, Liu W H E, Shirmohammadi D. Transformer and load modeling in short circuit analysis for distribution systems[J]. IEEE Transactions on Power Systems, 1997, 12: 1315～1322.

[63] Zhao Q S, Chen C. Study on a system frequency response model for a large industrial area load shedding[J]. Electrical Power & Energy Systems, 2005, 27: 233～237.

[64] Pai M A, Sauer P W, Lesieutre B C. Static and dynamic nonlinear loads and structural stability in power systems[J]. Proceedings of the IEEE, 1995, 83(11): 1562～1572.

[65] Sanaye-Pasand M, Seyedi H, Lesani H, et al. Simulation and analysis of load modeling effects on power system transient stability[C]. AUPEC, Hobart, 2005.

[66] Banejad M, Ledwich G. Investigation of load contribution in damping in a multi-machine power system based on sensitivity analysis[C]. AUPEC, Christchurch, 2003.

[67] Hiskens I A. Significance of load modeling in power system dynamics[C]. Symposium of Specialists in Electric Operational and Expansion Planning, Florianópolis, 2006.

[68] Morison K, Hamadani H, Wang L. Practical issues in load modeling for voltage stability studies[C]. IEEE/PES General Meeting, Toronto, 2003, 3: 1392～1397.

[69] Morison K, Hamadani H, Wang L. Load modeling for voltage stability studies[C]. IEEE/PES Power Systems Conference & Exposition, Atlanta, 2006: 564～568.

[70] Pourbeik P, Wang D, Khoi H. Load modeling in voltage stability studies[C]. IEEE/PES General Meeting, San Francisco, 2005: 1893～1900.

[71] Li Y H, Chiang H-D, Choi B-K, et al. Load models for modeling dynamic behaviors of reactive loads: Evaluation and comparison[J]. Electrical Power & Energy Systems, 2008, 30: 497～503.

[72] Hiskens I A, Milanovic J V. Load modelling in studies of power system damping[J]. IEEE Transactions on Power Systems, 1995, 10: 1781～1788.

[73] Tseng K-H, Kao W-S, Lin J-R. Load model effects on distance relay settings[J]. IEEE Transactions on Power Delivery, 2003, 18: 1140～1146.

[74] Nomikos B M, Vournas C D. Investigation of induction machine contribution to power system oscillations[J]. IEEE Transactions on Power Systems, 2005, 20: 916～925.

[75] Aik D L H, Andersson G. Influence of load characteristics on the power/voltage stability of HVDC systems. Ⅰ. Basic equations and relationships[J]. IEEE Transactions on Power Delivery, 1998, 13(4): 1437～1444.

[76] Aik D L H, Andersson G. Influence of load characteristics on the power/voltage stability of HVDC systems. Ⅱ. Stability margin sensitivity[J]. IEEE Transactions on Power Delivery, 1998, 13(4): 1445～1452.

[77] Balanathan R. Influence of induction motor modelling for undervoltage load shedding studies

[C]. IEEE/PES Transmission and Distribution Conference & Exhibition, Yokohama, 2002, 2: 1346～1351.

[78] Stefopoulos G K, Meliopoulos A P. Induction motor load dynamics: Impact on voltage recovery phenomena[C]. IEEE/PES Transmission and Distribution Conference & Exhibition, Dalian, 2006: 752～759 .

[79] Liu Y-H, Lee W-J, Chen M-S. Incorporating induction motor model in a load flow program for power system voltage stability study[C]. IEEE International Electric Machines and Drives Conference Record, Milwaukee, 1997.

[80] Henriques R M, Martins N, Terraz J C R. Impact of induction motors loads into voltage stability margins of large systems[C]. 14th PSCC, Sevilla, 2002.

[81] Martins N, Gomes S Jr, Henriques R M et al. Impact of induction motor loads in system loadability margins and damping of inter-area modes[C]. IEEE/PES General Meeting, Toronto, 2003.

[82] Nomikos B M, Vournas C D. Evaluation of motor effects on the electromechanical oscillations of multimachine systems[C]. IEEE Power Tech Conference Proceedings, Bologna, 2003.

[83] Milanovic J V, Hiskens I A. Effects of load dynamics on power system damping[J]. IEEE Transactions on Power Systems, 1995, 10(2): 1022～1028.

[84] Trudnowski D J, Dagle J E. Effects of generator and static-load nonlinearities on electromechanical oscillations[J]. IEEE Transactions on Power Systems, 1997, 12: 1283～1289.

[85] Milanovic J V, Hiskens I A. Effects of dynamic load model parameters on damping of oscillations in power systems[J]. Electric Power Systems Research, 1995, 33: 53～61.

[86] Xu Y H, Si D J, Qian Y C. Effect of load model on Yunnan power grid transient stability [C]. Power and Energy Engineering Conference (APPEEC), Wuhan, 2011: 1～ 4.

[87] Sedighizadeh M, Rezazadeh A. Dynamic load modeling for Khuzestan power system voltage stability studies[C]. Proceedings of World Academy of Science, Engineering and Technology, Dubai, 2007.

[88] Sharma C, Singh P. Contribution of loads to low frequency oscillations in power system operation[C]. 2007 iREP Symposium—Bulk Power System Dynamics and Control—Ⅶ, Revitalizing Operational Reliability, Charleston, 2007.

[89] Prasad G D, AI-Mulhim M A, Ray G D, et al. Comparative assessment of the effect of dynamic load models on voltage stability[J]. Electrical Power & Energy Systems, 1997, 19(5): 305～309.

[90] Li S-H, Chiang H-D, Liu S. Analysis of composite load models on load margin of voltage stability [C]. International Conference on Power System Technology, Chongqing, 2006: 1～7.

[91] El-Hawary M E, Dias L G. A comparison of load models and their effect on the convergence of Newton's power flows [J]. Electrical Power & Energy Systems, 1990, 12(1): 3～8.

[92] 汤涌，张红斌，侯俊贤，等. 负荷建模的基本原则和方法[J]. 电网技术，2007，31(4): 1～5.

[93] 张红斌,汤涌,张东霞,等. 负荷建模技术的研究现状与未来发展方向[J]. 电网技术,2007,31(4):6～10.

[94] 汤涌,张东霞,张红斌,等. 负荷建模的基本原则和方法研究[R]. 北京:中国电力科学研究院,2005.

[95] 张红斌,汤涌,张东霞,等. 负荷建模技术的现状与发展[R]. 北京:中国电力科学研究院,2004.

[96] 鞠平,谢会玲,陈谦. 电力负荷建模研究的发展趋势[J]. 电力系统自动化,2007,31(2):1～4.

[97] 贺仁睦. 电力系统精确仿真与负荷模型实用化[J]. 电力系统自动化,2004,28(16):4～7.

[98] 鞠平,戴琦,黄永皓,等. 我国电力负荷建模工作的若干建议[J]. 电力系统自动化,2004,28(16):8～12.

[99] 周文,贺仁睦,章健,等. 电力负荷建模问题研究综述[J]. 现代电力,1999,16(2):83～87.

[100] 李培强,李欣然,林舜江. 电力负荷建模研究述评[J]. 电力系统及其自动化学报,2008,20(5):56～62.

[101] Ju P, Tang Y. Load modeling in China—Research, applications & tendencies[C]. Third International Conference on Electric Utility Deregulation and Restructuring and Power Technologies, Nanjing, 2008: 42～45.